技术、劳动与经济奇点

通用人工智能时代的到来及中国应对方案

刘方喜　著

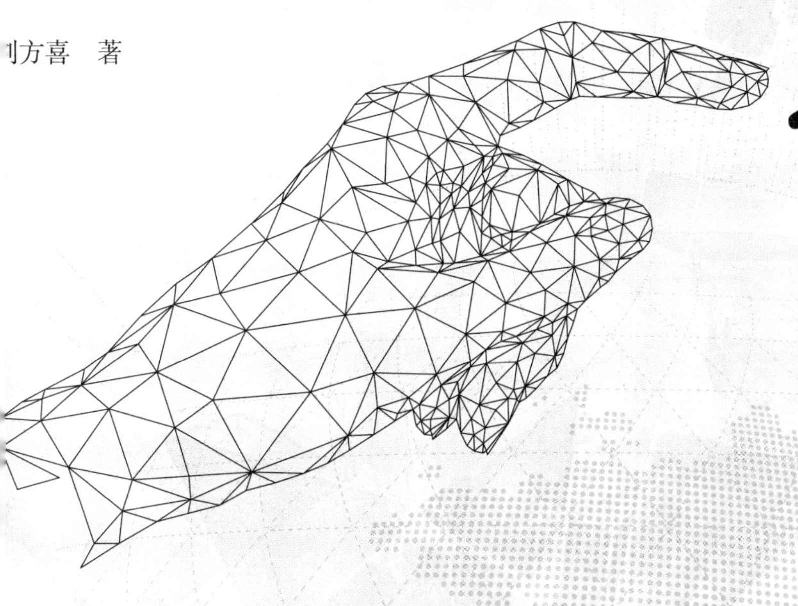

中国工人出版社

图书在版编目（CIP）数据

技术、劳动与经济奇点：通用人工智能时代的到来及中国应对方案 / 刘方喜著. -- 北京：中国工人出版社，2024. 11. -- ISBN 978-7-5008-8616-7

Ⅰ. T-39

中国国家版本馆CIP数据核字第20245WB772号

技术、劳动与经济奇点：通用人工智能时代的到来及中国应对方案

出 版 人 董 宽
责任编辑 葛忠雨
责任校对 张 彦
责任印制 黄 丽
出版发行 中国工人出版社
地　　址 北京市东城区鼓楼外大街45号　邮编：100120
网　　址 http://www.wp-china.com
电　　话 （010）62005043（总编室）　62005039（印制管理中心）
（010）62379038（社科文艺分社）
发行热线 （010）82029051　62383056
经　　销 各地书店
印　　刷 北京市密东印刷有限公司
开　　本 710毫米×1000毫米　1/16
印　　张 17
字　　数 290千字
版　　次 2025年1月第1版　2025年1月第1次印刷
定　　价 58.00元

目 录

第三章 缩短劳动时间能否应对 AGI 挑战?

第四章 应对 AGI 奇点的中国方案

结语

导言

AGI 时代离我们还有多远？

继以蒸汽机为代表的第一次能量自动化革命后，现如今人工智能（Artificial Intelligence，简称 AI）正在开启以计算机为代表的现代机器第二次智能自动化革命，并以实现“通用人工智能”（Artificial General Intelligence，简称 AGI）为目标。目前，国际学界常用“奇点”（Singularity）来描述这种发展大势：与 AGI 相对且现在已经实现的 AI，一般被称作窄或弱人工智能；由于还没有达到奇点，得实现 AGI 才标志着奇点来临，因此 AGI 与奇点是相互规定的概念，标示的是 AI 的发展方向和要实现的目标。

2022 年底，美国硅谷创新团队 OpenAI 发布 ChatGPT。2023 年，中国等多个国家也相继发布生成式 AI 自然语言多模态大模型，全球 AI 发展进入大模型时代，实现 AGI 的进程被大大推进。因此，许多研究者认为奇点正在来临。但国际学界有关 AGI 奇点的认知，又存在一定程度的混乱乃至反科学倾向，且好莱坞科幻大片等流行文艺、网络炒作信息又助长了这种认知混乱。ChatGPT 获得突破的 3 个关键因素是数据、算法、算力。其中，超大数据是通过爬取全球互联网而“无偿”获得的，可谓对全人类智能成果的“无偿占有”；基础性算法如 Transformer 等是开源共享的，OpenAI 对此也“无偿占有”，却拒绝将 GPT 新版源代码开放共享，而只顾在闭源中大赚其钱——这种做法实在算不上天经地义，这本就是更应该被关注的、真实而现实的问题，而反科学的混乱认知会转移人们的关注点。

不少研究者认识到，人们往往容易过分夸大 AI 的近期影响，同时忽视 AI 的长期影响。比如 AI 造成失业的问题，虽然不会在短时间内爆发，但长期来看，将是越来越严峻的社会问题——已有一些西方学者意识到了这一点，如英国学者卡鲁姆·蔡斯指出，大规模技术性失业“尚未发生（就算有也不多），但接下来几十年将会发生”“如何才能实现平稳过渡而不引起动乱，这还真是叫人殚精竭虑的大事。这听上去像个奇点——经济奇点”。长远地看，“机器不一定要让每个人都失业才能达到经济奇点。如果大多数人永远失去工作，我们将需要建立不同类型的经济体制”“什么样的社会才有可能顺利通过经济奇点的黑洞表面？所有货物都是机器生产的，所有服务都是机器提供的，我们不再需要为此向人们支付酬劳，社会躲过了分化和崩溃两大陷阱”[①]——跨越贫富两极分化、社会崩溃两大陷阱的重要方案之一就是全民基本收入，而这是与“大多数人永远失去工作”或结构性失业这种工作数量趋零奇点相匹配的分配方案。然而，在热闹的商业炒作和玄虚的科幻叙事中，这种清醒的声音被淹没了，长期但真实的严峻社会问题不被足够关注和重视。因此，秉持科学精神，立足历史和当下经验事实，实事求是地研究 AGI 及其社会影响，已成为新的时代课题。此后，AGI 将越来越成为国家与国家之间竞争的焦点，而这种竞争不仅体现在研发上，也体现在对 AGI 即将造成的社会风险的伦理治理和管控上。而发挥制度等方面的优势，探索应对 AGI 奇点挑战的中国方案，也成为中国学者的时代使命。

一

首先，从具体可感的经验与现实看，人是“制造工具”的动物，而制造工具的目的是省时省力——从原始人打制并使用第一把石刀时便是这样。“从事物的本性可以得出，人的劳动能力的发展特别表现在劳动资料或者

---

① 卡鲁姆·蔡斯：《人工智能革命》，机械工业出版社 2017 年版，第 4 页，第 6 页，第 157 页，第 222 页。

说生产工具的发展上”[①]——人类劳动生产力、财富、智能，乃至整个文明发展的大趋势，很大程度上表现为工具越来越先进，而即将实现的AGI，将成为人类最先进、最发达的工具。人类运用自己的力量把自然物质加工成工具，而工具中就包含“人工”与“自然”两大要素。总体来看，工具越先进，人工要素越多，自然因素越少，人工与自然要素之间的比例就越大。在通用“人工”智能AGI上，这种比例将趋于无限大。在使用工具的活动中，人所支出的力量即人力是自然要素，工具越先进，工具这种“人工”要素与人力这种“自然”要素之间的比例也越大，这意味着被节省的人力也就越多。

物质工具节省人的体力，而文字等符号工具可以节省人的智力，“好记性不如烂笔头”说的就是文字符号可以“节省”人脑记忆力。在发明、使用文字符号之后，人在记忆上就可以少费脑筋了。高效的工具会使生产同一种产品所花费的人力、时间较少，既可以节省人力，也可以节省时间——工具越先进，节省下的人力、时间就越多。工具“自动化”是最高效的省时省力方式：以蒸汽机为代表的“能量”自动化机器，就是最节省体力的生产方式。当今，以计算机为代表的“智能”自动化机器，尤其即将实现的AGI，将是最节省智力的生产方式：比如，现在的ChatGPT就可以自动生成文章，可以大大减少作者在写文章上所费的脑筋。

那么，人类又是如何处理利用工具节省下来的力量、时间的呢？一个农民，通过利用先进的工具，就可以在花费较短时间、仅支出较少体力的情况下，完成自己的工作。排除其他因素的影响，他通常会在节省下来的业余时间中从事体育活动，依然会支出体力，却是相对“自由”地在支出——这是广泛的日常经验现实。以此来看，AGI可以帮助你节省很多智力，但并不必然导致你不再发挥自己智力。比如，你可以在业余智力游戏中继续支出，当然也是以相对“自由”的方式支出——但这是撇开社会要

① 《马克思恩格斯全集》第47卷，人民出版社1979年版，第57页。

素说的。一旦把“资本”这种“社会”要素加进来，实际情况就是：如果AGI可以使资本所有者的赚钱活动节省智力，那么资本所有者就不再需要购买别人的智力，你的个人智力也就“卖”不出去了；如果你只拥有个人智力这种唯一的人身财产，那么就意味着你再也无法凭借这种财产获得收入——这个问题可谓性命攸关。

所谓“人工”智能，是相对“自然”智能而言的。人类个人的大脑是漫长的“自然”进化的产物，由其所生成的就是“自然”智能。现在，有一种通行的模糊表述，认为可以接近“自然”智能的，就是通用“人工”智能。但这种把两个要素割裂开来加以比较的说法，其实经不起仔细推敲；而“奇点”作为一个数学函数概念，实际上是把两个要素联系在一起加以比较，即用函数式 $y=1/x$ 来表示：如果“自然”智能要素 x 趋于无限小，则“人工”要素趋于无限大——这就是AGI奇点。

动态地看，也可以把奇点表示为：在智能活动中，“人工”与“自然”要素之间的比例趋于无限大。“在不同的使用价值中，劳动和自然物质之间的比例是大不相同的”[①]，如果说自然物质指“自然”要素，那么劳动就是“人工（人力）”要素。而生产力的发展，就表现为在生产的产品中，人工与自然要素之间的比例不断增大。在劳动中，人“使他身上的自然力——臂和腿、头和手运动起来。当他通过这种运动作用于他身外的自然并改变自然时，也就同时改变了他自身的自然。他使自身的自然中沉睡着的潜力得以发挥”。在“采集果实之类的现成的生活资料”的活动中，“劳动者身上的器官是唯一的劳动资料”[②]——臂和腿、头和手就是“劳动者身上的器官”，作为劳动资料是个人的身“内”之物（他自身的自然），臂、腿、手等器官释放“体力”，头释放“智力”——而这种个人智力也是“自然力”，即自然进化的产物，是改造外在自然的“劳动”把这种在个人“自身的自然中沉睡着的潜力”唤醒并发挥的，人的智力是可以随着劳动

① 《马克思恩格斯全集》第13卷，人民出版社1962年版，第25页。
② 《马克思恩格斯全集》第23卷，人民出版社1972年版，第202—203页。

的发展而不断发展起来的，这就是马克思、恩格斯的基本智能发展观，但当今的 AI 研究者往往忽视了这一点。

“一切劳动”是“人类劳动力在生理学意义上的耗费”“我们把劳动力或劳动能力，理解为人的身体即活的人体中存在的、每当人生产某种使用价值时，就运用的体力和智力的总和”[①]——这是马克思对劳动、劳动力的经典定义，强调了它们的生理性（生物性）、自然性（自然力）。而共产主义所要实现的目标，就是保证人类每个人“体力和智力获得充分的自由的发展和运用”[②]——与之相比，资本主义劳动的问题也就在于：在其中，劳动者“不是自由地发挥自己的体力和智力”“个人受教育的时间，发展智力的时间，履行社会职能的时间，开展社交活动的时间，自由运用体力和智力的时间，以至于星期日的休息时间——这全都是废话！”[③]由此来看，马克思、恩格斯基于每个人体力和智力对共产主义的描述和对资本主义的批判一点也不抽象，因为一个人在活动中是否能感受到因个人体力、智力自由发挥，进而产生的愉悦，是非常具体可感的经验性事实——从人类智能发展角度看，共产主义所要实现或达到的目的就是：作为每个人“自身的自然中沉睡着的潜力”的大脑生物性智力或自然智能的充分自由发展，教育的目的就是使每个人的自然智能都能得到自由运用。而 AGI 作为一种机器“物理智能”，就只是实现这个目的的手段而已。

从劳动发展史看：“一般说来，劳动过程只要稍有一点发展，就已经需要经过加工的劳动资料。在太古人的洞穴中，我们发现了石制工具和石制武器”“劳动资料的使用和创造，虽然就其萌芽状态来说已为某几种动物所固有，但这毕竟是人类劳动过程独有的特征，所以富兰克林给人下的定义是：制造工具的动物”[④]——这种工具、劳动资料，是人的身“外”之

① 《马克思恩格斯全集》第 23 卷，人民出版社 1972 年版，第 60 页，第 190 页。
② 《马克思恩格斯全集》第 19 卷，人民出版社 1963 年版，第 244 页。
③ 《马克思恩格斯全集》第 23 卷，人民出版社 1972 年版，第 294 页。
④ 《马克思恩格斯全集》第 23 卷，人民出版社 1972 年版，第 204 页。

物，已不同于作为人的身“内”之物的劳动资料，即手、头等身体器官。但前者又离不开后者，即作为身“外”之物的工具，又是人由身“内”之物释放的体力、智力，把外在于自身的自然物质加工而成的。再从自然发展史看，当原始人还直接使用未经加工的石头时，他们与其他动物就还没有区别；而当原始人开始在大脑的支配下用手把石头加工成工具并使用时，他们就开始与其他动物区分开来。我们把由此形成的智能称为“手工造形智能”：石制工具已具有人工性（人造性）。在此意义上，这种手工造形智能已不再是单纯的“自然”智能——可以说这就是“人工”智能发展的起点，而这又是自然史发展的产物：人能够用“手”制造并使用作为身“外”之物的工具，首先需要作为身“内”之物的“手”成为独立的工具，而这又是在“直立行走”所形成的“手”与“脚”分化、独立中逐渐形成的，其间经历了漫长的历史过程。

“生产工具”可分为“自然产生的和由文明创造的生产工具”[①]，原始人所使用的未经加工的石头等就是“自然产生的生产工具”。人类生产力的发展，表现为生产工具中“人工性（文明创造的）”与“自然性”要素之间比例的增大，而这从原始人把石头加工成工具时就已经开始了。“动物遗骸的结构对于认识已经绝迹的动物的机体有重要的意义，劳动资料的遗骸对于判断已经消亡的社会经济形态也有同样重要的意义。各种经济时代的区别，不在于生产什么，而在于怎样生产，用什么劳动资料生产”“劳动资料不仅是人类劳动力发展的测量器，还是劳动借以进行的社会关系的指示器”[②]——而最先进的“由文明创造的生产工具”，就是自动机器。

> 自然界没有制造出任何机器，没有制造出机车、铁路、电报、走锭精纺机等。它们是人类劳动的产物，是变成了人类意志，用以驾驭自然的器官或人类在自然界活动的器官的自然物质。它们是人类的手

① 《马克思恩格斯全集》第 3 卷，人民出版社 1960 年版，第 73 页。
② 《马克思恩格斯全集》第 23 卷，人民出版社 1972 年版，第 204 页。

创造出来的人类头脑的器官，是物化的知识力量。固定资本的发展表明，一般社会知识，已经在多么大的程度上变成了直接的生产力，从而社会生活过程的条件本身在多么大的程度上受到一般智力的控制，并按照这种智力得到改造。[①]

“人类的手创造出来的人类头脑的器官”“物化的知识力量”，或者物化的“一般智力（也可译作‘通用智能’）”“一般（通用）社会知识”，堪称对现代自动机器最经典的定义。恩格斯对此有相近分析：“甚至直到现在，都是人改造自然界的最强有力的工具的蒸汽机，正因为是工具，归根到底还是要依靠手。但是随着手的发展，头脑也一步一步地发展起来”“如果人的脑不随着手、不和手一起、不部分地借助手相应地发展起来的话，那么单靠手是永远造不出蒸汽机来的”[②]——当今作为智能自动化机器的计算机，同样如此。单纯靠“头脑”，或单纯靠“手”，也永远造不出计算机。

恩格斯指出：

迅速前进的文明完全被归功于头脑，归功于脑髓的发展和活动；人们已经习惯于以他们的思维而不是以他们的需要来解释他们的行为（当然，这些需要是反映在头脑中，是被意识到的）。这样一来，随着时间的推移，便产生了唯心主义的世界观，这种世界观，特别是从古代世界崩溃时起，就统治着人的头脑。它现在还非常有力地统治着人的头脑，甚至达尔文学派的最富有唯物精神的自然科学家们还弄不清人类是怎样产生的，因为他们在唯心主义的影响下，没有认识到劳动在这中间所起的作用。[③]

---

① 《马克思恩格斯全集》第46卷下册，人民出版社1980年版，第219—220页。
② 《马克思恩格斯全集》第20卷，人民出版社1971年版，第374页。
③ 《马克思恩格斯全集》第20卷，人民出版社1971年版，第516—517页。

我们也可以说，当今一些本该“最富有唯物精神”的硅谷AI计算机专家，实际上也没弄清人类尤其人类“智能”是怎样产生的，原因也同样如此：在唯心主义的影响下，他们没有认识到“劳动”在这中间所起的作用，实际的劳动总是脑、手交互作用的活动。而唯心主义的“机器”和“智能”观似乎认为：蒸汽机、计算机只是“头脑”“脑髓”及其“思维”的产物，不需要“手”的参与就能制造出来——这是当今一些硅谷精英对AI尤其AGI及其社会影响反科学认知形成的思想根源。而只有立足于人的“劳动”和“需要”，才能揭示这些认知的反科学性。

恩格斯指出：“经过多少万年之久的努力，手和脚的分化，直立行走，最后确定下来了。”而“手的专门化意味着工具的出现，工具则意味着人所特有的活动”。人用手制造物质工具，就是人和猿区分开来的第一步。在此基础上的第二步，是“音节分明的语言的发展和头脑的巨大发展”：第一步开始在人和猿之间掘出鸿沟，第二步则“使得人和猿之间的鸿沟从此成为不可逾越的了”[①]——当今一些AI研究者往往忽视“音节分明的语言”在人类智能发展史上的作用，实际上还是受把智能只“归功于脑髓的发展和活动”的唯心主义支配。而以ChatGPT为代表的AI大语言模型的突破性发展，恰恰表明AI的发展也离不开“语言”。如果没有对人类智能发展史及其客观规律的唯物主义的科学理解和把握，那么下一步如何实现AGI或将走入误区。

前面马克思描述的主要是运用“体力”的“物质生产”，同样适用于描述人类主要是运用“智力”的“精神生产”：精神或智力劳动过程的简单要素，也包括“有目的的活动或劳动本身”“劳动对象”“劳动资料”，要加工的对象主要指一般所谓“信息”，精神劳动者使用的“身上的器官”主要是“头”：头上的眼、耳是“搜集”信息的工具，而脑（神经元系统）是“加工”信息的工具，它们都是人的身“内”之物，是自然产生的生产

① 《马克思恩格斯全集》第20卷，人民出版社1971年版，第373页。

工具，即作为智能生产工具的人脑，乃是漫长的自然进化的产物——在比喻的意义上可以说："人脑（神经元系统）"是"自然界""制造"出来的，是人类智力的"自然产生的生产工具"。"自然界没有制造出任何机器"，而自然界也没有制造出任何"语言"："'精神'从一开始就很倒霉，注定要受物质的'纠缠'，物质在这里表现为震动着的空气层、声音，简言之，即语言。"[①] 而"音节分明的语言的发展和头脑的巨大发展"，使得"人和猿之间的鸿沟从此成为不可逾越的了"——如果说物质生产工具的制造和使用，在人和猿之间初步掘出了鸿沟的话，那么语言这种精神生产工具的创造和使用，则使得"人和猿之间的鸿沟从此成为不可逾越的了"：语言的声音作为震动着的空气层，也是一种自然物质，但"音节分明"是"人工"创造出来的，而不再是自然界制造的，口头有声语言已经是智力的"由文明创造的生产工具"，或者说是人的智能活动中的非自然的"人工"要素。

此外，声音语言的使用还离不开人身"内"之物，即口、耳。更关键的是，由于早期人类还没有保存声音的技术，因此以声音语言为加工和传播工具的智力成果，会在口耳相传中有所耗损，人的智力因此得不到累积性发展和提升；而文字作为加工和承载信息的工具，可以相对地脱离人的身体，是人身"外"之物——尽管文字要发挥作用，也离不开人身"内"之物，即眼。更关键的是，以文字这种人身"外"之物为加工和传播工具的智力成果，可以就此得到保存，人的智力由此获得累积性发展和提升；而文字的发明和使用，又是人类告别野蛮时代，进入文明时代的重要标志。因此，文字是更严格意义上的智力的"由文明创造的生产工具"！

更进一步看，在文字这种工具的创造和使用中，人身上另一个器官，即"手"也加入了进来。因此，文字系统也像机器体系一样，是"人类的手创造出来的人类头脑的器官"，并且也成了一般（通用）智力、社会智

① 《马克思恩格斯全集》第3卷，人民出版社1960年版，第34页。

力的物化形态。有声口头语言往往通用性较弱，比如，一个地域的方言往往不能被另一个地域的人完全理解，而文字在总体上具有跨越有声方言的较强的通用性——因此，文字也就具有跨越地域空间和跨越时间（可以代代相传）的特性："劳动资料的遗骸对于判断已经消亡的社会经济形态有同样重要的意义"，而文字文献也可以成为精神劳动资料的"遗骸"，就此跨越时间，存留下来。判断已经消亡的社会文化或智能形态和水平，对考察不同的精神生产时代也有同样重要意义！

如果说以蒸汽机为代表的能量自动化机器体系是物质生产的最先进的"由文明创造的生产工具"的话，那么当今以计算机为代表的智能自动机器体系，尤其即将实现的 AGI，将是人类精神生产最先进的"由文明创造的生产工具"——而这又是如文字符号等精神生产工具累积性发展的产物。

人创造工具的目的是征服外在的自然力，"发展为自动化过程的劳动资料的生产力要以自然力服从于社会智力为前提"[①]。从原始人制造第一把石斧或石刀开始，人类就开始了征服自然力的进程；到了"发展为自动化过程的劳动资料"，即现代自动机器的出现，人类就已经接近征服自然力了——而征服的力量，来自社会智力，而不是个人智力。由此反观：人类作为动物在体力上不如其他一些巨型动物，单凭体力不仅无法征服自然力，还会受到其他动物的威胁；而单凭个人智力，人类也无法征服外在于自身的强大自然力；人征服自然力的劳动的社会性，不仅体现为劳动的集体协作性，也体现为被生产工具所物化的智力的社会性，人制造并不断改进生产工具的进程，也是把一个个人智力不断汇聚、凝聚为社会智力的过程。因此，在生产力发展进程中，人工与自然要素之间比例的不断增大，也意味着"社会"与"个人"要素之间比例的不断增大。最终，人类只有凭借强大的社会智力，才能真正征服自然力。

再从文字等符号在个人智能生成中的作用看：文字被发明和使用之

① 《马克思恩格斯全集》第 46 卷下册，人民出版社 1980 年版，第 220 页。

后，个人智能就是人脑这种个人身“内”之物与文字这种个人身“外”之物交互作用的结果：相对于人脑的自然性，文字等符号具有人工性，我们把个人使用文字等符号所生成的智能称为“脑工符号造形智能”，这已经是“人工”智能而非单纯的“自然”智能。由此之后，人类智能的发展，就已经表现为人工与自然要素之间比例的逐渐增大，呈现这样的函数式：“人工”智能 =1/“自然”智能——然而，这并未得到当今 AI 研究者的特别重视。当然，符号造形智能的生成还离不开个人自然性、生物性大脑。而现在的 AI 大模型自动生成的智能，则不是个人大脑，而是计算机直接生成的。即将实现的 AGI 将把智能活动中人脑这种“自然”要素进一步降低，而趋于无限小——这就是 AGI 奇点。另外，相对于人脑的个人性，文字等符号又具有社会性——在文字被发明和使用之后的人类数千年的文明史中，个人大脑的变化虽然不大，但在文字等符号中累积发展起来的社会智力，可以说已经发生了翻天覆地的变化，这表明人类智能活动的实际发展史，其实就是人工与自然、社会与个人要素之间比例不断增大的历史，而 AGI 将使这两种比例趋于无限大——这就是奇点。人类劳动生产力的发展，早已表现为劳动活动中人工与自然、社会与个人要素之间比例的不断增大，当今的 AGI 只是在此基础上形成的一个巨大飞跃而已，并不具备什么神秘性。

目前，国际学界对 AGI 及其引发的技术奇点的一般描述是：计算机自动化生成的智能，接近或超过个人大脑生成的智能——这种描述具有模糊性，且忽视了物质生产和文字等符号在人类智能发展史中的作用。以上分析涉及三大智能工具、五大智能形态，我们可以此为 AI 在人类智能发展中做历史定位。当今 AI 革命的重大意义是：在个人大脑、文字等社会符号之后，又创造了第三种智能生产工具，即“机器（计算机）”——与此相对应的是人脑智能、脑工符号造形智能（人脑使用文字等符号的智能）。而被许多研究者忽视的是：在物质生产中也存在两种智能形态，即手工物质造形智能（手工劳动智能）、机器物质造形智能（蒸汽机等所物化的智能）——而当今的 AI，正是继这四种智能形态之后，人类所创造的第五种智能形态，即“机器符号造形智能（计算机使用文字等符号的智能）”。个人大脑是自然进化的产物，而由此生成的人脑智能具有自然性、个人性；而符号、机器，并非自然产物，而是人造、人工的产物，同时也是社会的产物。由此生成的智能具有人工性、社会性：符号还不能自动生成智能，还离不开个人大脑，而当今 AI 计算机可以相对不依赖于人脑就自动生成智能，这种自动化的机器智能将超越个人大脑的自然性限制——这就是当今 AI 研究常用的“技术奇点”所揭示的趋势，AI 计算机所代表的社会智力将获得前所未有的极速发展，人类以社会智力及其高度发达的社会生产力征服自然力的目标，有望得到更为充分的实现，而由此引发的可被称为“生产力奇点”。

“在劳动生产力发展的过程中，劳动的物的条件即物化劳动，同活劳动相比必然增长”[①]——“活劳动”即个人支出自身生物性、自然性的体力和智力的活动，是劳动中的“自然”要素。而人类劳动生产力的发展表现为：作为劳动的物的条件、劳动资料、生产工具的“物化劳动”，这种“人工”要素与“活劳动”这种“自然”要素之间的比例不断增大——而这种趋势其实从原始人制造出第一把石斧或石刀时，就已经开始了。“科学”也是一种“物化劳动”[②]。从智能形态看，“科学”就是“脑工符号造形智能”，是通过发明并使用数学、物理学等人工符号锻造的强大的智能，也是在人类发明并使用文字这种自然语言符号及其不断累积性发展基础上锻造而来的。在科学这种强大的脑工符号造形智能体系的基础上，人类又创造了以蒸汽机为代表的智能自动化机器体系，即“机器物质造形智能”。科学还离不开个人（科学家等）大脑，而即将实现的 AGI，又将超越个人大脑的限制，锻造更为强大的社会智力——强大的“机器符号造形智能”，并将使人类智能活动中人工与自然、社会与自然要素之间的比例趋于无限

① 《马克思恩格斯全集》第 46 卷下册，人民出版社 1980 年版，第 360 页。
② 《马克思恩格斯全集》第 48 卷，人民出版社 1985 年版，第 567 页。

大，而这只不过是人类劳动发展中“物化劳动”与“活劳动”之间比例不断增大的结果而已，并不具备神秘性：从原始人制造石制工具开始，人类物质劳动就走上了人工与自然要素之间比例不断增大的进程，同时也是人的“社会智力”与“自然力”之间的比例不断增大，进而不断征服自然力的进程。再从人类精神劳动发展史看，相对于人脑神经元系统的个人性，文字符号系统是社会性的，由其生成的智力已是社会智力，现代科学是物化在数学、物理学等人工符号系统中的社会智力，而即将实现的 AGI 将自动生成这种社会智力，人类智能发展将迎来奇点——这一进程从原始人制造并使用石制工具、人类发明并使用文字等符号就已开始，因此 AGI 是全人类社会智力累积性发展的结果。

自动机器是由人的劳动力和劳动所创造的，并反过来对人的劳动力和劳动产生影响。其中，主要影响就是省时省力。实际上，马克思也正是从“力量”和“时间”两方面分析这种影响的。

从力量上看，自动机器所代表的社会智力是相对个人智力而言的：“物化在机器体系中的价值表现为这样一个前提，即同它相比，单个劳动能力创造价值的力量作为无限小的量而趋于消失”①——单个劳动能力主要包括体力和智力，以蒸汽机为代表的能量自动化机器已使其中的个人体力“作为无限小的量而趋于消失”，而当今以计算机为代表的智能自动化机器将使其中的个人智力“作为无限小的量而趋于消失”。因此，包括体力和智力在内的“单个劳动能力”的“总量”就将趋于无限小——我们称之为劳动力量趋零奇点。其中暗含的智能函数式就是：社会智力 =1/ 个人智力，个人智力趋于无限小，社会智力就趋于无限大——这是当今 AGI 奇点的又一基本含义。

从时间上看，马克思考察了“采用机器对必要劳动和剩余劳动之间的比例的影响”，并指出：“在使用机器的情况下，相对剩余劳动时间不仅

① 《马克思恩格斯全集》第 46 卷下册，人民出版社 1980 年版，第 209 页。

同必要劳动时间相比，从而同全体被使用的工人的总劳动时间相比会增加，而且在全体被使用的工人的总劳动时间减少，即同时并存的工作日数量（同剩余劳动时间相比）减少的情况下，对必要劳动时间的比例也会增加。”[①] 前面已指出，在劳动过程中，人使用的臂、腿、手关乎的是个人体力，头关乎的是个人智力，两者皆是存在于人身上的自然力：在机器生产中，“全体被使用的工人的总劳动时间减少”，也意味着每一个工人个人支出的自然力的总量的减少。或者说，机器生产中作为个人力量的“自然”要素减少，而机器这种非自然要素增加——这也意味着人工与自然要素之间比例的增大。同时，机器生产也使剩余劳动（时间）与必要劳动（时间）之间的比例不断增大：“如果资本所支配的全部劳动时间达到最大限度，比如说，达到无限大的量∞，结果必要劳动时间成了这个∞中的无限小的部分，而剩余劳动时间成了这个∞中的无限大的部分，那么这就是资本价值增值的最大限度”[②]——自动机器的基本功能就是使之达到“最大限度”：必要劳动生产维持人作为自然生物体的生存需要的产品，体现了个人存在和活动的自然性，而剩余劳动及其创造的剩余产品体现了人的非自然性，人类劳动函数大致就是：“非自然”要素 =1/“自然”要素，自然要素趋于无限小，非自然要素的函数值就趋于无限大。从劳动时间上看即：剩余劳动时间 =1/ 必要劳动时间，剩余劳动时间趋于无限大时，必要劳动时间就趋于无限小——我们称之为劳动时间趋零奇点。将其与劳动力量趋零奇点联系起来，可称为“劳动（工作）奇点”——这是作为“技术奇点”的 AGI 所产生的社会影响之一。

二

以上只是从人与自然的关系看的，在这种关系中，劳动资料、生产工

① 《马克思恩格斯全集》第 46 卷下册，人民出版社 1980 年版，第 355—356 页。
② 《马克思恩格斯全集》第 46 卷下册，人民出版社 1980 年版，第 32 页。

具是“人类劳动力发展的测量器”。马克思、恩格斯在对“自然运动”“智能运动”及其历史发展的唯物主义的科学考察中，揭示了作为社会智力的现代自动机器的生成过程。而从人与人之间的关系看，生产工具又是“劳动借以进行的社会关系的指示器”，只有在社会关系或“社会运动”的历史发展中，我们才能科学地揭示当今 AGI 机器与个人的关系——而现在 AI 研究普遍存在的问题是：孤立或割裂人与人的社会关系、社会运动，抽象地讨论所谓“人—机（器）”关系。

AGI 机器与个人的关系，就是科学这种社会智力与个人及其智力的关系。“由于教育方法的连续性、一致性和臻于完善，人们早就占有了许多代和好几百年来的思维、经验和成就的成果，并且这种占有发展了才能，等等”[①]——当今 AGI 就是“占有了许多代和好几百年来的思维、经验和成就”，即“占有”了通过累积性发展起来的人类社会智力成就所取得的重大成果。马克思强调，“对科学或物质财富的‘资本主义的’占有和‘个人的’占有，是截然不同的两件事”“科学不费资本家‘分文’”，即资本家“无偿占有”科学这种社会智力，而“尤尔博士本人曾哀叹他的亲爱的、使用机器的工厂主对力学一窍不通”[②]——以“个人的”方式“占有”力学等科学社会智力，通过接受教育，把这些科学知识弄通就能实现；而“这种占有发展了才能”，即以“个人的”方式“占有”这些社会智力，也意味着“发展”了个人智力，社会智力也就转化为个人智力，发展着、提升着个人智力。而“使用机器的工厂主对力学一窍不通”表明：工厂主即资本家们不是这样做的，他们以“资本主义的”并且是“无偿的”方式“占有”科学，并把这些社会智力转化为私人化的社会权力，用以支配劳动者及其劳动：以“个人的”方式“占有”社会智力满足的是个人及其智力的“发展”的需要，以“资本主义的”方式“占有”社会智力满足的是一个人“支配”另一个人的“权力”的需要，或者满足的是“权力

① 《马克思恩格斯全集》第 48 卷，人民出版社 1985 年版，第 567 页。
② 《马克思恩格斯全集》第 23 卷，人民出版社 1972 年版，第 424 页。

欲”——这是理解AGI机器与个人关系的基本点。当今投资商对计算机智能科学可能也一窍不通，但这一点儿也不影响他们以“资本主义的”方式占有、支配AI机器，并对广大智力劳动者形成威胁。

从趋势看，AGI所引发的必要劳动时间趋于无限小、个人智力趋于无限小，可能产生的影响是：白领工人将无法再出卖个人智力，因而也再无法获得收入，继而引发“劳动收入趋零奇点”。但这并非由AGI机器本身造成的，而是由“资本”这种历史性、暂时性的建立在私有制基础上的“社会关系”造成的：在私有制社会关系中，物质生产主要表现为极少数人对劳动资料和工具的垄断；精神生产则主要表现为极少数人对文字这种精神劳动资料和工具的垄断——进一步看，存在于人身“内”的生产工具，比如手，是无法被别人垄断的，极少数人垄断的主要是劳动者身“外”的生产工具；同样，不离人身的精神生产工具，如人脑等是别人无法垄断的，极少数人垄断的主要是身“外”的精神工具，即文字等符号。在私有制框架下，非劳动者无法对劳动者作为身“内”之物的脑、手及其释放的智力、体力进行直接支配，而主要是通过垄断作为人的身“外”之物的生产工具进行间接支配——AGI机器就是这种生产工具最发达、最强大的形态，而非劳动者支配劳动者的权力也将因此达到极致。

对于自动化的影响，人们的第一印象通常是：自动机器比人强大，并且会“代替”人。“发展为自动化过程的劳动资料的生产力要以自然力服从于社会智力为前提”，而“机器的使用价值”是“代替人的劳动”[①]，“机器的生产率是由它代替人类劳动力的程度来衡量的”[②]——这同时是社会智力对个人劳动力，尤其是个人智力的代替。个人劳动力主要包括体力、智力，机器自动化程度越高、生产率越高，社会智力越强大，个人体力、智力被代替的也就越多。从函数关系看，就是机器自动化程度越高、生产率越高，社会智力与个人体力、个人智力之间的比例就越大——这可视作马

① 《马克思恩格斯全集》第47卷，人民出版社1979年版，第373页。
② 《马克思恩格斯全集》第23卷，人民出版社1972年版，第428页。

克思考察自动机器及其与人类劳动、劳动力关系理论的第一原理。紧接着的问题是：被自动机器代替后，个人智力又将被如何处置？在马克思看来，在劳动中实际发挥个人体力、智力，乃每个人固有的“需要”，而自动机器代替的只是每个人体力、智力发挥的不自由的方式。由此，每个人的体力、智力将获得更自由的发挥方式，而不是不再发挥。

现在的AI机器已初步呈现其中所物化的社会智力自动生成、自主提升的趋向，社会智力将变得越来越强大；相对而言，个人智力则将变得越来越弱小，一些人便由此产生恐慌——但把自动机器所代表的社会智力与个人智力相对比，甚至认为两者存在“竞争”关系，其实并没有多大道理：既然我们每个人都不会选择与能量自动化机器相对比，比如与大货车比速度、体力，那我们为什么要与当今智能自动化机器，即与AI计算机比“智力”呢？要想科学地辨析这些问题，首先需要回到现代机器二次自动化及其对资本、劳动影响的发展进程中。

“机械性的劳动资料（其总和可称为生产的骨骼系统和肌肉系统）”“更能显示一个社会生产时代的具有决定意义的特征”[①]；而“加入资本的生产过程以后，劳动资料经历了各种不同的形态变化，它的最后的形态是机器”；而“最完善、最适当的机器体系形式”是“自动的机器体系”[②]——这就是更能显示资本主义社会生产时代的具有决定意义的特征的机械性的劳动资料，即蒸汽机等能量自动化机器体系。由此，可以把当今计算机等智能自动化机器体系定位为“智能性的劳动资料”，这对当今资本主义社会生产具有决定意义——这也是对当今AI革命的基本定位。

“劳动资料发展为机器体系，对资本来说并不是偶然的，而是使传统的继承下来的劳动资料适应于资本要求的历史性变革。因此，知识和技能的积累，社会智慧的一般生产力的积累，就同劳动相对立而被吸收在资

① 《马克思恩格斯全集》第23卷，人民出版社1972年版，第204页。

② 《马克思恩格斯全集》第46卷下册，人民出版社1980年版，第207—208页。

本当中”[1]——“社会智慧”也可翻译为“社会大脑”，而“社会大脑的一般生产力”也就是社会智力，当今AI计算机体系所代表的就是社会大脑系统，是社会智力自动化生成的形式。其“最完善、最适当的机器体系形式”，就是即将实现的AGI。现代自动机器产生、发展的过程，就是个人“知识和技能”即个人智力不断积累、发展的过程，同时也是这些个人智力不断汇聚、凝聚为社会智力，并获得累积性发展的过程——这种过程“适应于资本要求的历史性变革”。而与这种过程相随的，又是资本积累的过程。传统分散的劳动资料从劳动者那里被分离开来，被汇聚到少数非劳动者即资本家手中，尽管这是个剥夺与被剥夺的过程，但也是人类劳动资料的集中性、集体性、社会性不断提升的过程，客观上为自动机器、社会智力、社会大脑一般生产力的充分发展奠定了基础。

现代机器二次自动化革命，使机器可以自动生成能量、智能，对应于人类个人体力、智力：第一次能量自动化革命释放巨大“通用能量（电能、可控原子能等）”，代替了个人体力，第二次智能自动化革命将产生的“通用智能”即AGI，作为机器自动生成的强大的社会智力，将代替个人智力；个人体力、智力将被全面代替，社会生产支配的自然力量（能量）、社会智力与个人体力、智力之间的比例将趋于无限大。物质劳动以发挥个人体力为主，精神劳动以发挥个人智力为主，机器能量、智能自动化运动作为社会生产运动，也就相应地可以代替个人物质劳动、精神劳动，进而全面代替个人劳动，而这关乎每个人。能量自动化机器解放了个人体力并使之获得自由发展，但同时在资本框架下造成了大量蓝领工人失业；即将实现的AGI将解放个人智力并使之获得自由发展，但在资本框架下，也将造成大量白领工人失业——要想科学考察AGI对个人的真实影响，还需结合对资本的科学考察。

金钱是最坏的主人，最好的奴隶——这实际上是把金钱视作“物”，

① 《马克思恩格斯全集》第46卷下册，人民出版社1980年版，第210页。

但金钱不是物，其体现的是个人与个人之间具体的社会关系：掌握巨量金钱的非劳动者是“主人”，较少甚至不拥有金钱，因而只能出卖自己劳动力的劳动者是“奴隶”，而“机器体系”就构成了“‘主人’的权力”。在这位“主人”的头脑中，“机器和它对机器的垄断已经不可分割地结合在一起”[①]——见“物（金钱、货币、机器）”不见“人（劳动力、劳动）”的拜物教，显然有助于维护“‘主人’的权力”，因此这些主人及其辩护士拼命渲染这种拜物教的神秘性——马克思戳穿这种拜物教神话的立足点，是“人”——即人的活劳动力、活劳动。

“只要社会还没有围绕着劳动这个太阳旋转，它就绝不可能达到均衡”[②]“要不是每一个人都得到解放，社会本身也不能得到解放”[③]——每一个人的解放，就是每一个人劳动的解放，这是社会本身得到解放、达到均衡的必要前提；资本创造并使用自动机器，“将有利于解放了的劳动，也是使劳动获得解放的条件”[④]；“资本的历史使命”就是使“人不再从事那种可以让物（自动机器）来替人从事的劳动”[⑤]——自动机器替人从事的是“不自由的劳动”。每个人都可以在此基础上，从事“真正自由的劳动”，或者说每个人的劳动都得到了自由解放。如此，社会本身也将得到解放。“发展为自动化过程的劳动资料的生产力要以自然力服从于社会智力为前提”，这也是每个人和社会本身都得到解放的前提。而要能运用强大的社会智力征服自然力，人类又首先必须创造出这种社会智力——这种社会智力是人类的个人智力不断汇聚、发展起来的。“使用劳动工具的技巧，也同劳动工具一起，从工人身上转到了机器上面。工具的效率从人类劳动力的人身限制下被解放出来”[⑥]——社会智力、社会力量、社会生产力，只有从

① 《马克思恩格斯全集》第 23 卷，人民出版社 1972 年版，第 464 页。
② 《马克思恩格斯全集》第 18 卷，人民出版社 1964 年版，第 627 页。
③ 《马克思恩格斯全集》第 19 卷，人民出版社 1963 年版，第 318 页。
④ 《马克思恩格斯全集》第 46 卷下册，人民出版社 1980 年版，第 214 页。
⑤ 《马克思恩格斯全集》第 46 卷上册，人民出版社 1979 年版，第 287 页。
⑥ 《马克思恩格斯全集》第 23 卷，人民出版社 1972 年版，第 460 页。

每个人“人身”限制下“解放”出来，才能得到充分发展；每个人的劳动得到自由解放的条件，是社会生产力的解放——蒸汽机等能量自动化机器把社会“物质”生产力从人身限制下解放出来，而现在，计算机等智能自动化机器尤其将要实现的AGI，又将把社会“精神”生产力从人身限制下解放出来，社会生产力将由此得到全面解放——此即生产力奇点。AGI所代表的强大的社会智力、社会生产力，将更为全面地征服自然力，每个人的劳动和社会本身将因此得到真正全面的解放——资本的历史使命就是创造这种强大的社会智力。

人类解放要分两步走：首先是“社会”的解放，然后是“每一个人”的解放；或者说首先是“社会”生产力的解放，即从每个人“人身”限制下解放出来，而这同时意味着把每个人的生产力、智力凝聚为强大的社会生产力、社会智力以征服自然力——这是第一步。在此基础上的第二步是：使每个人“人身”之内的生产力，即体力和智力获得自由全面发展——由此来看，从每个人“人身”限制下解放出来的“社会”生产力、社会智力只是“手段”，每个人“人身”之内体力和智力自由全面发展才是“目的”。资本通过自动机器锻造出强大的社会智力，进而迈出了人类解放的第一步。但这种强大的社会智力不是被运用于征服、支配自然力，而是被运用于支配、压迫劳动者及其劳动——资本家垄断这种强大的社会智力并将其转化为私人化的社会权力，受这种权力支配的工人个人生产力的发挥反而成为手段——人类解放要迈出的第二步，就要把这种“手段”反转为“目的”，让每个人“人身”之内体力和智力都获得自由全面发展——这必然要求消灭支配、压迫劳动的私人化社会权力。

其一，在劳动观上，“只要社会还没有围绕着劳动这个太阳旋转，它就绝不可能达到均衡”——这是对劳动在人类社会运动中的基本定位。就像我们这个星球上万物生长的能量主要来自太阳，而我们这个星球的社会、文明的生长、发展的力量，主要来自劳动——万物生长靠太阳，文明发展靠劳动！今天，我们要考察强大的AGI对“社会”的影响，也必须围绕“劳动”这个“太阳”旋转。

其二，在财富观上，财富就是人的劳动为“劳动本身”创造的“物的条件”“社会的条件”即“物化劳动”，由此可以勾画出人类发展整体进程：（1）“只有当人类通过劳动摆脱了最初的动物状态，使他们的劳动本身已经在一定程度上社会化的时候，一个人的剩余劳动成为另一个人的生存条件的关系才能出现”[①]——劳动的社会化及由此形成的剩余劳动，是人类摆脱动物状态的起点；（2）“在劳动生产力发展的过程中，劳动的物的条件即物化劳动，同活劳动相比必然增长”“劳动生产力的增长无非是使用较少的直接劳动创造较多的产品，因而社会财富越来越表现为劳动本身创造的劳动条件”[②]；（3）“劳动本身”创造“劳动的社会条件”[③]——劳动为劳动本身创造物的条件的进程，就是人类发展的实际进程。当人类还没有摆脱最初的动物状态时，这种物的条件还主要是自然物质；而当劳动生产力发展到一定程度时，劳动物的条件越来越成为劳动本身的产物，即物化劳动：生产力的发展就表现为物化劳动这种“人工”要素和“自然物质”这种“自然”要素之间的比例越来越大，同时也表现为“社会”要素与“个人”要素之间的比例越来越大。

作为劳动物的条件的物化劳动，就是通常所谓的“物质财富”；个人无法创造这些条件，只有社会劳动生产力才能创造这些条件。因此，物化劳动同时也是社会条件、社会财富。作为劳动为劳动本身创造的条件，物质财富或物只是手段，人的“劳动本身”才是目的；作为每个人劳动为劳动本身创造的条件，社会财富也只是手段，每个人“劳动本身”的自由发展才是目的——这是马克思建立在劳动基础上的历史唯物主义财富观的基本点。在今天，强大的AGI依然是物化劳动，是人类劳动为劳动本身创造的物的、社会的条件累积发展的产物，AGI进一步发展的目的和目标，只

① 《马克思恩格斯全集》第23卷，人民出版社1972年版，第559页。
② 《马克思恩格斯全集》第46卷下册，人民出版社1980年版，第360页。
③ 《马克思恩格斯全集》第47卷，人民出版社1979年版，第566页。

能是人类每个人劳动本身和身“内”自然智能的自由发展。

其三，在人的需要观上，科学考察自然运动需要坚持唯物主义，科学考察社会运动、个人行为也要坚持唯物主义，其基本立足点是：每个人具体可感的“需要”，而“真正自由的劳动”是每个人可以获得“最高的享受”的最高需要。“迅速前进的文明完全被归功于头脑，归功于脑髓的发展和活动；人们已经习惯于以他们的思维而不是以他们的需要来解释他们的行为”“随着时间的推移，便产生了唯心主义的世界观”。在此影响下，人们没有认识到劳动在“人类产生”中所起的作用——当然也没有认识到劳动在“人类发展”中所起的作用。“劳动”和“需要”一起，才是考察个人和社会生活的科学基础。而历史唯心主义撇开了这两者，只从抽象思维、概念等考察个人和社会。

劳动关乎每个人生命需要的满足、生命意义的实现：“个人的生命”就是活动，即发挥“自己的体力和智力”的劳动。人可以在劳动中“自由地发挥自己的体力和智力”，如此人所满足的就是“劳动需要”，而雇佣劳动“不是满足劳动需要，而只是满足劳动需要以外的需要的一种手段”。“对工人来说，维持工人的个人生存表现为他的活动的目的，而他的现实的行动只具有手段的意义；他活着只是为了谋取生活资料”①——这是马克思对劳动之于个人生命意义的基本理解。我们可以将其概括为：人活着需要劳动，但人劳动不仅是为了活着，也是为了将自身体力、智力自由地发挥出来；每个人的体力和智力不是用来“自由买卖”的，而是用来“自由发挥”的。

物质财富是“客观的条件”，而劳动还为劳动本身创造“主观的条件”，且“它们只不过是同一些条件的两种不同的形式”；因为作为劳动客观的物的条件的物化劳动本身，也是劳动的一种“形式”，即过去劳动累积发展起来的形式。劳动将“为自己创造出这样一些主观的和客观的条

---

① 《马克思恩格斯全集》第 42 卷，人民出版社 1979 年版，第 93—95 页，第 29 页。

件，在这些条件下劳动会成为吸引人的劳动，成为个人的自我实现……真正自由的劳动，例如作曲，同时也是非常严肃、极其紧张的事情”[①]——劳动需要就是每个人在“真正自由的劳动”中“自我实现”的需要，劳动发展的历史就是为满足这种需要而不断创造条件的进程。在劳动过程中，“人就使他身上的自然力——臂和腿、头和手运动起来”。一方面，“他通过这种运动作用于他身外的自然并改变自然”，被改变了的自然就是物质财富、物化劳动，并成为劳动进一步发展的物的条件；另一方面，“同时改变他自身的自然。他使自身的自然中沉睡着的潜力发挥出来”[②]——劳动的发展就表现为个人“自身的自然中沉睡着的潜力”，即体力、智力不断被发挥出来的进程；“为生产而生产无非就是发展人类的生产力，也就是发展人类天性的财富这种目的本身”[③]，而“真正的财富就是所有个人的发达的生产力”[④]——相对劳动为本身创造的客观条件、物质财富，“所有个人的发达的生产力”就是劳动为本身成为“真正自由的劳动”所创造的主观条件、主体财富，而它们与物质财富是同一财富的“两种不同的形式”，都是劳动为劳动本身创造出来的。但从两者的关系看，作为物质财富、物化劳动的“物”是手段，作为主体财富、活动即活劳动及其主体的“人”是目的。“所有个人的发达的生产力”在“真正自由的劳动”中全面自由发展，或者“所有个人”的“体力和智力获得充分的自由的发展和运用”，乃是劳动发展的终极目的——当然，实现这个目的需要发达的客观的物质条件。“个人的发达的生产力”乃是个人的“天性的财富”，又是相对于社会财富的个人财富。从两者关系看，社会财富或社会是手段，个人天性的财富或个人是目的，即在真正自由的劳动中，所有个人天性财富获得自由全面发展，这也是劳动发展的终极目的——而要实现这个目的，也需要发

① 《马克思恩格斯全集》第 46 卷下册，人民出版社 1980 年版，第 361 页，第 113 页。
② 《马克思恩格斯全集》第 23 卷，人民出版社 1972 年版，第 202 页。
③ 《马克思恩格斯全集》第 26 卷第 2 册，人民出版社 1973 年版，第 124—125 页。
④ 《马克思恩格斯全集》第 46 卷下册，人民出版社 1980 年版，第 222 页。

达的社会条件，即高度发达的社会生产力。

总之，马克思的财富观与人的需要、劳动观是紧密联系在一起的，只有在这三者紧密联系的基础上，才能对现代资本、机器做出唯物主义的科学考察。

其四，在资本观上，资本所代表的是过去的物化劳动、“死劳动”，而工人从事的是现在的“活劳动”，两者的关系似乎就是“物”与“人”的关系——马克思资本批判的关键要点就在于揭示潜藏在资本这种“物”背后的“人”即资本家，并由此揭示：资本与劳动的关系，不是物与个人的关系，而是个人与个人的关系，即资本家个人通过资本、货币所代表的垄断化的社会力量、私人化的社会权力，去支配、压迫工人个人及其劳动。要想科学地理解这一点，就需要回到个人“需要”及满足需要的“资料”，在不同的“社会形式”尤其在私有制这种形式中的变化史中。

每个人都有生存、享受、发展的需要，劳动为满足这些需要创造物的条件，即作为物质财富的物化劳动，这种物化劳动相应地就包括生存、享受、发展资料三种形式。撇开历史的社会结构形式看，随着社会生产力的发展，每个人在满足生存需要后，就会产生享受、发展需要——但落实到具体的现实的社会形式，尤其私有制看，却并非如此：“因为一个人（劳动者）只有当同时满足了另一个人（非劳动者）的迫切需要，并且为后者创造了超过这种需要的余额时，才能满足他本人的迫切需要（生存需要）”[①]——由此就形成了私有制社会的基本结构，即劳动者—非劳动者：劳动生产力的发展，在时间上表现为在劳动时间整体结构中，除了必要劳动时间外还有剩余劳动时间——正是这一点，使“人类通过劳动摆脱了最初的动物状态”。但在私有制框架下，劳动者只能获得满足生存需要的生存资料，他们的个人需要被绑缚在生存需要上；而他们的剩余劳动时间所创造的剩余产品，为非劳动者提供生存、享受、发展资料——在人类

① 《马克思恩格斯全集》第46卷上册，人民出版社1979年版，第381页。

发展史上，这种状况必然产生，但随着社会生产力的进一步发展，也必然被消除！

当然，作为私有制最成熟也是最后的形式，资本又不同于此前的社会权力压迫方式："金钱代替了刀剑，成为社会权力的第一杠杆。"[①] 此前，私有制社会则是靠刀剑等暴力方式维持的——这是资本主义历史进步性的表现。马克思通过使用价值/交换价值二重性批判，结合个人"需求"，揭示了资本这种权力压迫方式的新特点：在依靠刀剑等暴力方式维持的社会权力压迫机制下，非劳动者奴隶主、地主所追求的主要是消费性的享受需要，重视的是作为使用价值的"享受资料"的生产，这限制了"发展资料"的生产；而作为非劳动者的最后形态，资本家追求的首先不是消费性享受，重视的不是作为使用价值的享受资料的生产，而是不同于使用价值的"交换价值"的生产——如果不追求享受资料，那么相对而言就带来了"发展资料"的大发展，这是资本家在客观上所带来的历史进步。但资本家在主观上的追求不是作为使用价值的发展资料，而是交换价值，交换价值最终体现的则是：资本家个人通过货币所代表的垄断化的社会力量，对工人劳动者个人及其劳动的权力支配，所满足的是一个人对另一个人的权力支配需要——共产主义将满足每个人的生存、享受、发展需要，但要消灭一个人对另一个人的权力支配、压迫需要！

在资本框架下，发展资料从客观上看得到了大发展，而非劳动者主观上用货币、交换价值支配劳动者及其劳动，这最终在自动机器上得到了充分实现。

其五，在机器观上，"发展为自动化过程的劳动资料的生产力要以自然力服从于社会智力为前提"，可视作现代机器的基本定位，即自动化机器体系是"自动化过程的劳动资料"，是"社会智力"的物化形式，其使用价值是支配自然力，而马克思的机器观与智力（智能）观是紧密联系在

① 《马克思恩格斯全集》第19卷，人民出版社1963年版，第209页。

一起的。随着生产力的发展，“社会财富越来越表现为劳动本身创造的劳动条件”；而在资本框架下，其表现为“社会财富的越来越巨大的部分作为异己的和统治的权力同劳动相对立”——自动机器是物化劳动，是劳动为劳动本身所创造的发达的社会的物的条件，是社会智力的物化形式，而资本（货币）是“劳动的社会权力物化”的形式[①]：从使用价值看，作为社会智力的物化形式，自动机器的功能是支配自然力；而从交换价值看，作为社会权力的物化形式，资本、资本家垄断这种社会智力、支配自动机器，在主观上不是为了支配自然力，而是为了支配劳动者及其个人的活劳动力、活劳动。

其六，在智力（智能）观上，社会智力与个人智力之间的关系是基本问题——在当今人工“智能”时代，个人与社会、个人与个人关系，尤其集中突出体现在这种关系上。首先，马克思把“科学”这种社会智力也定位为“物化劳动”：“在各种物化劳动中，科学是这样一种物化劳动，在这里再生产，即‘占有’这种物化劳动所需要的劳动时间，同原来生产上所要求的劳动时间相比是最小的。”[②]而“对科学或物质财富的‘资本主义的’占有和‘个人的’占有，是截然不同的两件事”“使用机器的工厂主对力学一窍不通”[③]。科学作为物化劳动是人类劳动累积性发展的成果，尤其是人类思维能力累积性发展的成果，而不是特定时间、特定地域中极少数个人智能发展的产物——在此意义上，作为社会智力的现代科学，就是全人类累积发展起来的全人类的智力；而每个人对这种社会智力、物化劳动的“‘个人的’占有”，只需要通过教育和学习就能实现。牛顿“生产”一个力学公式可能花费了很长时间，而后来一个接受教育的学生，只需要很短的时间就能弄懂这个力学公式，这个公式所物化的社会智力也就转化为了这个学生的个人智力，这就意味着这个学生“发展了才能”——科学社会

① 《马克思恩格斯全集》第46卷下册，人民出版社1980年版，第360—361页。
② 《马克思恩格斯全集》第48卷，人民出版社1985年版，第568页。
③ 《马克思恩格斯全集》第23卷，人民出版社1972年版，第424页。

智力与个人智力并不必然对立，而是可以相互促进、相互提升的：人类智能发展史，就表现为一个个个人智力不断汇聚成为社会智力，同时也表现为个人通过“占有”社会智力而不断发展自身个人智力的进程。

“使用机器的工厂主对力学一窍不通”，表明资本家并不是以“个人的”方式，而是以“资本主义的”方式，“占有”或“吞并”“别人的”科学或社会智力，并以此支配“别人的”即雇佣工人的劳动——对社会智力的“资本主义的”占有，最终意味着把这些被垄断的社会智力转化为私人化的社会权力！资本家通过运用这种社会权力支配劳动，使劳动者在具体、实在的劳动中丧失了“实在的自由”；而资本家自己不从事劳动，不把社会智力转化为个人智力并获得自由发展，因此总体上也不拥有“实在的自由”——由此造成的就是“自由的普遍缺失”。而如果消除越来越强大的社会智力、社会权力的私人化，人类每一个成员以“个人的”方式占有AGI这种强大的社会智力，每个人固有的个人智力将得到自由发展。如此，人类社会就将克服自由的普遍缺失而实现普遍的自由。

人类发展史表现为劳动不断为劳动本身创造物的社会条件即物化劳动的过程，物化劳动与活劳动的关系就是其中的基本关系。在此进程中出现了私有制，作为物化劳动的生产资料被少数非劳动者垄断，并用来支配劳动者及其活劳动。资本主义创造了自动机器这种发达、先进的条件，但作为社会权力物化形式的资本，或者说资本家利用自动机器的直接目的，并不是支配自然、自然力，而是支配劳动者、个人劳动力——把具有不同功能的“机器”与“资本”搅和在一起，进而认为两者绝对不可分割，从而形成了资本主义最大的意识形态神话。而马克思生产工艺学批判通过辨析两者之间的“不同”，戳穿、打破了这种神话。

与“物化在机器体系中的价值”相比，“单个劳动能力创造价值的力量作为无限小的量而趋于消失”，工人单个劳动能力对于创造价值的贡献也就趋于无限小，机器体系自动生产出的产品、价值、财富，就不是资本家直接剥削工作在机器体系中的雇佣工人单个劳动能力的产物，或者说不是资本家直接“无偿占有”雇佣工人劳动的产物。但“科学不费资本家‘分文’”，被资本家利用的科学，并非资本家本人个人智力的产物，而是“别人的”智力劳动的产物。从人类社会整体看，这不是少数“个人的”智力的产物，而是社会智力的产物。同时，科学又是在世界各民族智力累积性发展基础上发展起来的，因而也可谓全人类智力的产物——在爬取全球互联网作为世界各民族智力成果的超大数据基础上研发出的ChatGPT，正是这方面的鲜明例证。而资本家不费“分文”就无偿占有这种全人类的社会智力，并将其转化为私人化的社会权力，利用自动机器去支配工人及其劳动，贬低每个人的劳动能力。因此，在资本主义成熟的生产体系，即机器自动化生产体系中，关键不在于对直接劳动者单个劳动能力的无偿占有或直接剥削，而在于对人类累积发展起来的社会智力的无偿占有，并将其作为私人化社会权力，去支配直接劳动者及其劳动。或者说，关键就在于：全人类累积发展起来的强大社会智力被极少数人垄断，并用来压迫绝大多数人，造成绝大多数人的普遍贫困——因此，社会变革的首要问题就是消除社会智力的垄断化、社会权力的私人化。只有这样，才能真正消除普遍贫困。

蒸汽机等能量自动化机器体系使单个劳动能力中的“体力”趋于无限小，而AGI将是以计算机为代表的智能自动化机器体系的成熟形态，将使单个劳动能力中的“智力”也趋于无限小——个人工作能力、工作数量趋零的奇点正在来临。在这种趋势下，再把焦点放在劳动者的直接劳动上，已缺乏现实针对性，因为垄断自动机器的非劳动者不再需要或越来越少地需要劳动者的个人体力、智力了。由此，似乎就可以摘掉“剥削者”这个帽子了，他们可以声称自己不需要或者不屑于“剥削”劳动者的劳动力，因此也就不再需要为维护剥削有理的论调多费口舌和精力了。更有现实针对性的焦点是“自动机器”：它们是全人类劳动累积发展起来的社会智力的产物，理应归全人类中的每一个成员所有；如果今天的直接劳动者对AGI自动生成的智力产品贡献不大的话，那么垄断AGI的非劳动者同样也没有多大贡献。

以子之矛，攻子之盾。在经济上，机器垄断者信奉的等价交换、买卖公平原则是：获得或占有一切事物都要“有偿”——他们却“无偿”占有科学、机器等所代表的强大社会智力，这与他们的公平买卖原则相悖；在政治上，他们反对政治性社会权力的私人化或公权私用，却竭力维护经济性社会权力的私人化或公权私用；在个人智力与社会智力关系上，历史上的社会智力（科学知识等）的生成都离不开个人（科学家等），而 AGI 的一大新特点就是可以相对离开个人而自动生成社会智力，这将带来科学技术指数级增长——这是奇点的含义之一。但是，再强大的社会智力也不必然与个人智力对立，而之所以形成对立，只是因为社会智力被极少数个人垄断，并转化为私人化社会权力去支配、压迫绝大多数个人——把 AGI 机器神秘化并视作压迫乃至取代、消灭人类这一碳基物种的新的硅基智能物种的玄学论调，会掩盖个人与个人之间这种真实的权力压迫、支配关系，转移大多数人关注的焦点。

三

马克思正是围绕每个人运用自己体力、智力的劳动，在“社会财富越来越表现为劳动本身创造的劳动条件”的历史进程中，讨论现代自动机器、资本。他的机器观、资本观，与财富观、劳动观、智能观是紧密联系在一起的：“真正的财富就是所有个人的发达的生产力。”真正的财富是人类所有个人天性的财富，而这种天性财富只能在个人“生产性的生命过程”中获得。同时，这种生命过程又需要发达的物的条件——自动机器体系就是这种条件，是劳动的社会智力的物化形式。只有在自然力服从于这种社会智力的前提或条件下，每个人体力、智力才能得到全面而自由的发展——资本的历史使命就是创造这种发达的条件，但资本是这种“物的条件”的异化形式，是劳动的社会权力的物化形式：（1）现代自然科学所代表的强大社会智力，首先物化为能量自动化机器，使自然力或自然能量服从于社会智力，同时代替社会物质生产中的个人体力；（2）AGI 智能自动化机器将自动生成更强大的社会智力，使人类进一步征服自然力，同时代替社会精神生产中的个人智力；（3）资本的历史使命是使“人不再从事那种可以让物（自动机器）来替人从事的劳动”，机器自动化的社会生产，将全面代替处在必然王国中的个人体力、智力的发挥，同时将更充分地征服自然力——只有在此基础上，才可以保证在自由王国中，每个人体力、智力获得充分而自由的发展和运用。之所以说每个人体力、智力自由地发挥，并非抽象的理想，是因为首先要为此创造物的条件以充分征服自然力，而资本就是通过制造和使用自动机器来创造这种条件。如果把自动机器连同资本一起消灭—— 一些只看到自动机器负面影响的西方学者就是这么想的，人类就无法征服自然力。这样一来，不光每个人体力、智力无法得到现实而自由的发挥，人类甚至会倒退回原始野蛮时代。

资本主义造成了单个人普遍性和全面性的关系，而“这种关系作为独立于他自身之外的社会权力和社会关系同他自己相对立”。但是，由此“留恋那种原始的丰富，是可笑的；相信必须停留在那种完全空虚之中，也是可笑的。资产阶级的观点从来没有超出同这种浪漫主义观点的对立，因此这种浪漫主义观点将作为合理的对立面伴随资产阶级观点一同升入天堂”“这里可以用单个人对科学的关系作例子”[①]。从单个人对科学尤其自动机器的关系看，资本作为社会权力的物化形式，通过作为社会智力物化形式的自动机器，支配着绝大多数单个人，工人直接感受的便是自动机器对自己的支配，而在资本主义之前是不存在这种支配的。于是，一些批判资本主义的浪漫主义者，就设想通过消灭自动机器来消灭这种支配。如此一来，单个人就会重新获得“原始的丰富”，而不再受像现代自动机器这样的物的支配——但这意味着人类文明的倒退，这种历史倒退对劳动者来说

---

① 《马克思恩格斯全集》第 46 卷上册，人民出版社 1979 年版，第 109 页。

绝非福音。

自从现代机器第一次自动化革命以来，只看到机器好处的“资产阶级的观点”与只看到机器坏处的“浪漫主义”观点就一直对立，但并存于资本主义观念世界中。到了AI时代仍是如此。比如一些西方学者就设想，通过放慢AI的研发和应用的速度，来缓解AI机器技术对智力工作的冲击——但这在现实上不具有可行性，AI的极速发展大势无人能挡，并且对劳动者的长远利益并无坏处——全世界劳动者都需要清醒地认识到这一点，而不受貌似激烈批判资本主义的浪漫主义观点的蛊惑。在对资本主义社会现实不满的意义上，这种浪漫主义观点有理想色彩，却是向后看的；而马克思对待资本的态度，不仅是辩证的，更是历史的、发展的，他当然也对资本主义社会现实有所不满，却是向前看的。劳动者长远利益与技术和社会文明的发展是高度一致的，劳动者要向前看，坚定地站在社会文明的捍卫者、发展者一边，倒退绝非出路，也绝无出路！

“现代社会主义必获胜利的信心”不是基于“某一个蛰居书斋的学者的关于正义和非正义的观念”[①]，而是基于社会及其所围绕旋转的劳动发展历史的必然规律和必然大势。只有在征服自然力的基础上，所有个人发达的生产力才能获得自由而全面的发展。而总体来说，人不是凭借自身体力，而是凭借智力征服自然力的。人的智力确实首先是一种不同于其他动物的自然禀赋，是每个人生而有之的天性财富，具有先天性；而其他一切形式的财富，如金钱等，则是生不带来、死不带走的。但先天就具有的个人智力，并不是神秘的，也不是自然宇宙造物主装配给人类个人的，而是漫长的自然史、物种进化史的产物，并且每个人的智力实际上又是在融入社会生产、社会智力中发展起来的；而人类社会生产发展的最终目的和目标，是保证人类每个人体力、智力都能获得充分而自由的发展和运用——现代社会主义没有承诺更多抽象的理想目标，而只有实现这个非常具体而现实

① 《马克思恩格斯全集》第20卷，人民出版社1971年版，第126页，第172页。

的目标，人类社会才能走向均衡。

马克思所勾勒的人类社会发展大势绝非一种抽象化的理想，即绝非西方学者所谓的乌托邦，而是唯物的、科学的，并且对每个人来说都是具体的、可感的；在作曲等“真正自由的劳动”中，艺术家已经能真正感受到个人智力发挥的自由和“个人的自我实现”——共产主义无非是使“所有个人”，而不是极少数个人都能做到这一点。即使对于绝大多数劳动者个人，尽管在工作中感受不到个人体力、智力的发挥的自由，但在业余活动中已有这方面部分、片段的尽管是不充分、不全面的经验感受——人类未来美好社会，就是在这种具体可感的经验事实或经验感受中生长起来的，而绝非“蛰居书斋的学者”基于正义、平等、自由等抽象概念所构想的乌托邦——敏锐洞察 AI 及其社会影响发展大势的一些西方学者已经初步意识到了这一点。

蔡斯认为：AI 所引发的经济奇点可能造成社会“分化和崩溃”两大陷阱。“如果绝大多数人失去工作，那精英群体和其他人之间基本上不会有任何流动——也就是说，不再有社会流动性。对此，全世界概莫能外。”而“要纠正这种情况很难，显而易见的做法就是结束财产私有制。这意味着把生产、交换和分配交给某种集体所有制，以阻止社会分化”“了解如何实现或避免其成为现实，或许我们就可以看到经济奇点最积极的一面”[①]——只有所有制的变革，才会把 AGI 所可能产生的“消极的一面”，转化为“最积极的一面”。

研究经济奇点的美国学者史蒂文·希尔直接指出：“在卡尔·马克思曾经想象的共产主义社会中，‘没有一个专属的活动领域’，这让‘我可以今天做一件事，早晨打猎，下午捕鱼，傍晚喂牛，晚饭后批判。当然这只是我的一个想法，所以我没有成为猎人、渔夫、牧人或评论家’……在巨

① 卡鲁姆·蔡斯：《经济奇点：人工智能时代，我们将如何谋生？》，机械工业出版社 2017 年版，第 222 页，第 211—212 页。

大的不平等和所有权被驯服后，马克思设想了他的新社会。”[①] 史蒂文·希尔引用的话出自《德意志意识形态》：“只要私人利益和公共利益之间还有分裂，也就是说，只要分工还不是出于自愿……他是一个猎人、渔夫或牧人，或者是一个批判的批判者，只要他不想失去生活资料，他就始终应该是这样的人。而在共产主义社会里，任何人都没有特定的活动范围，每个人都可以在任何部门内发展，社会调节着整个生产，因而使我有可能随我自己的心愿今天干这事，明天干那事，上午打猎，下午捕鱼，傍晚从事畜牧，晚饭后从事批判，但并不因此就使我成为一个猎人、渔夫、牧人或批判者”[②]——“私人利益和公共利益之间还有分裂”造成的就是希尔所说的生产资料所有权的私人化，而共产主义就是要消灭这种私人化和不自愿的分工，实行蔡斯所说的集体所有制。至于“上午打猎，下午捕鱼，傍晚从事畜牧，晚饭后从事批判”，其实在私有制社会中，已经有一些人可以这么做，不过那只是垄断生产资料的“少数个人”可以这么做。而共产主义是要让“每一个个人”都能这么做——这绝非什么不切实际的抽象的乌托邦。每个人的体力、智力都得到自由发展，进而成为“全面发展的个人”“自由的社会的个人”，而绝不是什么抽象化或过度理想化的个人。

面对 AI 所引发的经济奇点，蔡斯等已提出“如何才能实现平稳过渡而不引起动乱”的问题。从历史来看，资本主义一直在激烈动荡乃至动乱中发展着——这与资本的本性尤其是其利润最大化和过度竞争两大原则有关：利润（剩余价值）来自劳动时间，在别的资本家的竞争压力下，追逐利润最大化的资本家会强迫工人延长劳动时间，乃至突破工人的生理界限——这一现象在历史上曾一度出现。无节制地延长劳动时间会毁灭工人阶级，而限制资本这种无节制扩张的“工厂法的制定”，是“社会对其生

① 史蒂文·希尔：《经济奇点：共享经济、创造性破坏与未来社会》，中信出版社 2017 年版，第 367—368 页。

② 《马克思恩格斯全集》第 3 卷，人民出版社 1960 年版，第 37 页。

产过程自发形式的第一次有意识、有计划的反作用”[1]——西方现代社会其实是在资本利润最大化与“社会”的“有意识、有计划的反作用”的交织作用下发展的，如果没有社会的反作用，无节制的利润最大化早就使社会崩溃了。因此，把西方劳动者今天被初步改善的生活状况全部归功于资本，完全不符合基本历史事实！工人全部劳动时间包括必要劳动时间和剩余劳动时间两部分，而资本家关心的始终是作为剩余价值的来源的剩余劳动时间这部分。在社会的反作用下，他们无法通过延长整体劳动时间来绝对地延长剩余劳动时间，因此只能通过缩短必要劳动时间来相对地延长剩余劳动时间，从而获得相对剩余价值。其基本方法就是采用自动机器——由此来看，资本家并非“主动”地利用自动机器，而是在社会的反作用下，被动、被迫地利用自动机器。利润（资本收入）最大化是资本方的原则，与之一体两面的劳动方的原则是“劳动收入最小化”（人力成本最低化），工人收入即工资被绑缚在维持基本生存的生存资料上，形成所谓的“工资铁律”：在经济高涨期，工人的生存没有问题，而在经济危机、萧条期，工人的生存则会受到威胁。而在周期性的经济危机中，工人生存会受到越来越大的威胁——这实际上是引发两次世界大战这最剧烈的社会动荡、动乱的原因之一。第二次世界大战之后，西方工人尤其是白领工人的收入超过了维持生存的基本需要，这是对工资铁律一定程度的突破——这可以说是社会“第二次”有意识、有计划的反作用的结果。但即使是白领工人，也依然没有摆脱维持基本生存需要的束缚。现如今，AGI将越来越多地代替白领工人的劳动，这意味着他们也将丧失维持基本生存的收入——这正是“全民基本收入”要解决的问题，这意味着按劳动分配生存资料的工资铁律被真正打破，而这是平稳渡过AGI所引发的经济奇点、工作和收入奇点，进而不使社会崩溃所必需的措施，这需要社会“第三次”有意识、有计划的反作用！想要充分理解这种必要性，就需要回到

---

① 《马克思恩格斯全集》第23卷，人民出版社1972年版，第527页。

马克思。

综上所述，马克思的财富观、劳动（工作）观，以及收入观、机器观、智能观、资本观是有机统一的。（1）人类天性的财富、真正的财富就是“所有个人的发达的生产力”——这就是马克思基本的财富观。（2）这种财富只能在作为“生产性的生命过程”的“真正自由的劳动”中获得，所有个人的发达的生产力得到自由发挥、发展是目的——这是马克思基本的劳动（工作）观。（3）在劳动中获得这种天性的财富，又需要物的条件，作为社会智力物化形式的自动机器就是这种条件，是手段——这是马克思基本的机器观和智能观。（4）资本则是私人化社会权力的物化形式，它的功能是支配劳动力，并通过垄断自动机器来实现这种支配——这是马克思基本的资本观，资本为所有个人的发达的生产力自由发展创造物的条件，即自动机器，却把所有个人的发达的生产力发挥本身当作手段。（5）从需要理论看，雇佣劳动收入被绑缚在维持生存需要上——这体现了资本内在的对抗性。一方面，马克思充分揭示了受资本支配的自动机器对劳动者的威胁、伤害，但绝对没有设想把自动机器与资本一起消灭；另一方面，人类中的绝大多数个人需要自动机器这种社会智力的物化形式以支配自然力，它有助于每个人的劳动力的自由解放，但不需要资本这种社会权力的物化形式来支配自己及其劳动，而且资本阻碍着每个人劳动力及其发挥活动的自由解放——这对我们今天不盲目跟着西方理论而人云亦云，科学、辩证、历史、发展地考察 AGI 及其社会影响有着重要的理论启示。

AGI 机器代表物化劳动、社会智力，是人的身外之物，是人的身内之物即生物性、自然性智力，以及其在生活劳动中发展的手段，而不是反过来。蒸汽机等自动化运动主要关乎“物质运动”，人能以有意识的监督者和调节者的身份与这种物质运动发生关系，并使之按照人的意志运转；而在资本框架中，人是以“雇佣工人”的身份与之发生关系（详论见后）——人在当今 AGI 机器自动化“智能运动”中的身份，同样可以定位为有意识的监督者和调节者。当然，在资本的框架下，大多数人也依然以

"雇佣工人"的身份与之发生关系。当资本与劳动者雇佣的身份被扬弃后，每个人都将成为 AGI 机器自动化智能运动的有意识的监督者和调节者，使之按照每个人甚至全人类的意志和目的进行运转和发展。而这种监督、调节机器的劳动，将成为"有益于智力的体操"。同时，每个人又将在自由时间、自由王国中成为真正自由的劳动的主体。每个人将不再是处在必然王国中的自动机器生产的"主要当事者"，但成了处在自由王国中的自由劳动的"直接当事者"，并因此全面而自由地发展个人体力、智力。只有如此，人类社会才能真正达到均衡。无论是机器自动生产中作为"有意识的监督者和调节者"的身份，还是作为"真正自由的劳动者"的身份，都表明：要创造人类的幸福，全靠每个劳动者自己！

从人与自然的关系来看，单个人的体力、智力，以及发挥活动是无法征服自然力的，人类是通过社会协作劳动、发明并使用语言文字等符号，才把一个个个人智力凝聚为社会智力，并开始真正征服自然力的文明进程的。而越来越强大的社会智力，将使人类更全面地征服自然力——当今机器（计算机）自动生成的社会智力、通用智能及其高速发展，能更为清晰地展现这种远景。但征服自然力并非人类发展的唯一目的，在此基础上，使每个人的体力、智力全面而自由地发展，或实现劳动自由，才是更重要的目的。蒸汽机等能量自动化机器初步做到了使自然力服从于社会智力，并把个人体力从维持生存的劳动中解放出来，进而获得了自由发展。当前，计算机等智能自动化机器，将使自然力进一步服从于更为强大的社会智力，同时也将会把个人智力从维持生存的工作中解放出来，从而获得自由发展，奠定更坚实而全面的基础。

再从个人与社会的关系看，在资本框架下，也只有在资本框架下，自动化机器对人力的代替、节省，才同时意味着劳动力的贬值，并会造成大量劳动者失去工作和收入，其结果不是解放而是威胁劳动者个人，并且威胁的还是广大劳动者用以维持基本生存的必要的基本收入：如果说能量自动化导致人的体力贬值、手工业劳动者无产阶级化、蓝领工人失业的话，那么当今智能自动化又必然造成人的智力贬值、脑工智力劳动者无产阶级化、白领工人失业，进而影响社会的均衡——这种趋势已初露端倪。研究AGI及其社会影响，尤其是对劳动者及其工作的影响，已成为重要的时代课题。

第一章

如何科学界定通用人工智能?

研究通用人工智能 AGI 及其社会影响必须秉持科学精神。硅谷精英用“奇点”描述由 AGI 所引发的人类科技巨变，并且已经初步意识到了这是将带来工作数量、劳动收入趋零，以及工作性质巨变的“工作奇点”，据此相应地提出了“全民基本收入”、缩短工作日等应对方案。但硅谷精英如库兹韦尔等对 AGI 奇点的认知，又存在唯心主义的反科学倾向。

库兹韦尔梳理了“奇点”一词出现的过程：在天体物理学上，奇点被用来描述“黑洞”，由“约翰·冯·诺依曼第一次提出‘奇点’，并把它描述为一种可以撕裂人类历史结构的能力”。20 世纪 60 年代，I. J. 古德提出的“智能爆炸”与 AI 奇点相关；数学家和计算机科学家弗诺·文奇发表“在 1983 年的一篇《Omni》杂志的文章和 1986 年的科幻小说《Marooned in Realtime》中都涉及即将到来的‘技术奇点’”——这也使“奇点”一经提出，就染上了科幻乃至非科学的色彩。当然，奇点首先是个数学概念，即“除以一个越来越趋近于零的数，其结果将激增。例如，简单的函数 $y=1/x$，随着 x 的值趋近于零，其对应的函数（y）的值将激增”。[①] 我们用数学意义上的奇点来描述“工作数量奇点”：剩余价值（利润）= 剩余劳动时间 / 必要劳动时间（工作日）= 自动化机器力 / 人力（体力、智力）。资本采用自动机器，将使它追逐的利润函数值激增而趋于最大化，同时代替人力，

① 雷·库兹韦尔：《奇点临近》，机械工业出版社 2011 年版，第 10—11 页。

而使资本增值所需要的个人体力、智力和工作时间，在数量上将“越来越趋近于零”，此即“工作数量奇点”。同时，这也使出卖个人体力、智力的劳动收入在数量上越来越趋近于零，这被我们称为“劳动收入奇点”。

库兹韦尔指出：“有人会说，至少在目前的认识水平上它（奇点）很难理解。正是出于这个原因，我们才不能以看待过去的视野去理解必须超越它的事物。”而“理解奇点，将有利于我们改变视角，重新去审视过去发生的事情的重要意义，以及未来发展的走向”[①]——库兹韦尔描述的是“自然运动（事件）”。已有西方学者将奇点应用到对“社会运动”的分析，如蔡斯指出：“自动化可能导致一个经济奇点。‘奇点’一词源于数学和物理学，当达到‘奇点’状态时，一般规律将不再适用。对于事件视界一侧的人来说，另一侧的世界是无法知晓的。”“什么样的社会有可能顺利通过经济奇点的黑洞表面？所有货物都是由机器生产的，所有服务都是由机器提供的，我们不再需要为此向人们支付酬劳，社会躲过了分化和崩溃两大陷阱”[②]——其实，恩格斯早在现代机器第一次自动化革命的19世纪，已就这一问题给出了答案：“现代资本主义生产方式所造成的生产力和由它创立的财富分配制度，已经和这种生产方式本身发生激烈的矛盾，而且矛盾达到了这种程度，以至于如果要避免整个现代社会毁灭，就必须使生产方式和分配方式发生消除一切阶级差别的变革。”[③]西方精英已经意识到AGI将带来的大规模失业及社会“分化和崩溃”“现代社会毁灭”等风险，也提出了相应的应对方案。但他们始终认为，“机器”和资本“对机器的垄断”不可分割，这种资产阶级的狭隘眼界使他们无法想象一个资本不再“对机器垄断”的全新世界，因此缺乏从生产关系，尤其是生产资料所有制角度的深刻反思，像蔡斯这样的学者在西方实则属于少数派。

---

① 雷·库兹韦尔：《奇点临近》，机械工业出版社2011年版，第15页，第1页。

② 卡鲁姆·蔡斯：《人工智能革命》，机械工业出版社2017年版，“前言”第XI页，第222页。

③ 《马克思恩格斯文集》第9卷，人民出版社2009年版，第164—165页。

在人脑智能—手工物质造形智能—脑工符号造形智能—机器物质造形智能—机器符号造形智能这五大智能形态框架中，可以对 AGI 进行历史科学分析和定位。在恩格斯所说的自然运动—社会运动—思维运动三大运动形式、马克思所说的“社会智力”框架中，我们可以对 AGI 做理论科学分析和定位——这两种定位有助于加深我们对 AGI 的科学认知。而马克思基于机器 / 资本二重性结构的生产工艺学批判，有助于我们科学认识 AGI 的真实的社会影响。

人类创造的第五种智能形态

计算机是继人脑、文字等符号两种智能生产工具之后，由人类所创造的全新的第三种智能生产工具。而计算机“人工智能”作为“机器符号造形智能”，是继人脑智能、手工物质造形智能、脑工符号造形智能、机器物质造形智能这四种形态问世之后，人类创造的第五种智能形态，引发了人类智能划时代乃至终极性革命。1955 年，美国达特茅斯学院计算机科学家约翰·麦卡锡首次提出了“人工智能”概念。在于 1956 年召开的达特茅斯会议之后，这一命名被国际学界较广泛接受。比起麦卡锡对“人工智能”的命名，阿兰·图灵对 AI 计算机技术的产生、发展所做的科学和理论贡献更大，他在 1950 年发表的文章《计算机器与智能》中所讨论的基本问题是：“机器能思考吗？”由此来看，对 AI 更准确一些的描述是：“计算机器智能。”而这涉及机器、智能两个要素。

大脑是智能生产的基本工具，维纳把计算机称作“机械大脑”，人脑则是“生物大脑”。恩格斯指出：“迅速前进的文明完全被归功于头脑。”当今迅速前进的“计算机文明”则被一些人完全归功于“机械大脑”，即代码、算法、人工神经网络等。2023 年以来，ChatGPT 等 AI 大模型的突破性发展表明，计算机还是要凭借自然语言文字等符号工具、加工一定信息（大数据），而不能只单纯地依赖人工神经网络等，才能获得突破性发展——这依然是实现AGI的基本路径。由此来看，智能活动的全过程是由工具、信息、产品三要素构成的。

从工具看，人类迄今已有三种智能工具，即人脑、符号与机器。从自动化角度看，符号不能自动生成智能，人脑、计算机则能自动生成智能——这就是符号智能与人脑智能、机器智能的区别。再从加工的对象来看，人脑智能不仅体现在加工“信息”的活动中，还体现在加工“物质”的活动，即我们通常所说的物质劳动中，后者首先以“人手”为工具。同时，人还会在人脑的支配下创造外在于人体的物质劳动工具（以下简称“物具”），从而形成人手使用物具加工物质的“手工物质造形智能”，前者首先以“人脑”为工具。同样，人也创造了外在于人体（人脑）的智能生产工具，即文字符号等。文字符号形成了人脑使用符号加工信息的“脑工符号造形智能”，这已经不再是单纯的“人脑智能”。再从现代机器自动化二次革命看，蒸汽机等代替了传统的“手工物质造形智能”，由此形成了自动化的“机器物质造形智能”，而这又是在传统的“脑工符号造形智能”累积性发展基础上发展起来的。现如今，AI又将进一步代替人的“脑工符号造形智能”，形成自动化的“机器符号造形智能”。

梳理出人脑智能、手工物质造形智能、脑工符号造形智能、机器物质造形智能、机器符号造形智能这五大形态框架后，我们就会发现当今AI研究中的一些流行表述的问题：“生产工具”可分成“自然产生的和由文明创造的生产工具”两类，以此来看，个人大脑是自然进化史的产物，即“自然产生的”工具，人脑智能确实是自然智能、生物智能；麦卡锡所谓的“人工”智能，是相对于“自然”智能而言的，但文字等符号已是“由文明创造的”工具，是“人造”“人工”的产物，由此形成的“脑工符号造形智能”其实已经是一种“人工”智能，而不再是单纯的“自然”智能——把人类迄今为止发展起来的强大智能说成自然智能、生物智能，是对人类智能发展历史事实的误读。只有在五大智能形态的框架中，我们才能对当今的 AI 做出历史的、科学的定位。

一

AGI 是发展目标。从现状来看，我们一般把 AI 分成“窄人工智能（Artificial Narrow Intelligence，简称 ANI）—通用人工智能（AGI）”或“弱人工智能（Weak AI）—强人工智能（Strong AI）”。本来只是一个数学概念的奇点，被较广泛地应用于对 AI 及其社会影响的研究，且实际上与 AI 的分类密切相关：ANI 或弱 AI 不能引发奇点，只有 AGI 或强 AI 才会引发奇点。因此，奇点与 AGI 是相互规定的概念。与 AI 技术发展的速度相比，智能理论科学研究已严重滞后，这是造成有关 AGI 奇点及其与人关系等认知混乱的原因之一。

首先，我们从 AI 本身看，把 ANI-AGI 与弱 AI- 强 AI 相混淆容易引发歧义和认知混乱。对 AGI 的一个模糊描述是：接近或超过人类智能——这是对 AI 计算机“能力”的一种描述，且不断提升计算机智能方面的能力确实是 AI 的发展方向。2016 年以来，以实现 AGI 为目标的硅谷创新团队 DeepMind 的 AlphaGo 彻底战胜了人类顶尖围棋高手李世石、柯洁等，表明 AI 计算机在智能方面的能力目前已“超过”人类智能。但饶是如此，大多数人还是不把 AlphaGo 及其升级版 AlphaGo Zero 等视作 AGI，原因在于：它只局限于围棋这个窄或专门的应用领域，可见 AGI 还与其应用领域范围的宽窄有关，因此用能力强弱来描述 AGI 并不全面。

2022 年年底，又一个以实现 AGI 为目标的硅谷创新团队 OpenAI 发布了 ChatGPT，许多人认为其更接近 AGI，这与其应用领域的多样性和应用场景的宽广性、通用性有关：其“能力”在文字自然语言文本自动生成上的实际表现最为突出，但很难说已经“超过”了人类用文字生成作品的写作高手。但围棋并非所有人都玩，文字却是绝大多数人都要使用的。

与 AlphaGo 相比，ChatGPT 应用场景更为宽广。ChatGPT 的又一特点是多模态，其应用不仅局限于文字文本生成领域，也可以自动生成图像、视频、代码等。而其升级的目标之一，就是进一步提升在这些方面的应用能力——这个意义上的“通用性”，主要指应用场景的宽广。

其次，从 AGI 与人的关系或对人的影响看，相关专家在理解上也存在分歧，并因此引发了大众的认知混乱乃至不必要的恐慌。其中，存在两种典型而突出的混乱认知。

（1）一种颇为流行的、似是而非的认知是：把个人智力与代表“社会智力”的 AI 相比，认为两者存在“竞争”关系，个人因无法与越来越强大的 AGI 竞争，故而产生不必要的恐慌。但其不合情理处在于：个人不与代表能量自动化机器的蒸汽机等比体力、与汽车等比速度，那么为什么要与代表智能自动化机器的 AI 计算机比“智力”呢？

从研发现状来看，全球互联网把全球许多个人的“个人智力”联通在了一起，并转化为“社会智力”，而 ChatGPT 等的超强能力正是在爬取全球互联网大数据的基础上形成的。普通大众等在网上不断产出的大数据，将依然是 AI 进一步发展、升级的重要资源。因此，其所具有的实际上是“全球”或“全人类”的社会智力，因此应该归全人类所有。但当前的现实却是，这些资源主要被少数巨型公司所垄断和支配——这才是真实的问题。AI 在全球互联网上生成并被应用，其目前存在的主要问题是侵犯个人隐私、版权，以及网络欺诈等。而从长远来看，AI 的不断升级将使全球互联网越来越智能化、自动化，于是好莱坞科幻大片《黑客帝国》就将其幻想为超级矩阵，并通过脑机接合技术等控制人类中的每一员——这种幻想并无科学依据，却揭示了一个真实问题：通过全球互联网形成的越来越强大的社会智力，与每个人及其智力究竟是一种什么样的关系？现实状况是：这种越来越强大的社会智力被少数大资本和个人支配，并对绝大多数个人形成威胁——流行的科幻大片会转移人们对这一现实问题的关注。让作为强大社会智力的 AGI 被每个人支配，成为每个人智力自由发展的基础，乃是对这一现实威胁的化解之道。

（2）与此相关的是，硅谷精英库兹韦尔等把 AGI 奇点描述为：计算机“硅基智能物种”超越人类这种“碳基智能物种”。而好莱坞科幻大片《终结者》等有关超级机器人自我意识“觉醒”、打败乃至毁灭人类的想象，又强化了大众在这方面的认知，并因此引发了不必要的恐慌——然而这种认知也是反科学的。

恩格斯指出，现代大工业自动机器已经使人类“一般生产”在“物种关系”方面“把人从其余的动物中提升出来”，而共产主义将在“社会关系”方面也“把人从其余的动物中提升出来”。资本借助自动机器，已初步完成了“把人从其余的动物中提升出来”的历史使命，但在“社会关系”尤其“经济关系”方面，依然颂扬自由竞争、生存斗争这种“动物界的正常状态”，而没有或不愿“把人从其余的动物中提升出来”，这是对现代“文明”的“辛辣的讽刺”[①]。把超级智能机器人想象为具有自我意识、自由意志的新物种，乃至“神”，不过是尚未“把人从其余的动物中提升出来”的原始人恐惧外在自然力的拜物教的一种曲折而精致的表现而已，这无疑是对我们这个科技昌明时代的辛辣讽刺。而究其根源，就在于当代资本主义依然没有摆脱动物式的社会达尔文主义过度竞争原则。

在前资本主义时代，既存在对尚未被征服的自然力的恐惧，自然拜物教亦尚未被完全摆脱，同时还存在对垄断初步累积起来的社会智力的个人的“神”化。彼时，文化知识精英们在这种维护不平等社会制度的意识形态“造神”上，浪费了过多智力。现代资本主义已初步做到了使自然力服从于社会智力，人恐惧的对象已主要不再是自然力量，而是包括社会智力在内的社会力量——而恐惧的真实原因是：这些强大的社会智力被极少数人通过金钱垄断，而过度竞争和市场自发性波动又使这些极少数人产生了失去这些金钱和对社会智力的垄断的恐惧——对超级智能机器的恐惧，不

---

① 《马克思恩格斯全集》第 20 卷，人民出版社 1971 年版，第 375 页。

过是这种恐惧的曲折投射而已，并由此把超级智能机器这种“物”神化。这依然是在意识形态“造神”上浪费着过多智力！

与此相关的是，有些技术精英不加分辨地过分夸大AI机器的能力，比如ChatGPT爬取、“学习”了全球互联网上的大数据，这些大数据确实不是个人大脑所能学习、掌握的，但这些大数据毕竟是由人类一个个个人的智力生产的，因此是全人类、全球社会智力的产物。当代大脑神经科学等揭示：个人大脑的智力潜能是巨大的，通过教育等就可以使这些潜能得到充分发挥——而从人类社会的发展史看，自私有制和分工产生以来，“少数人的非劳动”是“发展人类头脑的一般能力的条件”[①]。这些少数的非劳动者获得受教育的机会，从而使个人智力得以发挥，终生从事“劳动”的大多数人由于没有受到充分教育的机会，而不能使个人智力自由地发挥。并且少部分人的个人智力被发挥来以后，又把这些个人智力尤其是社会智力用于人类内部个人与个人、群体与群体之间的争斗，并在这种相互争斗中浪费了过多社会智力，同时也为制造、维护社会不平等的意识形态浪费了过多智力：浪费个人智力、社会智力，乃是不平等社会的痼疾。在当今的AI时代，有些人设想在人脑植入AI芯片以增强个人智能，马斯克则试图用脑机结合技术提升个人智能——这些所谓人类智能增强技术本身就具有反人道主义的色彩，并且可能造成伦理灾难。鼓吹者完全忽视了一点：让个人受到充分的教育，不仅可以使其固有的智力潜能被越来越充分地发挥，更是一种更为人道的发展方式。在消灭了不平等制度的社会中，不是“少数人”，而是让“每个人”得到充分教育，从而使每个人的个人智力都能得以发挥，不再被浪费在人类内部的争斗上。通过全人类团结协作，这些个人智力会通过智能化的全球互联网凝聚成强大的全人类社会智力，即使与AGI机器自动生成的智力相比也毫不逊色！更何况AGI也根本不是什么人类的“外部力量”！

---

① 《马克思恩格斯全集》第46卷下册，人民出版社1980年版，第218页。

要想完全澄清以上认知混乱，还需要广大劳动者在漫长的自然史和人类史中对“智能”进行科学的历史辨析。

二

“迅速前进的文明完全被归功于头脑，归功于脑髓的发展和活动；人们已经习惯于以他们的思维，而不是以他们的需要来解释他们的行为。这样一来，随着时间的推移，便产生了唯心主义的世界观”“像蒲鲁东这样的一些人遭到非难，被指责是从某种‘实践的’‘需要’出发。因此，这种批判就成了灰心丧气又妄自尊大的唯灵论。意识或自我意识被看成唯一的人的本质”①——这就是唯灵论唯心主义世界观产生的根源，而以人的“实践的”“需要”来解释人的包括思维活动在内的行为，是唯物主义科学的世界观和智能观的基础。当今，就连硅谷一些本该“最富有唯物精神的自然科学家们”或AI技术专家如库兹韦尔等，也弄不清人类“智能”是怎样产生的，这也是“因为他们在唯心主义的影响下，没有认识到劳动在这中间所起的作用”——这是把AGI视作“外在于”人类的超级智能物种的具有神秘色彩的认知的思想根源。而如果置于“劳动”发展史中加以考察，那么包括AI在内的人类智能及其形态的产生、发展的历史过程，就没有什么神秘性可言了。

将人类物种与猿类区分开的重要要素有：（1）手与脚的分化、专门化，使人的手从动物式的手脚不分中分化、解放出来，成为手工劳动的重要工具，开始从事人特有的活动即生产，人和猿被初步区分开来；（2）大脑是人的脑工劳动的工具，是自然尤其动物物种进化的产物；（3）音节分明的语言，尤其是外在于人的身体的文字符号，成为人的脑工劳动的工具，使人脑从动物式的单纯的生物性大脑中解放出来，而人手和人脑的解放最终使人的大脑与猿类等动物的大脑区分开来，使人类与其余动物物种

① 《马克思恩格斯全集》第27卷，人民出版社1972年版，第451—452页。

区分开来——要想理解这些，就需要引入马克思对“劳动”的一般性描述。

“资本主义生产方式的特点，恰恰在于它把各种不同的劳动，因此也把脑力劳动和体力劳动（Kopf- und Handarbeiten），或者说，把以脑力劳动为主或者以体力劳动为主的各种劳动分离开来，分配给不同的人”[①]——私有制和分工在资本主义发展到最高阶段。“单个人如果不在自己的头脑的支配下使自己的肌肉活动起来，那么就不能对自然发生作用。正如在自然机体中头和手（Kopf und Hand）组成一体一样，劳动过程把脑力劳动和体力劳动（Kopfarbeit und Handarbeit）结合在了一起。后来它们被分离开来，直到处于敌对的对立状态。产品从个体生产者的直接产品转化为社会产品”[②]——手、脑就构成了个人劳动工具的“自然机体”或“自然系统”。Handarbeit 也译作“手工劳动”，即以“手”为工具的劳动。Kopfarbeit 按德文字面意思，也可译作“脑工劳动”，即以“脑”为工具的劳动，作为劳动工具自然系统中两个被联系在一起的要素，手与脑在劳动中又是紧密结合在一起的。因此，手工劳动中“脑”也发挥作用，大脑“随着手”“和手一起”“借助于手”发挥作用，并由此形成了“手工物质造形智能”这种人类智能形态——在当今的 AI 研究中，这种智能形态往往被忽视。

“劳动过程的简单要素是：有目的的活动或劳动本身，劳动对象和劳动资料。”劳动就是使用一定劳动资料，尤其是劳动工具把一定劳动对象加工成产品的活动。那么在手工劳动中，人是不是只以“手”为工具？在“采集果实之类的现成的生活资料”的场合，“劳动者身上的器官是唯一的劳动资料”，即主要以“手”为工具——这其实与狭义的动物，如蚂蚁、蜜蜂、海狸等以“它们躯体的四肢”为工具没有什么不同。“在太古人的洞穴中，我们发现了石制工具和石制武器”，创造并使用身体之外的工具是“人类劳动过程独有的特征”。人类使外在于人的身体的自然物本身成为，或将其加工成“他的活动的器官”，并且“他把这种器官加到他身体的器

① 《马克思恩格斯全集》第 26 卷第 1 册，人民出版社 1972 年版，第 444 页。
② 《马克思恩格斯全集》第 23 卷，人民出版社 1972 年版，第 555—556 页。

官上，不顾《圣经》的训诫，延长了他的自然的肢体”[①]，而不再像其他动物一样只以“它们躯体的四肢”为工具。

因此，“以体力劳动为主”的手工劳动，不仅以人的“手”这种生物性器官为工具，也以外在于人体的自然物质为非生物性工具，如将石头加工成石刀等，并且正是后者体现了“人类劳动过程独有的特征”。手被从动物式的手脚不分中解放，并创造了外在于人体的工具，使人类的生产劳动与其余动物的活动区分开来。手工劳动加工的对象主要指物质，而“以脑力劳动为主”的脑工劳动加工的对象主要指一般所谓的“信息”。那么，人的脑工劳动是否只以“脑”为加工信息的工具呢？手工“劳动过程只要稍有一点发展，就已经需要经过加工的劳动资料”。同样，人的脑工劳动的大发展也需要“经过加工的劳动资料”，人也创造出了“外在于”自己身体（人脑）的非生物性劳动工具，即文字符号等——把这一切联系起来看，正是人手在人脑的支配下使用物具的“手工物质造形智能”、人脑使用符号所形成的“脑工符号造形智能”，使人类与其他动物区分开来。

“自然界不是存在着，而是生成着并消逝着”，不是“由于造物主的一时兴发所引起的突然革命”[②]——同样，人的智力也不是预先就静态“存在着”的，而是动态地“生成着”的。不是“造物主的一时兴发所引起的突然革命”，才使人脑突然获得了不同于动物大脑的智能——人的思维能力或智能，也是人脑缓慢变化、渐进发展的产物。恩格斯实际上已勾勒了这个缓慢变化的渐进过程：直立行走使人的手从动物式手脚不分中分化、解放出来，在此基础上，人在大脑支配下用手这种分化、专门化的工具，又创造了“外在于”身体的手工工具，人的手工劳动就与动物活动区分开来，人所从事的不同于动物的独特手工劳动又进一步促进了人脑的发展。而当人在自己的身体之外，又创造了文字符号等脑工工具，并进一步把人的脑工劳动从动物式的生物性大脑中解放出来——不同于动物生物性智能

---

① 《马克思恩格斯全集》第 23 卷，人民出版社 1972 年版，第 203—204 页。
② 《马克思恩格斯全集》第 20 卷，人民出版社 1971 年版，第 367—368 页。

的人类智能，就是如此一步步缓慢、渐进发展起来的。其间，或有飞跃，但没有丝毫神秘性。离开这种渐进发展过程，人类的智能就会成为“造物主”装配到人这种“容器”里的产物。

三

库兹韦尔把“奇点临近”描述为人类及其智能“超越生物性”，但他弄不清人类及其智能是“怎样产生”——怎样一步步逐渐生成、发展起来的。“在唯心主义的影响下，他没有认识到劳动在这中间所起的作用。”所谓“奇点”，似乎就成为“造物主的一时兴发所引起的突然革命”，造物主把作为宇宙智能低级“容器”或载体的人脑，突然转换为超级计算机机械大脑。人类或者转化为这种超级计算机，继而成为超级智能机器人；或者作为宇宙智能的生物性载体，从而作为低级的碳基智能物种，并被这种宇宙智能进化所淘汰。库兹韦尔等没有看到一个基本的历史经验事实：当原始人制造出第一把石刀这种非生物性工具时，人及其手工物质造形智能其实已经开始超越生物性、自然性；而当人制造并使用文字符号等时，人及其脑工符号造形智能进一步超越生物性、自然性——现代自动机器正是这两种非生物性智能累积性发展的最终结果，并进一步超越生物性、自然性：“使用劳动工具的技巧，也同劳动工具一起从工人身上转到了机器上面。工具的效率自此从人类劳动力的人身限制下解放出来。”[①]“使用劳动工具的技巧”，即人使用物质工具把自然物质加工成产品的技巧，这就是手工物质造形智能——以蒸汽机为代表的能量自动化机器，使之从“人身限制”中解放出来，形成自动化机器物质造形智能，社会劳动生产力的发展因此进一步超越了生物性人身限制。

联系起来看，手工物质造形智能就是个人在大脑支配下制造、使用物具的生物性技巧，即生物性的物质造形智能。取而代之的自动蒸汽机智

① 《马克思恩格斯全集》第23卷，人民出版社1972年版，第460页。

能，就是机器制造、使用物具的非生物性技巧，即“机器物质造形智能”。“脑工符号造形智能”是个人大脑使用文字等符号工具的生物性技巧。在文字等符号智能累积性发展的基础上，现代自然科学又构建了数学、物理学等人工符号的强大体系，展现了人类强大的“脑工符号造形智能”。它们被物化为能量自动化机器体系，又释放了强大的“机器物质造形智能”。但现代自然科学强大的符号智能，毕竟还只是个人尤其是科学家使用科学人工符号的生物性技巧，还受到科学家个人生物性大脑的限制。而当今的 AI 革命表明，人使用“符号”工具的技巧（脑工符号造形智能）也从人“身（人脑）”上转到了“机器（机器）”上面，由此形成自动化“机器符号造形智能”。而人类精神劳动的工具的效率，也从人类劳动力的人身（人脑）限制下被解放出来，与实体制造业的结合必将释放更为强大的“物质系统造形智能”，人类驾驭自然、使自然力服从于社会智力的目标将更进一步——这就是当今 AGI 展现的前景。

根据以上分析，大致可勾勒出以下智能图表，并为当今 AI 进行科学定位。

<table>
<tr><th colspan="2" rowspan="2">动态的活动</th><th colspan="2" rowspan="2">加工的工具</th><th colspan="3">加工的对象</th></tr>
<tr><th>物质</th><th colspan="2">信息</th></tr>
<tr><td rowspan="2"></td><td rowspan="3">手工劳动</td><td colspan="2">物具</td><td rowspan="3">（2）加工物品使用物具的生物性技巧（**手工物质造形智能**）</td><td rowspan="3">（1）**人脑智能**</td><td rowspan="5">（3）加工信息使用符号的生物性技巧（**脑工符号造形智能**）</td></tr>
<tr><td rowspan="2">人体</td><td>人手</td></tr>
<tr><td rowspan="2">脑工劳动</td><td>人脑</td></tr>
<tr><td rowspan="2"></td><td colspan="2">符号</td><td rowspan="2">（4）加工物品使用物具的非生物性技巧（**机器物质造形智能**）</td><td rowspan="2"></td></tr>
<tr><td>机器劳动</td><td rowspan="2">机器</td><td>蒸汽机</td></tr>
<tr><td></td><td></td><td>计算机</td><td></td><td colspan="2">（5）加工信息使用符号的非生物性技巧（**机器符号造形智能**）</td></tr>
</table>

这一智能图表从两个方面把智能分成了相互交叉的几种形态：（1）从加工的“对象”看，分为“手工智能—脑工智能”，前者是加工“物质”的智能，后者是加工“信息”的智能；（2）从加工“信息”的“工具”看，分为“人脑智能—符号智能—机器智能”，分别以人脑、符号、机器为智能工具——把这两方面结合在一起，有助于对当今的AI做出科学的定位。

AI作为一种“计算机器智能”，就是计算机“加工信息使用符号的非生物性技巧”或机器符号造形智能。（1）在加工工具上，它既不同于以人脑为工具的加工信息而形成的生物性的人脑智能，也不同于人脑使用符号的“生物性”技巧即脑工符号造形智能，AI机器工具可以自动生成智能，符号工具不行。（2）在加工的对象上，它是加工“信息”的智能，而不同于加工“物质”的智能。由此，可以进一步向前追溯。（3）自动蒸汽机加工物质的“非生物性”技巧即自动化机器物质造形智能，又不同于人手加工物质的“生物性”技巧，即手工物质造形智能。

再进一步进行辨析，（4）手工物质造形智能又不单纯是使用“人手”的技巧，而是人手使用物具的技巧，这种技巧在单纯存在于“人脑”里的意义上也是一种人脑智能，是手与脑联系在一起的智能形态。（5）与手工物质造形智能相比，人的“脑工智能”又非单纯地使用“人脑”的智能，而是人脑使用“符号”加工信息的脑工符号造形智能，由此又可以回到，（6）人的智能并非只是单纯的人脑智能，而是人脑使用“符号”加工信息的脑工符号造形智能。现代自然科学所释放的这种发达的智能，是人类发明并使用文字等符号的智能累积性发展的产物；与之相比，传统手工物质造形智能是一种人脑智能。最终，我们把人的智能的发展起点追溯到：（7）存在于手工劳动中的“加工物品使用物具的生物性的技巧”，人类不同于其他动物的智能发展史，是从原始人第一次创造并使用石刀等物具所形成的手工物质造形智能开始的，而当今的AI研究很少有这种历史追溯。

再从几种智能形态的联系和区别看，脑工智能包括人脑智能和符号智能两种形态。人脑智能是先天的，作为使用物具加工物质的技巧的手工造形智能是后天（经验）的，只能在不断的“学习”中生成，“熟能生巧”是其基本规律。同样，符号智能作为使用符号加工信息的技巧的脑工智能也是后天（经验）的，也只能在不断“学习”中得以生成。以ChatGPT为代表的生成式AI表明：计算机是通过无数次“学习”巨量大数据的“预训练”，才获得使用自然语言等符号的技巧即自动化机器符号智能的，这同样体现了“熟能生巧”的基本规律。通过聊天机器人的方式运作，ChatGPT还可以按照人输入的作为“提示”的语言文字指令，自动生成图像、视频等视觉符号作品，这些都体现了ChatGPT多模态的特点。其中，“自然语言”发挥着基础性作用。

总之，AI即使AGI运动作为一种智能活动，也将依然是人脑、符号、机器（机械大脑）交互作用的活动。此外，AGI依然是人脑智能、符号智能、机器智能的交织形态。人类个人大脑及其形成的单纯的生物性的智能，乃自然史尤其物种进化史的产物。而当原始人开始创造并使用外在于自己身体的物质劳动工具，并形成手工物质造形智能之后，人类智能就已经不再是单纯的生物性智能了——由此，人猿相揖别。而音节分明的语言尤其文字等符号的发明、使用、发展，使得“人和猿之间的鸿沟从此成为不可逾越的了”，由此形成的脑工符号造形智能，就不再是单纯自然性、生物性的人脑智能了，因而也不再单纯是自然进化的产物，而是人类“文明”所创造的产物。因此，在当今的AI研究中，把与计算机非生物性智能相对的人的智能称作自然智能、生物智能是不准确的，因为人的脑工符号造形智能已不再单纯是这种智能了。进一步，把计算机AI称作“非人类”智能更不准确，并且会引发大众不必要的恐慌。

“在今天，在我们关于宇宙发展的概念中，绝对没有造物主或主宰者立足的余地。如果人们说有一个被排斥于整个现存世界之外的最高存在物，那么这样说本身就有矛盾。而且在我看来，这对信教者的情感也是一种不应有的侮辱。”硅谷精英希望如上帝创造具有自我意识、自由意志的人类一样，创造一种新的具有自我意识、自由意志的硅基智能物种，大抵也是对“信教者的情感”的不应有的侮辱。“宇宙的造物主和主宰者是不存在的。对我们来说，物质和能量是既不能被创造，也不能被消灭的。在我们看来，思维是能的一种形式，是脑的一种职能”[①]。在AI时代，我们可以说：在关于作为思维的“能”的形式的“智能”发展的概念中，也绝对没有“造物主”或“主宰者”立足的余地。智能不是像黑格尔的“绝对观念”那样“先于”世界而“预先”存在的，或者像硅谷精英库兹韦尔等所幻想的那样，是作为某种神秘的超级代码或算法而已经预先“存在着”的，一旦被发现或找到，这种神秘代码或算法就会像点石成金的魔棒一样，使智能无限涌现。智能只是存在于整个现存世界之“内”，不断“生成着并消逝着”的。即使即将实现的AGI，也只是继手工物质造形智能、脑工符号造形智能、机器物质造形智能形态之后，人类所创造的又一种新型的智能形态，即机器符号造形智能，因此，AGI也依然是“人类”的智能，而不是什么“非人类”智能——这是在五大智能形态框架下，对AGI历史的科学认知。只有在此基础上，才能科学地认知和研究AGI对人的真实的正面或负面影响。

AGI：极大激发每个人的智力

前面所论的五大智能形态，是考察AGI的历史的科学分析框架。把恩格斯所说“三大运动”即自然运动—社会运动—思维运动，与马克思所说“社会智力”结合起来，则可以梳理出考察AGI共时的理论科学分析框

① 《马克思恩格斯全集》第22卷，人民出版社1965年版，第343页，第346页。

架。与自然运动、社会运动交互作用的思维运动，又包含人脑运动、符号运动、人手运动、物具运动、主观意识活动等。结合人的智能形态看，人脑运动中形成的人脑智能是自然运动发展的产物；人在人手之外创造出物具，在物具与人脑、人手运动交互作用中所形成的手工造形智能，就不再单纯是自然运动的产物，人开始以此支配自然运动、改变自然物质的形式。在人脑之外，人类又创造了精神劳动工具，即文字等符号，在符号与人脑交互作用中所形成的脑工符号智能，也不再单纯是自然运动的产物。而符号又具有非个人的社会性，由此形成的"社会智力"也是"社会运动"发展的产物——现代自然科学就是这种社会智力的发达形态，并且把人认识自然运动规律的能力提升到了前所未有的高度。这种社会智力物化为能量自动化机器所形成的机器物质造形智能，代替了传统的手工物质造形智能，把人改造自然的能力提升到了前所未有的高度。而 AGI 将是人类社会智力最发达的形态，其形成的自动化机器符号造形智能将代替人的脑工符号造形智能，把人类认识自然运动规律、改造自然、征服自然力的能力提高到极致——这是奇点的含义之一。

自然运动是物质元素的组合运动，自然科学研究物质元素组合关系和运动规律；社会运动是社会元素即"社会的个人"的组合运动，社会科学研究的就是个人组合关系（社会关系、生产关系）和运动规律；而思维运动，尤其智能运动、社会智力运动，可以成为考察"社会运动"与"自然运动"交互关系的汇聚点。私有制和分工是决定社会运动特性的两大基本要素：私有制使物质劳动工具被少数人垄断，分工又使精神劳动工具即文字符号等被少数人垄断，由此形成的社会运动本身就具有不平等特性。

从人—自然的关系上看，人只有凭借社会智力才能征服自然力；从人—社会的关系上看，自私有制、分工产生以来，绝大多数劳动者的个人智力得不到自由发展，垄断文字符号等智能生产工具的极少数个人的智力得到自由发展，这些个人智力又不断汇聚为越来越强大的社会智力——AGI 将是其终极形态，有望全面征服自然力。在此基础上，让作为社会智能生产工具的 AGI，为“每一个个人”而不是“极少数个人”所有，每个人的智力将因此得到全面自由发展，社会运动将成为“自由的社会的个人”的组合运动。AGI 机器运动将代替人的思维运动中的人脑运动、符号运动，但仍无法代替人的主观“意识运动”，每个人都将成为强大的 AGI 运动的有意识的监督者和调节者，使之朝着越来越全面征服自然力并造福全人类的方向发展。

一

“辩证法不过是关于自然、人类社会和思维的运动和发展的普遍规律的科学”，是贯穿于这三大运动的“同一个规律”——这表明三大运动之间存在交互关系。“只有当自然科学和历史科学接受了辩证法的时候，一切哲学垃圾——除了关于思维的纯粹理论——才会成为多余的东西，在实证科学中消失掉”——在 19 世纪，研究自然运动的自然科学已由自然哲学、经验自然科学上升为“理论自然科学”，研究“社会运动”的历史科学也已由社会哲学、经验社会科学上升为“理论社会科学”。“终有一天，我们可以用实验的方法把思维‘归结’为脑子中的分子的和化学的运动”[①]——如今，大脑神经科学就把思维运动“归结”为大脑“神经元”运动。计算机神经网络则以“实验的方法”或工程化方式证明了这一点，这为研究“思维运动”的智能科学由智能哲学、经验智能科学（如心理学等）上升为“理论智能科学”奠定了工艺实践基础——这正是当今 AI 革命的重大意义之一。把智能运动归结为“脑子中的分子的和化学的运动”，体现了现代自然科学“分解—组合”的思维方式；而辩证法普遍联系的观点强调“系统”先行，即首先把自然、社会、思维运动视作整体，在此基础上，再把整体分解成更小元素，继而探讨这些元素的组合运动规律——这为定位

① 《马克思恩格斯全集》第 20 卷，人民出版社 1971 年版，第 154 页，第 611 页，第 552 页，第 591 页。

“智能”、考察 AI 等提供了理论科学框架，而只有在与自然运动、社会运动的交互关系中，在理论自然科学、理论社会科学和传统智能哲学的基础上构建“理论智能科学”，才能全面科学地认识 AGI 运动的基本特性及其社会影响。

“把自然界分解为各个部分”，是“最近四百年来在认识自然界方面获得巨大进展的基本条件”——这首先突出体现为把自然物质分解成不同元素：“物体的各种不同的同素异性状态和聚集状态”，基于“分子的各种不同的组合”“分子分解为它的各个原子，而原子具有和分子完全不同的性质”“一切化学方程式”表示的是物体的“分子组合”——自然界也就被分解成物体、分子、原子，还有蛋白质、细胞等处于不同层级的物质元素或“物元”，物质就是由这些物元“组合”而成的。物质又必须放在运动中来考察，“运动是物质的存在方式”“宇宙空间中的运动，个别天体上的较小物体的机械运动，表现为热的分子振动、电压、磁极化，化学的分解和化合，有机生命一直到它的最高产物思维——每一个物质原子在每一瞬间，总是处在这些运动形式的一种或另一种中”[①]——机械运动直至人的思维运动，体现为处于不同层级的自然物质运动，而思维运动就是“自然运动”的最高形式。

一方面，“高级的运动形式同时还产生其他的运动形式”“有机生命不能没有机械的、分子的、化学的、热的、电的等等变化”。因此，“终有一天我们可以用实验的方法把思维‘归结’为脑子中的分子的和化学的运动”，即作为“高级的运动形式”的“思维运动”可以部分地被归结为分子或神经元这种物元的组合运动。另一方面，“但是难道这样一来就把思维的本质包括无遗了吗？”因为“这些次要形式的存在，并不能把每一次的主要形式的本质包括无遗”[②]——正如机械运动等是有机生命运动的“次

---

① 《马克思恩格斯全集》第 20 卷，人民出版社 1971 年版，第 23—24 页，第 402—403 页，第 614 页，第 664 页。

② 《马克思恩格斯全集》第 20 卷，人民出版社 1971 年版，第 591 页。

要形式”，而不能涵盖其全面本质；神经元组合运动也是思维运动的“次要形式”，而不能涵盖其全面本质。

神经元组合运动只是思维运动的生理元素，思维运动还包括语言文字等符号运动、主观意识运动。全面地看，人的思维运动就是人脑（神经元）运动、符号运动、主观意识运动的交互。语言文字等符号的基本特性是社会性，它们是为了个人与个人之间的社会交流、交往才被发明并使用的，“符号运动”也就是“社会运动”。因此，在自然运动、思维运动、社会运动及其交互作用中，便可构建世界及其运动的整体框架，以定位人的智能运动。

<table>
<tr><td rowspan="2">自然世界</td><td colspan="4">自然运动</td><td rowspan="3">客观物质运动</td><td></td></tr>
<tr><td>个人世界</td><td>人手运动</td><td>人脑运动</td><td rowspan="3">思维运动</td><td rowspan="2">智能运动</td></tr>
<tr><td rowspan="2">文化世界</td><td>社会运动</td><td>↑
物具运动
↓</td><td>↑
符号运动
↓</td></tr>
<tr><td>主观世界</td><td colspan="2">心理运动</td><td colspan="2">主观意识运动</td></tr>
</table>

撇开人脑运动、人手运动、符号运动、物具运动、主观意识运动中的任何一者对人的思维运动进行理解，都是不全面的。人脑神经元、符号也是物质元素，智能运动也是客观物质运动；而个人心理运动是主观意识运动——人的思维运动也是客观运动和主观运动的交互。人脑神经元系统乃是漫长自然进化的产物，具有生物性，因而归属于自然世界；但文字符号等并非自然的直接产物，而是人工、人造的产物，不再归属于自然世界，而是归属于文化、工艺世界，是非生物性的。人的主观意识运动在不同于动物无意识的本能活动的意义上，也归属于文化世界，但其归属于的是个人性、主观性世界，而符号运动归属于社会性、客观性工艺世界：符号运动向下与人的主观意识运动相关，向上与人脑物质（神经元）运动相关。

从纵向关系上来看，思维运动与自然运动是什么关系？“自然科学和哲学一样，直到今天仍完全忽视了人的活动对其思维的影响。它们一个只知道自然界，另一个又只知道思想”，如此，人的思维运动就被与自然运动、人的自然身体运动割裂开来，形成心与物、心灵与身体的二元对立。“但人的思维的最本质和最切近的基础，正是人所引起的自然界的变化，而不单是自然界本身。人的智力是按照人如何学会改变自然界而发展的。因此，自然主义的历史观是片面的，它认为只是自然界作用于人，只是自然条件到处在决定人的历史发展，却忘记了人也在反作用于自然界、改变自然界，为自己创造新的生存条件”[①]——在人“改变自然界”的造形活动中，思维运动与自然运动、心灵与身体的二元对立被扬弃：如果自然主义忽视了人的思维运动、智力运动不同于自然运动的不同的一面的话，那么与之二元对立的唯心主义则把人的思维运动，尤其主观意识运动割裂于自然运动、身体运动。如此一来，人的思维能力、智力、心灵、自我意识等，似乎就不是在人改变自然界的活动中不断生成、发展起来的了，而是造物主或神装配给人的。人改变自然界的活动就是劳动，人的智力也是随着劳动而发展的，而这又首先表现为人制造并应用物具的手工造形智能的发展。

马克思用“造形活动”来描述“劳动”[②]，而通常的物质劳动也就是改变物质形式的“造形”活动：“为了在对自身生活有用的形式上占有自然物质，人就使他身上的自然力——臂和腿、头和手运动起来。”“使自身的自然中沉睡着的潜力发挥出来，并且使这种力的活动受他自己控制。”“劳动过程结束时得到的结果，在这个过程开始时，就已经在劳动者的表象中存在着，即已经观念地存在着”——这与人的主观意识运动有关。在劳动过程中，人“不仅使自然物发生形式变化”——这就是人的“造形”活动，关乎自然物质运动。人的劳动虽然不能创造自然物，但可以改变自然物的形式，而人的主观意识运动无法直接使自然物发生形式变化。“同时，

① 《马克思恩格斯全集》第20卷，人民出版社1971年版，第573—574页。

② 《马克思恩格斯全集》第46卷上册，人民出版社1979年版，第256页。

他还在自然物中实现自己的目的，这个目的是他所知道的，是作为规律决定着他的活动的方式和方法的，他必须使他的意志服从这个目的”——这个“目的”可以是“为了在对自身生活有用的形式上占有自然物质”，又与人的“意志”相关。“但这种服从不是孤立的行为。除了从事劳动的那些器官紧张之外，在整个劳动时间内，还需要有作为注意力表现出来的、有目的的意志。而且劳动的内容及其方式和方法越是不能吸引劳动者，劳动者越是不能把劳动当作自己的体力和智力活动来享受，就越需要这种意志。”[①]——单凭个人主观意识、意志，是无法实现这个目的的，只有把自己的体力、智力在实际中发挥出来，通过创造并使用物具而“使自然物发生形式变化”，这个目的才能实现。因此，劳动作为造形活动，就是使自然运动服从于人手运动、物具运动，并受人的意识（意志）运动支配的活动。人的主观意识运动并不能直接影响自然运动，只有借助人手与物具的交互运动，才能现实地影响自然运动、改变自然物的形式，并在自然界打下人的“意志的印记”。手工物质劳动就是自然物质运动、人手和体力运动、人脑和智力运动、主观意识（意志）运动的交互。

以上是对在人脑支配下的人手运动的一般性描述。此外，马克思还对自动机器的运动做了描述，这构成了其作为“完全现代的科学”的“工艺学”理论的重要内容：在传统手工劳动中，“一旦从经验中取得适合的形式，工具就固定不变了；工具往往世代相传达千年之久的事实，就证明了这一点。很能说明问题的是，各种特殊的手艺直到 18 世纪还被称为秘诀，只有经验丰富的内行才能洞悉其中的奥妙。这层帷幕在人们面前掩盖了他们自己的社会生产过程，使各种自然形成的分门别类的生产部门成为彼此的哑谜，甚至对每个部门的内行都成为哑谜”——这就是作为“手艺（使用物质工具的技巧）”的传统手工造形智能。“秘诀”“奥妙”“帷幕”“哑谜”表明，这种智能只封闭于手艺人个人大脑中，不具有开放性、社会

---

① 《马克思恩格斯全集》第 23 卷，人民出版社 1972 年版，第 202 页。

性、通用性——而“大工业撕碎了这层帷幕”，使改变自然物质形式的造形智能走向开放。

> 大工业的原则是，首先不管人的手怎样，要把每一个生产过程本身分解成各个构成要素，从而创立工艺学这门完全现代的科学。社会生产过程的五光十色的、似无联系的和已经固定化的形态，分解成为自然科学的自觉按计划的和为取得预期有益效果而系统分类的应用。工艺学揭示了为数不多的重大的基本运动形式，不管所使用的工具多么复杂，人体的一切生产活动必然在这些形式中进行，正如力学不会由于机器异常复杂，就看不出它们不过是简单机械力的不断重复一样。[①]

“机器的使用价值”是“代替人的劳动”。为什么可以代替呢？因为“使用劳动工具的技巧”，“从工人身上转到了机器上面。工具的效率从人类劳动力的人身限制下解放出来”——这种“人身限制”，包括人脑、人手（人体）：（1）手工业者使用的非自动的纺纱机工具会受到人手、人体运动的人身限制，而自动纺纱机则不再受人手、人体运动的限制，这相应地也就代替了人体运动中所要支出的个人体力；（2）自动机器“以自觉应用自然科学来代替从经验中得出的成规”[②]“从经验中得出的成规”，即“使用劳动工具的技巧”或手艺、手工造形智能，受手工业者人脑运动的人身限制，而物化在自动机器中的自然科学知识不再受机器劳动者的人脑运动的限制，因而会代替劳动者的个人智力。

“每一个生产过程”可以分解成“各个构成要素”“为数不多的重大的基本运动形式”。或者说，生产过程就是这些不同构成要素、运动形式的组合运动，而这种组合运动具有一定规律——“使用劳动工具的技巧”表

---

① 《马克思恩格斯全集》第23卷，人民出版社1972年版，第533页。
② 《马克思恩格斯全集》第23卷，人民出版社1972年版，第423页。

明手工业者的个人大脑掌握了这种规律，并使自己的人手运动、工具运动按照这种规律来进行。而自动机器通过简单机械力的不断重复和符合规律的运动，顺应了生产过程构成要素、“为数不多的重大的基本运动形式”的组合运动规律，取得了与手工生产过程同样并且是更具效率的效果，并以机器、机械力的运动代替了人体、体力的运动，从而以机器造形智能代替手工造形智能。

AI 作为“计算机器智能”的研发、设计，或多或少地要参照个人的思维运动、智能运动，而西方相关研究往往只参照或关注“人脑（神经元）运动”，首先较少关注“机器造形智能”及与此相关的手工造形智能，其次不够关注人的脑工符号造形智能。马克思所描述的是社会“物质”生产的过程，对机器造形智能运动及其与个人手工造形智能关系的描述，这其实同样适用于分析社会“精神”生产的过程，以及当今 AI 机器符号智能及其与个人脑工造形智能的关系：AI 的生成原则其实也可以不管“人的脑（神经元系统）”怎样，把智能生产过程本身分解成各个构成要素（如具体与抽象等），把社会精神生产过程分解成“为数不多的重大的基本运动形式”（如归纳与演绎等）；人的脑工符号智能运动同样是不管所使用的“符号”工具多么复杂，人脑的一切生产活动必然在符号形式规定（如语法等）中进行——计算机只要掌握并运用这些构成要素、运动形式的组合规律就行了，而不必直接完全模仿个人大脑（神经元）运动、符号运动——以 ChatGPT 为代表的自然语言大模型就初步展现了这一点。计算机的计算过程尽管非常复杂，但也是建立在二进制的 0 和 1 的不断重复上的。再如大模型的压缩算法与人的抽象思维规律存在相通之处，但具体运动过程不必一样。

相对于关注人脑神经元运动，西方相关研究不够关注人的思维运动、智能运动中的符号运动。因此，我们还需要从历史发展的角度，对文字等符号的作用进行分析。

二

“首先是劳动，然后是语言和劳动一起，成了两个最主要的推动力。在它们的影响下，猿的脑髓就逐渐地变成人的脑髓。”[①] 劳动、语言是人在自然世界里创造出不同于其他动物的“文化世界”的两大要素。语言文字等符号作为智能工具的发展，是人的智力发展的重要要素。如果说劳动主要代表人改变了自然界的能动性的话，那么“符号”首先代表人认识自然运动及其规律的能动性。符号运动乃是智能运动、人脑运动与意识运动的交互运动，人以这种交互运动认识自然运动及其规律，而单凭主观意识（意志）运动是无法认识自然运动规律的，还需要人同时发挥自身智能这种“能”的形式，由此形成的就是脑工符号智能。另外，文字等符号的又一基本特性是“社会性”。通过这种社会性符号，一个个个人智力就汇聚、凝聚为社会智力，脑工符号智能就是这种社会智力，而单纯的个人大脑智能不是。而单凭个人智力无法认识自然运动规律，只有通过由个人智力汇聚成的社会智力，才能真正全面地认识自然运动规律——这是人类智能发展历史基本的经验事实，而当今一些 AI 研究者只关注用计算机机械大脑或人工神经网络，于是便去模拟个人乃至动物个体大脑的神经元系统，这显然是没有弄清这一基本经验事实。

人类个人身体和智力的生成、发育史，大致映射了人类物种的进化、发展史：“正如母腹内的人的胚胎发展史，不仅是我们的动物祖先从虫豸开始的几百万年的肉体发展史的一个缩影一样，孩童的精神发展是我们的动物祖先，至少是比较近的动物祖先的智力发展的一个缩影。”[②] 从人类物种发展史看，语言和劳动一起推动“猿的脑髓”逐渐变成“人的脑髓”；从人类个人发育史看，语言能力的获得在孩童智力发展进程中起到了重要作用：作为人类物种，孩童大脑具有先天的语言能力，一些动物学家在训

---

① 《马克思恩格斯全集》第 20 卷，人民出版社 1971 年版，第 513 页，第 516 页。
② 《马克思恩格斯全集》第 20 卷，人民出版社 1971 年版，第 518 页。

练大猩猩学习语言上做过不少实验，却总体上收效甚微，原因是接近人类动物祖先的大猩猩缺乏习得语言的先天能力。但另一方面，“狼孩”等现象表明，具有先天语言能力的孩童如果被放在狼群中，而不能在人群中现实地接触、学习人类语言，也不会现实地获得语言能力，并且一旦错过一定的智力发育阶段，孩童再想要学习语言就会比较困难，语言能力的提升会受到较大限制。社会性又是语言的基本特性之一，孩童习得语言的过程就是融入社会而被社会化的过程，或者是融入社会运动的过程，这表明个人智力实际上是通过借助社会智力或融入社会智力运动才得以实际发挥、发展起来的——当今，一些 AI 研究者只片面关注对个人既定的先天的大脑神经元系统的模拟，这显然严重忽视了个人智力实际发展过程中的后天性、社会性因素。

符号智能作为社会智力，是一个个个人智力凝聚而成的，因此也就是在社会运动中生成的。只有凭借在这种社会运动中生成的社会智力，才能全面地认识自然运动的规律，进而为改造自然奠定基础。因此，社会智力也就成了自然运动与社会运动的交汇点。再从人的“意识运动”看，如何实现 AGI 是国际研发界现在面临的首要问题，其中一种思路是要赋予计算机以“意识”，这似乎认为人正因为有意识运动才智能强大，可这并不符合人的智能活动的基本经验现实。并且人的一些意识运动比如迷信等，其实恰恰阻碍着人的智能的提升——错误的“意识”可能导致不那么“智能”的认识和行为，而热衷于赋予 AGI 计算机以“意识”的精英们忽视了这样简单的基本事实。

更为重要的是：人的意识运动所指向的对象，不仅包括个人（自我）与自然、自然运动的关系，还包括个人与个人、个人与社会的关系，社会运动——现代自然科学使人对前者的“意识”摆脱了迷信而获得科学性。但在现代资本框架下，人们对后者的“意识”并未获得科学性，因此形成了对现代社会运动认知的迷信即拜物教——马克思政治经济学批判重要的科学作用，就是戳穿了有关社会运动的现代迷信。科学认识资本主导下的社会运动，有助于揭示 AGI 机器可以获得“意识”的反科学性；而马克思有关社会智力、一般智力及其与自动机器关系的论述，有助于我们在今天把智能哲学、经验智能科学上升到“理论智能科学”，将其与理论社会科学有机统一在一起，这有助于科学考察 AGI 及其社会影响。

马克思在对现代自动机器的描述中，提到了“一般智力（通用智能）”“社会智慧（社会大脑）”“社会智力”，认为这是“人类头脑的一般能力”或者“人类头脑的通用能力”。这种通用智能力量的发展，表明“对人本身的一般生产力的占有，是人对自然界的了解和通过人作为社会体的存在来对自然界的统治”。这种“社会体”的“一般生产力”就是“社会智慧（社会大脑）的一般生产力”，即社会智力“在大工业的生产过程中，一方面，发展为自动化过程的劳动资料的生产力要以自然力服从于社会智力为前提；另一方面，单个人的劳动在它（劳动）的直接存在中已成为被扬弃的个别劳动，即成为社会劳动”[①]——由此，单个人的智力的个别性、个人性也被扬弃，进而成为或凝聚为社会智力，并使自然力服从于这种社会智力。AGI 就是由机器（计算机）这种社会机械大脑自动生成的通用智能，将其转化为“一般生产力”“直接的生产力”便是其发展方向。

从智能形态看，单个人的人脑智能不具有通用性、社会性，也无法直接生成一般社会知识。“自然界没有制造出任何机器”，同样，自然界也没有制造出任何符号。使用文字符号等所生成的脑工符号智能开始具有通用性、社会性，在此累积性发展的基础上，现代自然科学通过数学、物理学等人工符号所构建的体系，使人类脑工符号智能获得了更为普遍的通用性、社会性，并物化为蒸汽机等自动机器体系，从而形成强大的自动化的机器物质造形智能，初步做到了使自然力服从于社会智力。而 AGI 又将进一步把人的脑工符号造形智能从个人、生物性大脑的限制下解放出来，人类智能的通用性、社会性将得到进一步提升——爬取全球互联网上全人类

① 《马克思恩格斯全集》第 46 卷下册，人民出版社 1980 年版，第 218 页，第 210 页，第 223 页。

大数据的 ChatGPT 等 AI 大模型已初步展示了这一点。在此基础上，进一步向 AGI 推进，“自然力服从于社会智力”“人对自然界的了解和通过人作为社会体的存在来对自然界的统治”的伟大目标，有望得到更加充分的实现。

自动机器是“人类的手创造出来的人类头脑的器官”，而在自然机体中，人脑和人手组成一体、在劳动过程中脑工劳动和手工劳动结合在一起，这种一体、结合使手工劳动并非单纯人手的活动，而是在人脑支配下的人手的活动，由此形成手工造形智能——自动机器与人的关系，就具体落实为机器与人脑、人手、个人脑工劳动、手工劳动的关系。“自动的机器体系”是“由自动机，由一种自行运转的动力推动的。这种自动机是由许多机械的和有智力的器官组成的。因此，工人自己只是被当作自动的机器体系的有意识的肢体”“劳动现在仅仅表现为有意识的机件”——机器“机械的器官”即发动机提供“自行运转的动力”，代替劳动者的个人体力；“有智力的器官”即工作机自动加工物品，代替劳动者的个人智力即“手工造形智能”。劳动者个人作为“有自我意识的器官”存在于“自动的机器体系”中；而“劳动表现为不再像以前那样被包括在生产过程中，而是相反，表现为人以生产过程的监督者和调节者的身份同生产过程本身发生关系……工人不再是生产过程的主要当事者，而是站在生产过程的旁边”[①]——有意识的监督者和调节者是劳动者个人在自动机器体系运转中的基本的“身份”定位。

从思维运动所包含的人脑运动、符号运动看，能量自动化机器代替人手和个人体力，其自动化机器造形智能代替在人脑运动支配下的个人手工造形智能——当然，还没有代替在符号运动支配下的个人（科学家等）脑工符号智能，而这将被当今 AGI 自动机器体系代替。马克思的以上描述，同样适用于当今 AI 自动机器体系：AI 计算机的硬件部分是“机械的器

① 《马克思恩格斯全集》第 46 卷下册，人民出版社 1980 年版，第 208—209 页，第 218 页。

官”，其机械运动依然需要消耗大量的能量——ChatGPT 等 AI 大模型就证明了这一点，其软件部分（代码、算法、人工神经网络等）就是“有智力的器官”，即“机械大脑”。人的智力劳动或人脑运动、符号运动，也将表现为不再像以前那样被“包括”在智力生产过程中，而是表现为人以智力生产过程的“有意识的监督者和调节者的身份”同智力生产过程本身发生关系。个人也不再是智力生产过程的“主要当事者”，而是站在智力生产过程的旁边——从研发现状看，目前的 ANI 还做不到这一点，但 AGI 将做到这一点，而有意识的监督者和调节者也将是个人在 AGI 自动机器体系运转中的基本的身份定位。微软公司把一种 AI 助手称作 Copilot（副驾驶），这表明计算机还是“人的助手”。而 AGI 将使“人”成为“机器的助手”或副驾驶，人将作为“有意识”的主体，监督、调节 AGI，并使之按人的意志运行。

蒸汽机等的自动化运动主要涉及的是物质运动，人是这种物质运动的“有意识的监督者和调节者”，使之按人的意志运转；AGI 计算机等的自动化运动主要涉及的是智能运动，人是这种智能运动的“有意识的监督者和调节者”，使之按人的意志运转——硅谷精英库兹韦尔等要赋予 AGI 机器以“自我意识”乃至“自我意志”的反科学的认知，则会搅乱对 AGI 机器与个人关系的科学认知，这既可以从科学上加以辩驳，也可以从社会运动角度加以辩驳。

三

“机器体系所以变成固定资本，只是由于工人是以雇佣工人的身份，而且总的说来，从事活动的个人只是以工人的身份同它发生关系”[①]——以“雇佣工人”的身份与机器体系产生关系，显然不同于以“有意识的监督

① 《马克思恩格斯全集》第 46 卷下册，人民出版社 1980 年版，第 215 页。

者和调节者”的身份与机器体系产生关系，因为雇佣工人的身份是在资本支配下的社会运动中生成的。如果说自然运动是物质元素的组合运动的话，那么社会运动就是“社会的个人”的组合运动。一个个个人智力通过社会符号汇聚为社会智力的过程，就是这样一种社会运动。其中，“个人”及其智力与“社会”及其智力并不对立，也并不存在所谓的竞争关系。作为私有制和分工最后的形态，资本主义生产、流通等过程就是社会运动过程，并且在其中形成了一系列对立、冲突关系。

首先，从流通过程看，流通运动的“整体”表现为“社会过程”“这一运动的各个因素虽然产生于个人的自觉意志和特殊目的，然而过程的总体表现为一种自发的客观联系；这种联系尽管来自自觉个人的相互作用，但其既不存在于他们的意识之中，作为总体也不受他们支配”，个人反而受“总体”支配。“他们本身的相互冲突，为他们创造了一种凌驾于他们之上的他人的社会权力”。对于劳动者个人来说，这个“他人”就是作为非劳动者的资本家个人。“个人相互间的社会联系作为凌驾于个人之上的独立权力，不论被想象为自然的权力、偶然现象，还是其他任何形式的东西，都是下述状况的必然结果，这就是：这里的出发点不是自由的社会的个人”[①]——如果以“自由的社会的个人”为出发点，社会运动过程就是个人与个人自由组成社会的运动，由此形成的“总体”就会受每个人支配。

其次，从生产过程看，“社会生产力、交往、知识等的任何发展阶段对资本来说都只是表现为它力求加以克服的限制。它的前提本身——价值——表现为产品，而不是表现为凌驾于生产之上的更高的前提”——“凌驾于生产之上的更高的前提”，就是“自由的社会的个人”的组合运动。如果不以此为出发点，资本就会形成一系列对立。但“这种对立的形式本身是暂时的，它产生了消灭它自身的现实条件。其结果就是：从趋势和可能性来

① 《马克思恩格斯全集》第 46 卷上册，人民出版社 1979 年版，第 145 页。

看，生产力或一般财富普遍发展成了基础；同样的是交往的普遍性，因此世界市场也成了基础。这种基础是个人全面发展的可能性”——如果“个人全面发展”是“凌驾于生产之上的更高的前提”，则生产过程就成为全面发展的个人的自由组合运动；全面发展的个人“把对自然界的认识（这也表现为支配自然界的实际力量）当作对他自己的现实体的认识”，而“社会体”与“自然界”就是个人的两种“现实体”。全面发展的个人自由组合的社会运动，会支配自然界或自然运动；“发展过程本身被当作并且被意识到是个人的前提”，即每一个人的全面自由发展是前提和目的。“但是，要达到这点，首先必须使生产力的充分发展成为生产条件，使一定的生产条件不表现为生产力发展的界限”[①]——生产力超越界限的充分发展会真正支配自然运动。在此基础上，生产过程就会成为全面发展的个人自由组合运动。因此，生产过程就是自然运动与社会运动的交互运动过程。

最后，流通、生产过程所形成的社会“总体”在自动机器上就表现为“社会智力”。如果以自由的社会的个人全面发展为出发点，作为总体的社会智力就会受每个人支配，而不是支配个人；在资本框架下，自动机器及其物化的社会智力之所以会支配劳动者个人，只是因为资本支配下的社会运动不是个人与个人的自由、平等的社会组合运动，而是相互冲突的组合运动，社会智力成为资本家支配工人、凌驾于工人个人之上的权力——这是人类内部个人与个人之间的冲突关系。而如果赋予自动机器以自我意识、自由意志，似乎就会产生人类外部的冲突关系。对于当今的AI来说，就是AGI机器作为一种硅基智能物种与人类碳基智能物种的对立。这种反科学的认知的意识形态作用是：掩盖了受资本支配的自动机器体系中个人与个人之间真实而具体的社会对立关系；AGI被想象为“自然的”权力，乃至“超自然的”权力；而实质上的“社会的”权力——少数人把AGI这种

① 《马克思恩格斯全集》第46卷下册，人民出版社1980年版，第36页。

强大的社会智力转化为私人化的社会权力。

“代替那存在着阶级和阶级对立的资产阶级旧社会的，将是这样一个联合体。在那里，每个人的自由发展是一切人的自由发展的条件”[①]——这也就是在“自由的社会的个人”组合的社会运动中形成的联合体。恩格斯后来对此变更为具体的描述是：“代之而起的应该是这样的生产组织。”“生产劳动给每一个人提供全面发展和表现自己全部的即体力的和脑力的能力的机会”，因而成为“解放人的手段”。而“要不是每一个人都得到解放，社会本身也不能得到解放”——每个人的解放就意味着每个人都能够支配社会、总体力量，而不是反过来受抽象的社会、总体力量的支配。只有如此，“社会”本身才能得到真正的解放，而真正解放了的社会不会把任何一个个人当作手段，不会把任何一个个人的体力、智力发挥、发展当作手段。每一个“社会的个人”的体力、脑力（智力）的全面自由发展，不仅是出发点，也是归结点、立足点。“每一个人”都得到解放、“每个人的自由发展”，是“社会本身”得到解放的条件，也是目的、目标。而实现这个目标的前提，就是高度发达的生产力，并使“自然力服从于社会智力”，使社会生活过程条件受到“一般智力”或“通用智能”的控制、改造——这正是当今 AGI 所展现的人类未来前景。

“只要社会还没有围绕着劳动这个太阳旋转，它就绝不可能达到均衡。”围绕“劳动”这个太阳来讨论“社会”问题，在机器与人的关系上，就具体落实为：代表“社会智力”的自动机器对个人体力、智力发挥活动的影响。从现代机器自动化二次革命的发展进程看，以蒸汽机为代表的能量自动化机器代替了个人体力，而“二战”以后西方发达国家广泛兴起的大众体育活动表明：个人体力被自动机器代替后，并不是不再发挥了，而是转移到业余体育活动中相对自由地发挥了——这为我们今天考察 AGI 引发工作性质巨变奇点提供了现实参照和经验基础。当个人智力被当今以计

① 《马克思恩格斯文集》第 2 卷，人民出版社 2009 年版，第 53 页。

算机为代表的自动化机器尤其AGI机器代替以后，也不是不再发挥作用了，而是可以转移到相对自由的领域去发挥作用。在此意义上，自动机器的“代替”恰恰意味着对个人发挥体力、智力活动，即劳动或工作性质的“改变”，即“解放”——可以此来描述AGI改变工作性质的奇点；机器对个人工作的代替也意味着个人工作数量和时间的不断减少，可以此来描述AGI引发工作数量、时间趋零的奇点。

但从资本主导下的现代社会运动看，同样的基本经验事实是：能量自动化机器对人的体力和手工智能代替，使传统手工业劳动者无产阶级化，并使体力贬值和体力劳动机会减少，因此造成蓝领工人大量失业，引发剧烈社会动荡，对现代文明形成巨大冲击的两次世界大战就与此相关。第二次世界大战后，随着科技尤其信息技术的迅猛发展，西方发达国家创造了大量智力工作机会，把体力劳动方面的失业人口转移到了智力劳动领域。出卖智力的白领工人崛起，在一定程度上化解了蓝领工人失业问题。当今AI所代表的第二次智能自动化取代个人智力，将使传统脑工智力劳动者无产阶级化，使个人智力贬值和智力工作机会减少，这将造成出卖个人智力的白领工人的失业。

代表社会智力的现代自动机器与劳动者的关系，集中体现了社会作为“总体”与“个人”的现实的关系。人类不断累积发展起来的社会力量、社会智力，就是为了控制、支配自然力，而不是为了控制、支配个人。初步做到“发展为自动化过程的劳动资料的生产力要以自然力服从于社会智力为前提”，乃是资本主义的历史进步性的重要体现，而其现实对抗性体现在：这些强大的社会智力被掌握巨量金钱的极少数个人支配，并且被用于支配绝大多数个人——共产主义扬弃这种现实对抗性的做法，无非就是让人类文明尤其现代科技文明累积发展起来的越来越强大的社会智力——AGI就是其终极形态——受“每一个个人”而不是“极少数个人”支配、控制而已。而每一个“自由的社会的个人”的智力，将得到全面自由发展，社会运动将成为每一个“自由的社会的个人”的组合运动，人类外部与自然的对立、人类内部人与人的冲突，将被同时扬弃。

总之，“五大智能形态”“三大运动形式”“社会智力”等构成的基本框架，为我们今天科学考察 AGI 及其社会影响等提供了历史的和理论的科学基础。马克思生产工艺学批判强调：自动机器是“物”，关乎人与自然的关系、自然运动；而资本不是“物”，关乎个人与个人的社会关系、社会运动，机器 / 资本二重性辩证历史运动，也就是自然运动与社会运动的交互运动。掌握资本的个人对另外的个人的支配，又具体表现为对劳动者个人发挥体力、智力活动的支配——这为考察 AGI 机器对个人工作的影响提供了科学基础。

工作奇点与机器二次“智能”自动化

马克思生产工艺学批判主要研究的是：机器 / 资本二重性辩证历史运动及其对劳动的影响，这为科学考察当今 AGI 对社会尤其每个人工作的影响提供了有效的理论基础。（1）在力量上，与“物化在机器体系中的价值”相比，“单个劳动能力创造价值的力量作为无限小的量而趋于消失”，以蒸汽机为代表的能量自动化机器已使单个劳动能力中的“体力”趋于无限小，而以计算机为代表的智能自动化机器，尤其是即将实现的 AGI，也将使其中的“智力”趋于无限小——在力量上，“单个劳动能力”“作为无限小的量而趋于消失”的“工作数量趋零奇点”正在来临，这同时意味着只能凭借“单个劳动能力”所获得的“劳动收入趋零奇点”的来临。（2）在时间上，自动机器将使“必要劳动时间”趋于无限小，资本的历史使命是使“人不再从事那种可以让物（自动机器）来替人从事的劳动”，自动机器替人从事的是存在于必要劳动时间中的不自由的劳动。在这种劳动中，人以“有意识的监督者和调节者”的身份发挥作用，而不再是“主要当事者”，会较少地发挥个人体力、智力。但每个人不是不再发挥自身体力、智力，而是转移到必要劳动时间之外的自由时间中去发挥了，每个人的工作性质将发生巨变——我们将其称为“工作性质巨变奇点”。

在AGI即将实现之际，或奇点正在来临之际，硅谷精英等已经意识到工作数量、劳动收入趋零奇点也正在加速来临，并强调实施全民基本收入这种应对方案的必要性和迫切性。同时，大家也意识到了“工作性质巨变奇点”也正在加速来临，并提出了缩短劳动时间的应对方案——但他们对资本内在固有的对抗性的认识不充分，只有从基于机器/资本二重性的生产工艺学批判的角度，才能在现代机器二次自动化历史进程中，对AGI技术奇点及其引发的一系列奇点做出科学的解释，进而充分认识实施相关应对方案的必要性、迫切性。

二

在AI出现之前，科学理论是人通过实验、运用文字符号，尤其科学人工符号发明、创造的。其中的符号工具不能直接“自动”生成科学理论，而现在的AI大模型尤其下一步的AGI工具，可以相对独立地做科学实验（预测蛋白质、晶体结构等）、直接自动生成技术（如计算机程序、代码等），这在人类科技发展史上是前所未有的，标志着人类科技奇点的来临——这是对AGI奇点的科学认知；由AGI机器自动生成的科技转化成的生产力，也必将获得前所未有的发展速度——这种状况和趋势可被称为由技术奇点引发的“生产力奇点”——这是对AGI正面影响的科学认知。

从负面影响看，在资本框架下，AGI机器智能自动化又必然会逐渐减少智力工作的机会，由此将引发工作数量、劳动收入趋零的奇点。有关AI的社会影响一直伴随着AI技术的发展进程。ChatGPT把AI研发带入了生成式AI大模型时代，AI超强的智能力量初露锋芒，同时造成失业的趋向也初步展现：作为硅谷AI巨型公司的微软、谷歌等，已开始大规模裁员。

对于工作数量和劳动收入趋零、工作性质巨变奇点，硅谷精英等已意识到并提出全民基本收入、缩短工作时间等应对方案。

2023 年 11 月在英国布莱切利园举行了全球 AI 安全峰会，就 AI 技术快速发展带来的风险与机遇展开讨论，中国科技部副部长吴朝晖率团参会并在峰会开幕式上发表讲话。会议正式发表了包括中国在内的与会国共同达成的《布莱切利宣言》，表明应对 AI 风险挑战，国际对话合作非常重要。会后，硅谷精英马斯克与英国时任首相苏纳克举行了一次对谈：马斯克称赞了苏纳克邀请中国参加人工智能安全峰会，并表示“如果他们不参加，那就毫无意义”。英国等已面临失业率上升的巨大压力，AI 的极速发展和应用无疑会进一步加大这种压力，苏纳克对此表示担忧，强调工作会为个人提供价值、意义和目的，认为如果 AI 接管各种任务，人就会找不到动力和目标。不仅如此，他还希望和鼓励英国人能更愿意放弃“固定工资的保障，敢于失败”，以鼓励创业——这种认知较普遍地存在于不熟悉 AI 及其发展大势的西方政治精英中。作为硅谷技术企业精英，马斯克反驳了苏纳克，认为“人类不需要工作”的时代正在到来，而在 AI 接管大多数任务后，人类如果愿意的话，可以选择找一份工作——这关乎工作性质巨变奇点。马斯克还认为 AI 进步会有效改善经济状况：“我们不会实现全民基本收入，我们将实现全民高收入。”[①] 全民基本收入是应对 AGI 奇点的一种重要方案，硅谷精英奥特曼（Sam Altman）等也非常重视这种方案的实验。

比尔·盖茨也提到了应对 AGI 奇点的方案：“机器可以制造所有食物和东西。”人们不必每周工作五天以上就能赚取生活物资，“大家或许最终进入一个每周只需要工作三天的社会”——这就是应对 AGI 奇点的缩短工作日方案。他还提到，AI 将改变人的“工作的方式”。从现状看，“目前一些国外公司已经开始测试每周工作四天的可行性。一些人给出了工作与生

① 《时常加班到 3 点的马斯克，希望 AI 来做这些事情，他说总有一天，人类不需要工作》，腾讯网，https://new.qq.com/rain/a/20231103A04JFZ00，2024-01-20。

活平衡和效率改善的正面反馈”。而且“根据 IDC 的一份预测显示：截至 2024 年，美国将有 60% 劳动力选择远程办公。而根据 Slack 公布的数据来看，只有 12% 的脑力工作者希望回到办公室，72% 的人选择希望延续混合远程办公的模式”[①]——由此可见，传统工作的性质正在发生巨大变化。

华尔街精英也意识到了 AGI 的挑战。戴蒙说：“人们必须深呼一口气，技术总是取代工作。由于技术的进步，你的孩子将活到 100 岁，并且不会患癌症，而他们可能每周只需要工作三天半”——这种三天半的工作方案提出的背景是：在 ChatGPT 发布之后，高盛银行曾预测，约 3 亿个工作岗位将因 AI 技术而消失，约四分之一的美国劳动力担心未来他们将因 AI 而失去工作岗位。麦肯锡于 2023 年 6 月发布的研究报告揭示：由于技术被用来自动化他们的一些工作，员工可以缩短工作时间；生成式 AI 和其他新兴技术有潜力实现目前占用员工 60% ~ 70% 时间的任务的自动化，每年为全球经济增加 2.6 万亿 ~ 4.4 万亿美元——巨大的财富标志着经济奇点的来临，而与此相伴的是工作数量减少的趋势，“缩短工作时间”是有效的应对方案。从正面看，“剑桥大学对英国 61 家组织进行的一项研究发现，每周工作四天的病假天数减少了 65%，71% 的员工表示他们的倦怠程度有所降低。参与该计划的公司中有 92% 表示他们将享受三天的周末”。从西方现代经济学发展史看，“戴蒙和麦肯锡并不是第一批预测技术将导致每周工作时间缩短的经济学领袖。经济学家约翰 · 梅纳德 · 凯恩斯在 1930 年发表的一篇题为《我们的孙辈的经济可能性》的文章中预测，由于生产力的提高，未来一代将每周工作 15 小时”[②]——但从西方经济的实际发展史看，其并未采用凯恩斯这种缩短工作时间的方案。

华尔街精英瑞 · 达利欧也就 AI 颠覆劳动力市场的潜力发表了看法：技

① 《一周只工作 3 天？比尔 · 盖茨：有可能》，环球网，https://3w.huanqiu.com/a/c36dc8/4FTFtBkXPvN，2024-01-20。

② 《华尔街传奇人物：未来一代人每周只需工作 3.5 天，并能活到 100 岁！》，搜狐网，https://www.sohu.com/a/725569698_121123903，2024-01-20。

术突破——即 AI 将成为重要变革力量，会“像核能一样，只是更为强大”。“就生产力而言，这可能会令人瞠目结舌”——生产力的极速发展也是经济奇点的重要标志。“如果管理得当，我认为工作周期可能就会缩短”，也许会变成“每周工作三天左右”。达利欧指出：“在生产力带来的好处方面，必须就如何分享这些好处做出决定。”除非采取干预措施，否则社会上就只有一部分人会看到这些变化带来的好处。随着 AI 扰乱就业市场，一些员工会发现自己在新经济中几乎没有用武之地——针对这种趋势，达利欧强调需要进行改革，“以确保财富不平等不会因为所有这些迫在眉睫的社会动荡而加剧”。但他对在美国目前的政治环境下实现这一目标似乎没有信心[①]——这实际上已触及基本社会制度问题。

在经济学界，专门研究自动化对工作影响的伦敦经济学院教授克里斯托弗·皮萨里德斯认为，ChatGPT 革命通过为大量工作实现重大的生产力提升，打开了每周工作 4 天的大门。他曾通过《皮萨里德斯对未来工作和幸福评论》调查 AI 对工作的影响，认为 AI 如果使用得当，就会对生产力产生“重大影响”：“我非常乐观地认为我们可以提高生产力。”而且“我们可以从工作中普遍提高幸福感，也可以拥有更多休闲时间。我们可以轻松地过渡到每周工作四天”[②]——传统工作的性质也会发生巨大变化。

硅谷精英等已经意识到 AI 将对劳动者的工作形成巨大冲击，并且想到了应对方案。机器“代替”人的劳动就是它的“使用价值”，而“决不能从机器体系是固定资本的‘使用价值’的最适当形式这一点得出结论说，从属于资本的社会关系这样一种情况，是采用机器体系的最适当和最完善的社会生产关系”[③]——硅谷超强的 AI 机器体系确实是在作为“交换价值”的“资本的社会关系”中诞生的，但同样不能由此得出结论，说这种社会关

① 《达利欧：AI 可能带来三天工作制》，财富中文网，https://www.fortunechina.com/keji/c/2023-10/09/content_440792.htm，2024-01-20。

② 《AI 可以让我们一周工作四天吗？》，网易网，https://www.163.com/dy/article/I24SER3P0511A72B.html，2024-01-20。

③ 《马克思恩格斯全集》第 46 卷下册，人民出版社 1980 年版，第 212 页。

系是采用和发展 AI“最适当和最完善的社会生产关系”，而 AI 发展和应用过程初步暴露的失业等社会问题恰恰是由“资本的社会关系”所造成的——作为这种关系的承担者，西方精英已经意识到了 AGI 所带来的问题，但很少从社会关系尤其生产关系、生产资料所有制的角度对其进行深入反思。

资本主义“生产过程的智力同体力劳动相分离，智力变成资本支配劳动的权力，是在以机器为基础的大工业中完成的”，征服自然力的社会智力，成为资本家支配劳动的社会权力，“科学、巨大的自然力、社会的群众性劳动都体现在机器体系中，并同机器体系一道构成‘主人’的权力”。而在这些“主人”头脑中，“机器和他对机器的垄断已经不可分割地结合在了一起”[①]——当今西方资本精英依然如此，“机器体系不再是资本时，它也不会失去自己的使用价值”。他们意识不到 AGI 机器作为“使用价值”，可以与作为“交换价值”的资本、与资本所有者的垄断分割开来，这实际上大大地限制了他们对 AGI 所塑造的人类未来社会的想象力。在扬弃了作为交换价值的资本的支配之后，自动机器的使用价值将依然是代替个人工作，但这种“代替”对劳动者将不再是“威胁”，而是“解放”——每个人的体力、智力转移到自由王国去自由发挥、发展，而这引发的就是工作性质巨变的奇点。硅谷精英已经意识到了这种巨变，但很少触及生产资料私有制这个基本问题。只有回到马克思基于机器 / 资本二重性的生产工艺学批判，才能在现代机器二次自动化历史进程中，科学地认识这一系列问题。

二

恩格斯提出了颇富启发性的“智力工业”的说法：“诗歌、哲学、经济学、历史科学中有这种高超的胡说；教研室和讲台上有这种高超的胡

① 《马克思恩格斯全集》第 23 卷，人民出版社 1972 年版，第 464 页。

说——到处都有这种高超的胡说。这种高超的胡说妄想出人头地，并成为深刻思想，以别于其他民族的单纯平庸的胡说。这种高超的胡说是德国‘智力工业’最标准和最大量的产品”[①]——“智力工业”是从劳动支出的力量说的，与其相对的是体力工业；而从劳动使用的工具看，体力工业就是手工业，与其相对的智力工业相应地可称之为“脑工业”。以此来看，19 世纪的西方以能量自动化机器实现了传统体力工业、手工业的机械化。而当今 AGI 革命的意义也就在于：使传统智力工业、脑工业正在实现机器自动化。同样，当今西方智力工业，甚至自然科学技术领域，其实依然充斥着形形色色的“高超的胡说”，如把 AGI 机器拟人化乃至神化，等等。当今西方一些批判资本主义的所谓激进左翼也很热衷于“高超的胡说”，而西方普通劳动大众只有不被这些高超的胡说迷惑，才能找到社会运动正确的发展方向——这是从唯物主义和科学的角度探讨 AGI 及其社会影响的意义之一。

“固定资本在生产过程内部作为机器来同劳动相对立的时候”“资本才获得了充分的发展”[②]——即只有通过机器自动化，资本才能得到充分发展。“现代生产资料即使在资本主义压制下也有巨大的扩张力”[③]——这种巨大的扩张力使资本不可能满足于机器能量自动化，必然要推进到智能自动化，当今 AGI 是这种扩张力的最新成果。由此，现代机器才能实现全面自动化，资本也才能获得真正全面的充分发展。

“资本主义生产是作为生产的普遍形式的商品生产”“劳动本身表现为商品”，而“只有在直接的农业生产者也是雇佣工人的时候，才能被充分地表现出来”[④]——在 19 世纪能量自动化机器时代，工业、农业劳动者还主要是“体力”劳动者，被商品化的主要是体力，我们今天接着马克思可

---

① 《马克思恩格斯全集》第 20 卷，人民出版社 1971 年版，第 381 页。
② 《马克思恩格斯全集》第 46 卷下册，人民出版社 1980 年版，第 211 页。
③ 《马克思恩格斯全集》第 19 卷，人民出版社 1963 年版，第 244 页。
④ 《马克思恩格斯全集》第 24 卷，人民出版社 1972 年版，第 133 页。

以说：只有在直接的“智力”劳动者也是雇佣工人的时候，“资本主义生产”才能充分地实现；只有把每个人的“智力”也商品化，从而让每个人的劳动力全面商品化，资本主义生产才能全面成为“作为生产的普遍形式的商品生产”。

资本充分发展的后果之一就是：使劳动完全从属于资本而彻底受资本支配。马克思把劳动对资本的从属关系的发展分为两个阶段：首先是“形式上”的从属，而自动机器使之转化为“实际上”的从属。其次是蒸汽机能量自动化机器，使物质劳动由“形式上”转变为“实际上”从属资本。与此同时，精神劳动“还只局限于向资本主义生产过渡的形式。也就是说，从事各种科学或艺术的生产的人，不论是工匠或作家，为书商的总的商业资本而劳动，这种关系同真正的资本主义生产方式无关，甚至在形式上也还没有从属于它”——19 世纪的脑工劳动在“形式上”也还没有从属于资本。从其后的发展看，20 世纪尤其第二次世界大战之后，在西方国家，智力劳动者也成为雇佣工人即所谓白领工人，智力也被彻底商品化——但是在智能自动化实现之前，智力劳动对资本的从属还只是“形式上”的从属。当今时代，AGI 的意义也就在于：将使传统智力工业也彻底机器自动化，从而使脑工劳动也“实际上”从属于资本——这意味着只有经历机器二次自动化，资本才能完成对个人劳动的全面统治。

目前，有关 AI 及其社会影响的研究大致有机器革命、工业革命两大分析框架。一些研究者从工业革命框架出发，认为 AI 引发的是第三次或第四次工业革命，而“机器革命”框架具有更清晰和更强的概括性：蒸汽机等引发的是第一次“能量”自动化革命，AI 计算机引发的则是第二次“智能”自动化革命。第一次工业革命与第一次机器革命大致重叠；第二次工业革命一般被称作“电气革命”“电力技术革命”。从机器革命框架看，这只是能量自动化革命的进一步发展，电能代替蒸汽能被更广泛应用而成为“通用能量”。第三次工业革命以原子能、电子计算机、空间技术和生物工程的发明和应用为主要标志，总体上又被称作信息控制技术革命。其中，原子能的发明和应用大致是能量自动化革命更进一步的发展，通过可控核聚变技术自动生成源源不断的电能。这种通用能量，标志着由蒸汽机等引发的这场能量革命和以社会智力征服自然力目标的最终完成。其中电子计算机、信息控制技术，则标志着第二次机器“智能”自动化革命的开始，而由计算机自动生成并可以被广泛应用的源源不断的“通用智能”即AGI，也将成为智能自动化革命最终完成的标志。

从机器二次自动化革命角度，可以更清晰地揭示劳动与资本关系的发展进程：20世纪尤其第二次世界大战之后，西方所谓白领社会转型，标志着智力劳动已在“形式上”从属资本，出卖智力的白领工人处于黄金时代成为所谓崛起的中产阶级——以计算机为代表的智能自动化机器，将使智力劳动在“实际上”从属资本，现在西方所谓白领中产阶级的衰落已初露端倪，而即将实现的AGI也将引发白领工人大规模的结构性失业——当代研究全民基本收入的西方学者对此多有揭示。

更为重要的是，马克思指出，与“物化在机器体系中的价值”相比，“单个劳动能力创造价值的力量作为无限小的量而趋于消失”——把“单个劳动能力”细分为个人体力、智力，并且从历史发展的角度看，马克思的这一基本原理依然适用于分析当今AI时代劳动发展的状况和趋势：如果说能量自动化机器使蓝领工人的单个体力“作为无限小的量而趋于消失”的话，那么当今即将实现的AGI也将使白领工人单个智力“作为无限小的量而趋于消失”——如此，雇佣劳动在力量趋零的奇点才将真正来临。从积极意义上看，这将意味着精神劳动的社会生产力即社会智力，也将从单个个人人身限制下解放出来而获得充分发展，并为每个人智力自由发展奠定基础——尽管要面临因个人智力卖不出而基本生存受威胁的困境。因此，把机器自动化贯通起来加以研究有助于更科学且清晰地揭示AGI对社会尤其对劳动者及其劳动的影响。

马克思为撰写《资本论》所准备的《〈政治经济学批判〉(1857—1858年草稿)》中的“固定资本的发展是资本主义生产发展的标志”之“机

器体系是适合资本主义的劳动资料形式”部分，对以蒸汽机为代表的能量自动化机器体系有系统分析。在此基础上，“资本作为生产的统治形式随着资产阶级社会的发展而解体”“生产资料的生产由于劳动生产率的增长而增长。资本主义社会和共产主义制度下的自由时间”部分，则是对自动机器所引发的社会形态变革的系统考察，揭示了在机器/资本二重性辩证历史运动中，资本必将被扬弃的大势。

更为重要的是，该“草稿”所提到的“社会智慧（社会大脑）”“社会智力”“一般智力（通用智能）”对于我们今天分析通用人工智能 AGI 依然具有重要指导意义：人的生产劳动是使用一定工具把一定材料加工成产品的活动，社会生产分为物质生产、精神生产，个人劳动分为物质劳动、精神劳动，物质生产劳动就是使用一定物质工具把一定物质材料加工成物质产品的活动，精神生产劳动就是使用一定精神工具如文字等符号，把信息材料加工成信息产品的活动——马克思主要考察的是以蒸汽机为代表的能量自动化机器体系，社会物质生产把物质材料加工成物质产品的自动化的通用智能，代替了个人物质劳动的手工造形智能。而当今时代，AI 所锻造的是以计算机为代表的智能自动化机器体系，AGI 将是社会精神生产把信息材料（大数据等）加工成信息产品的自动化的通用智能，将代替个人精神劳动的脑工造形智能。下面，我们首先对该“草稿”略作分析，初步勾勒分析 AGI 社会影响的基本框架和思路。

（一）“发展为自动化过程的劳动资料的生产力要以自然力服从于社会智力为前提”，表明“社会生活过程的条件本身”受到“一般智力的控制并按照这种智力得到改造”[①]。

自动机器代替个人劳动力的目的，就是以自动机器所代表的社会智力征服自然力。当今，计算机通用人工智能 AGI 也是一种“一般智力”“社会智力”，其发展和应用的基本目的也是在使自然力服从于社会智力的基

① 《马克思恩格斯全集》第 46 卷下册，人民出版社 1980 年版，第 220—223 页。

础上，使人类“社会生活过程的条件本身”受“通用智能”控制、改造。AGI 的通用性就是可以被广泛而富有成效地应用于社会生活各领域，其产生的影响，将是巨大而具有震撼性的，但并没有什么神秘性。

（二）“资本的历史使命”是使“人不再从事那种可以让物来替人从事的劳动”[①]。

“物”就是现代自动机器，个人劳动主要发挥体力、智力，以蒸汽机为代表的能量自动化机器代替个人体力劳动，当今即将实现的 AGI 将代替个人智力劳动。资本要通过现代机器二次自动化革命，才能全面完成自己的历史使命——却是在对抗性中完成历史使命。

（三）“生产力和社会关系——这二者是社会的个人发展的不同方面——对于资本来说仅仅表现为手段”[②]。

（四）在资本流通过程中，“个人相互间的社会联系作为凌驾于个人之上的独立权力”，表明“这里的出发点不是自由的社会的个人”[③]。

在资本生产过程中，是生产力尤其自动机器所代表的社会智力，成为凌驾于劳动者个人之上的独立权力。社会的个人生产力主要包括体力、智力，“自由的社会的个人”的自由，就是以个人体力、智力发展本身为“目的”而实现的自由，资本把个人体力、智力发挥当作“手段”——这正是资本对抗性的体现。从当今新技术格局看，全球互联网代表着更具普遍性的社会关系，AGI 代表高度发达的生产力、强大的社会智力，而西方国家依然把社会的个人发展的这两个方面当作“手段”，这表明资本固有的内在对抗性依然没有被扬弃——而一旦扬弃之后，全球互联网将成为“手段”——人类中的每一员借此建立广泛而普遍的社会关系，则成为“目的”。每个人都将成为“自由的社会的个人”。而 AGI 本身也是“手段”，每一个人智力充分自由地发展则是“目的”，每个人都将成为“全面发展

① 《马克思恩格斯全集》第 46 卷下册，人民出版社 1980 年版，第 287 页。
② 《马克思恩格斯全集》第 46 卷下册，人民出版社 1980 年版，第 219 页。
③ 《马克思恩格斯全集》第 46 卷上册，人民出版社 1979 年版，第 145 页。

的个人”——在此意义上，资本的自我扬弃所导致的就是“手段”和“目的”的反转。

或者，如果把人类每个人体力、智力自由发展作为目标的话，那么实现这个目标就要分两步走：首先要征服自然力——这正是资本的历史使命，通过创造并使用自动机器使自然力服从于社会智力，资本将完成这个使命，却拒绝在此基础上迈出第二步，即依然把每个人体力、智力的发挥，当作资本自我增值的“手段”，而不是“目的”——人类所要做的，也就是把这种“手段”“目的”反转过来，从而保证人类每个人体力、智力自由且全面地发展——这是在创造并应用自动机器充分征服自然力基础上，人类发展所要迈出的第二步。具体地看，第一步是代替个人体力——能量自动化机器完成了这个历史使命；第二步是代替个人智力——这是当今 AGI 机器将完成的时代使命。只要尊重科学和基本的经验现实，你就不会认为人类发展史是完全混乱无序的，而是有清晰的脉络和规律可循的。

因此，让社会生活过程的条件本身受“一般智力（通用智能）”控制、改造，并不必然导致对人类个人的控制、威胁，也可以带来每个人发挥自身体力、智力的劳动的自由解放。也正因如此，盲目恐惧强大的 AGI 并无多大道理。

（五）与“物化在机器体系中的价值”相比，“单个劳动能力创造价值的力量作为无限小的量而趋于消失”；自动机器使“生产某种物品的必要劳动量会缩减到最低限度”，“资本在这里——完全是无意地——使人的劳动，使力量的支出缩减到最低限度。这将有利于解放了的劳动，也是使劳动获得解放的条件”。[①]

“机器的生产率是由它代替人类劳动力的程度来衡量的”。随着机器生产率的不断提高，人类劳动力能被代替的就越来越多，其结果就是“必要劳动量会缩减到最低限度”“单个劳动能力创造价值的力量作为无限小的量

① 《马克思恩格斯全集》第 46 卷下册，人民出版社 1980 年版，第 209 页，第 214 页。

而趋于消失”——我们将这种趋势称作“工作奇点”，而“解放了的劳动”就意味着工作本身性质的巨变。如果说能量自动化机器解放了每个人体力劳动的话，那么AGI机器解放的将是每个人的智力劳动。由此，每个人发挥体力、智力的劳动将得到全面解放——当然，要把资本的“无意”转化为社会的“有意”，即自觉地缩短劳动时间或工作日。我们将以此为应对AGI所引发的工作性质巨变奇点的方案。

（六）在机器自动化所引发的巨大转变中，“以‘交换价值’为基础的生产便会崩溃”，“社会必要劳动缩减到最低限度”而“给所有的人腾出了时间和创造了手段，个人会在艺术、科学等等方面得到发展”①。

代表“使用价值”的自动机器与代表“交换价值”的资本的二重性辩证历史运动最终的结果是：“以‘交换价值’为基础的生产”将会崩溃，不再受作为交换价值的资本支配的自动机器，将“直接把社会必要劳动缩减到最低限度”。如此，就“给所有的人腾出了时间和创造了手段，个人会在艺术、科学等方面得到发展”——这也就保证人类所有个人“体力和智力获得充分的自由的发展和运用”。

在AGI代替每个人的智力、智力劳动后，我们每个人是不是就无所事事了？这也是面对强大的AGI，一般人通常会想到的问题。机器“代替”人工，就意味着力的节省，个人不再是机器自动化生产过程的“主要当事者”，这也就意味着人不会在其中支出过多体力、智力，个人体力、个人智力也就被节省了下来。那么，个人是不是就不再发挥这些被节省下来的体力、智力了？在《资本论》第三卷临近结束的地方，马克思实际上对此给出了答案：“自由王国只是在由必需和外在目的规定要做的劳动终止的地方才开始；因而按照事物的本性来说，它存在于真正物质生产领域的彼岸。像野蛮人为了满足自己的需要，为了维持和再生产自己的生命，必须与自然进行斗争一样，文明人也必须这样做。”因此，即使到了共产主义，

① 《马克思恩格斯全集》第46卷下册，人民出版社1980年版，第218—219页。

每个人也必须这样做。而共产主义在“真正物质生产领域”内的自由只能是:“社会化的人，联合起来的生产者，将合理地调节他们和自然之间的物质变换，把它置于他们的共同控制之下，而不让它作为盲目的力量来统治自己”——这就是“发展为自动化过程的劳动资料的生产力要以自然力服从于社会智力为前提”。“靠消耗最小的力量，在最无愧于和最适合于他们的人类本性的条件下来进行这种物质变换。但是不管怎样，这个领域始终是一个必然王国”——而之所以可以“消耗最小的力量”，是因为自动机器把人的力量节省下来了。那么，人就不再发挥被机器节省下来的自身力量了吗？不是！“在这个必然王国的彼岸，作为目的本身的人类能力的发展，真正的自由王国就开始了”，被自动机器节省下来的力量、能力，不是不再发挥了，而是从“必然王国”被转移到了“真正的自由王国”，作为“目的本身”去自由发挥了。“但这个自由王国只有建立在必然王国的基础上，才能繁荣起来。工作日的缩短是根本条件”[①]——这同时意味着“作为目的本身的人类能力的发展”的自由劳动时间的增加，必然王国不断缩小而趋于无限小、自由王国不断扩大而趋于无限大——这可称为自由的奇点。

因此，人类个人始终要从事两种生产劳动:（1）是处在必然王国的“由必需和外在目的规定要做的劳动”，劳动本身是“手段”；（2）是处在自由王国的“作为目的本身的人类能力的发展”的劳动。“由必需和外在目的规定要做的劳动终止”，是通过“人不再从事那种可以让物（自动机器）来替人从事的劳动”来实现的。而人只是机器自动运动有意识的监督者和调节者，在其中只是“消耗最小的力量”。如此，每个人大部分的力量就会被节省下来，但不是不再发挥，而是把这些节省下来的包括体力、智力，转移到自由王国去自由发挥了——当今，AGI 将为此创造更全面的基础。AGI 在代替每个人的智力后，每个人并非不再发挥自身智力，并因此

---

① 《马克思恩格斯全集》第 25 卷，人民出版社 1974 年版，第 926—927 页。

无所事事，而是可以更自由地发挥个人智力。

（七）人是机器自动化运动的“有意识的监督者和调节者”：“劳动表现为不再像以前那样被包括在生产过程中，相反地，劳动表现为人以生产过程的监督者和调节者的身份同生产过程本身发生关系”“工人不再是生产过程的主要当事者，而是站在生产过程的旁边”；“自动机是由许多机械的和有智力的器官组成的，因此工人自己只是被当作自动的机器体系的有意识的肢体”。[①]

劳动者个人不再是“主要当事者”，而成了有意识的监督者和调节者——这是对在机器自动化运动中个人身份的基本定位。马克思后来在《资本论》中，又用“机器的助手”来描述这种身份定位：“使用劳动工具的技巧，也同劳动工具一起，从工人身上转到了机器上面。工具的效率从人类劳动力的人身限制下解放出来……在自动工厂里，代替工场手工业所特有的专业工人的等级制度的是‘机器的助手’所要完成的各种劳动的平等或均等的趋势。”[②] 这里的劳动工具主要指物质劳动工具，“使用劳动工具的技巧”就是手工劳动中所谓的手艺。而当今的 ChatGPT 等大语言模型所掌握的，可谓使用文字等符号工具的技巧，这种技巧也从人身上转到了机器（计算机）上面，文字等工具的效率也将从人身即人脑限制下解放，个人在 AGI 机器体系中也将成为“机器的助手”。蒸汽机等机器自动化运动涉及的是物质运动，每个人就是这种物质运动的“有自我意识的监督者和调节者”，使之按每个人的意志运转。而 AGI 计算机等机器自动化运动所涉及的是智能运动，每个人就是这种智能运动的“有意识的监督者和调节者”，使之按每个人意志运转，从而自动生成越来越强大的社会智力，以更全面地征服自然力——这再次表明，强大的 AGI 并没有什么可怕的。

（八）“决不能从机器体系是固定资本的使用价值的最适当形式这一点得出结论说，从属于资本的社会关系这样一种情况，是采用机器体系的最

① 《马克思恩格斯全集》第 46 卷下册，人民出版社 1980 年版，第 218 页，第 208 页。

② 《马克思恩格斯全集》第 23 卷，人民出版社 1972 年版，第 460 页。

适当和最完善的社会生产关系”。[①]

自动机器代表的是使用价值、社会生产力、社会智力，而资本代表的是“交换价值”“社会生产关系”，以及私人化的“社会权力”——这就是两者最大的不同：人作为机器自动运动的有意识的监督者和调节者的身份，主要是从“使用价值”来看的；而从“交换价值”看，“机器体系——作为固定资本——则使工人不独立，使他成为被占有者。机器体系所以发生这种作用，只是由于它变成固定资本，机器体系所以变成固定资本，只是由于工人是以雇佣工人的身份。而且总的说来，从事活动的个人只是以工人的身份同它发生关系”[②]——这种身份显然不同于前一种身份。自动机器标志着人类生产“工艺方式”的现代化，而生产“社会方式”现代化的标志是“资本化”。在机器 / 资本二重性辩证运动中：在初始阶段，资本“像魔术一样造成了极其庞大的生产和交换资料”，即催生了自动机器体系这种庞大生产资料，这表明资本生产关系是适应自动机器所代表的生产力发展的。但随着自动机器及其所代表的生产力的进一步发展，“它却像一个魔术师那样，不能再对付他自己用符咒呼唤出来的魔鬼了”[③]，而必将走向自我扬弃——这是马克思生产工艺学批判所揭示的基本内容。而当今 AGI 革命表明，资本将更进一步走向自我扬弃，这是人类社会及其生产发展的客观必然大势。

19 世纪的能量自动化机器和当今 AGI 智能自动化机器都是在资本框架下诞生的，但动态发展地看，资本将越来越不适应 AGI 及其代表的发达生产力的发展，因此被扬弃。如此一来，“以‘交换价值’为基础的生产便会崩溃”，劳动者个人在 AGI 机器自动运动的“身份”将由“雇佣工人”转变为“有意识的监督者和调节者”——这将引发一场巨大的转变。

（九）体现“以物的依赖性为基础的人的独立性”的资本主义，为

① 《马克思恩格斯全集》第 46 卷下册，人民出版社 1980 年版，第 212 页。
② 《马克思恩格斯全集》第 46 卷下册，人民出版社 1980 年版，第 215 页。
③ 《马克思恩格斯全集》第 4 卷，人民出版社 1958 年版，第 471 页。

"建立在个人全面发展和他们共同的社会生产能力成为他们的社会财富这一基础上的自由个性"创造条件；这表明"人们还处于创造自己社会生活条件的过程中，而不是从这种条件出发，去开始他们的社会生活"。[①]

以上是对资本主义在人类发展史中的基本定位。结合自动机器看："他们共同的社会生产能力"，最终就表现为自动机器所代表的征服自然力的社会智力；人们"创造自己社会生活条件"，最终就表现为使"社会生活过程的条件本身"受"一般智力（通用智能）的控制，并按照这种智力得到改造"——通用人工智能 AGI 将更全面地创造出这种社会生活条件，这是每个人全面自由发展的第一步。第二步则是每个人"从这种条件出发，去开始他们的社会生活"，表现为具有自由个性的个人全面的发展，或者自由的社会的个人的体力、智力的全面自由发展，每个人当然不会无所事事。

以上 9 个紧密联系的命题，以及社会智力、一般智力（通用智能）等系列范畴，构成了生产工艺学批判逻辑严整、层层推进的理论和话语体系，为我们今天考察 AGI 及其社会影响提供了智能和社会理论科学基础。

新一代大数据驱动的 AI 计算机是使信息原料即大数据等变为智能产品的动因，是社会精神生产的工艺条件。计算机硬件大致就是"机械的器官"，而软件（代码、算法、人工神经网络等）是"有智力的器官"。而人将是 AGI 机器"有意识的肢体"，AGI 运作过程也不再或不同于传统的个人精神劳动或智力劳动过程，但个人及其大脑与 AGI 机械大脑各司其职，过分强调让 AI 计算机模拟个人智力劳动过程，尤其要赋予 AGI 机器以"意识"，这并不科学。数字信息技术是 AI 的基础技术，单个计算机是无法构建数字信息经济生产的机器体系的，只有连通全球的互联网，才能锻造这种数字生产的机器体系——ChatGPT 等是在爬取全球互联网的信息大数据的基础上构建的，这就初步证明了这一点。而只有实现 AGI 以进一

---

① 《马克思恩格斯全集》第 46 卷上册，人民出版社 1979 年版，第 104 页，第 108 页。

步提升自动化程度，更加智能自动化的全球互联网才能真正成为数字信息经济生产“最完善、最适当的机器体系形式”——这对于 AGI 的未来发展有重要启示。

自动机器是劳动的社会智力的物化形式，它的功能是支配自然力，这是从人与自然、自然运动关系说的。而从个人与个人、社会运动关系看，自动机器又被“资本”及其所有者资本家个人垄断，资本是劳动的社会权力的物化形式，它的功能是支配劳动力——在自然运动与社会运动的交互作用中，研究机器 / 资本二重性辩证历史运动就是生产工艺学批判的基本思路。从西方相关认知状况看，“机器”与“资本”往往被混淆在一起，经济自由主义往往与技术乐观主义联系在一起，把自动机器所创造的发达生产力和巨大文明成就完全归功于资本；而批判资本主义的左翼文化激进主义，往往与技术悲观主义联系在一起，又把资本的负面影响完全归咎于自动机器技术——生产工艺学批判则首先强调机器与资本的“区别”，并超越二元对立，强调机器代表征服自然力的社会智力，资本则代表资本家个人支配雇佣工人个人及其劳动的社会权力，这种权力及其形成的对抗性社会生产关系，将因为越来越不适应机器所代表的社会智力、生产力的发展要求而必将被扬弃，不再受资本家支配的劳动，将使每个人自由地发挥自己的体力和智力，成为全面发展的个人、自由的社会的个人——这对我们今天科学认知 AGI 社会影响尤其对劳动者工作的影响具有重要理论指导意义。

普遍贫困与自由的普遍缺失

恩格斯认为：“马克思最细致的分析之一，就是揭示劳动的二重性的分析。作为使用价值的创造者的劳动是与作为价值的创造者的劳动不同的特殊性质的劳动。”“一种是具体劳动，另一种是抽象劳动。一种是技术意义上的劳动，另一种是经济意义上的劳动。简言之：英文有能够表示这两种劳动的名词——一个是不同于 labour 的 work；一个是不同于 work 的 labour。”[①] 马克思指出：“生产交换价值的劳动是抽象一般的劳动。”“劳动本身有交换价值”“作为交换价值源泉的抽象劳动”，不同于“作为物质财富源泉之一的具体劳动。总之，是创造使用价值的劳动”。“特殊的实在劳动作为它们的使用价值而实际存在着”[②]——work 就是创造“使用价值”、作为“使用价值而实际存在着”的“实在劳动”“具体劳动”，labour 是生产“交换价值”，并作为“交换价值”而存在着的“抽象劳动”。通过使用价值 / 交换价值二重性批判，马克思揭示：作为交换价值、货币的资本，使实在劳动、具体劳动抽象化为抽象劳动，使劳动者抽象化为抽象劳动力的主体，劳动者通过这种抽象劳动所获得的收入，只能再生产自己劳动力，即维持基本生存——这就是出卖劳动力的雇佣工人普遍贫困的根源。同时，为基本生存并被资本支配的雇佣劳动又是不自由的，这就造成了自由的普遍缺失。

考察当今 AI 对个人工作影响的蔡斯，也意识到了工作或劳动的两种不同形式：“做工（work）是通过消耗能量达到某个目标”，而“工作（jobs）是指获得报酬的劳动”。蔡斯认为 AI 所取代的其实只是人的 jobs（中译为“职业”似更能达意），而“现在人们就算知道人工智能在诸多方面都胜过他们，也会很高兴地参加体育运动、写作、演讲、设计大厦”[③]——这些活动就是人的 work，AI 代替人的 jobs、labour 之后，或者雇佣性的 labour 被消灭之后，人依然可以继续进行 work，并且可以以更自由的方式 work，而绝非无所事事——这对于分析 AGI 引发的工作性质巨变奇点有重要启示。

---

① 《马克思恩格斯全集》第 21 卷，人民出版社 1965 年版，第 273 页。
② 《马克思恩格斯全集》第 13 卷，人民出版社 1962 年版，第 17 页，第 51 页，第 24 页，第 59 页。
③ 卡鲁姆·蔡斯：《经济奇点：人工智能时代，我们将如何谋生？》，机械工业出版社 2017 年版，第 134 页，第 177 页。

全民基本收入在西方国家早已被提出，在AGI即将实现之际则更加被关注了。英语universal与general是近义词，都有普遍、通用的意思。我们把Universal Basic Income（全民基本收入，简称UBI）定位为与Artificial General Intelligence（“通用”人工智能）相匹配的“通用”分配方案，这一定位有助于更加充分地揭示在AGI即将实现之际，实行UBI的必要性和迫切性——西方人士已意识到这一点，并将UBI和缩短劳动时间视作消灭普遍贫困和改变工作不自由性质的重要方案。而马克思使用价值/交换价值二重性批判揭示：劳动者的普遍贫困和劳动的普遍的不自由，乃是资本支配下劳动抽象化的必然后果，要想对此有所改变，就必须对资本的本性有所限制。

《资本论》对资本框架下自动机器的社会影响有着清晰的辨析：“同机器的资本主义应用不可分离的矛盾和对抗是不存在的，因为这些矛盾和对抗不是从机器本身产生的，而是从机器的资本主义应用产生的。”区分“机器本身”与“机器的资本主义应用”，就是生产工艺学批判的基本思路。“因为机器就其本身来说缩短劳动时间，而它的资本主义应用延长工作日；因为机器本身减轻劳动，而它的资本主义应用提高劳动强度；因为机器本身是人对自然力的胜利，而它的资本主义应用使人受自然力奴役”——这一切造成了劳动的自由的普遍缺失，“因为机器本身增加生产者的财富，而它的资本主义应用使生产者变成需要救济的贫民”——这造成了劳动者的普遍贫困。“资产阶级经济学家绝不否认，在机器的资本主义应用中也出现短暂的不便，但是哪个徽章没有反面呢？”——他们无法无视自动机器所造成的非常现实的负面影响，但“对他们来说，机器除了资本主义的利用以外，不可能有别的利用。因此在他们看来，机器使用工人和工人使用机器是一回事。因此，谁要是揭露机器的资本主义应用的真相，谁就是根本不愿意有机器的应用，就是社会进步的敌人”[①]——这个真

① 《马克思恩格斯全集》第23卷，人民出版社1972年版，第483—484页。

相就是：自由的普遍缺失、贫困的普遍化，并非自动化的“机器本身”造成的，而是“机器的资本主义应用”造成的——当今资产阶级经济学家依然在竭力掩盖这个真相；试图以 UBI 解决普遍贫困的当今西方人士，依然受“机器除了资本主义的利用以外不可能有别的利用”的意识形态的支配，不能充分结合造成普遍贫困真实的社会根源，即“机器的资本主义应用”展开探讨，因此在理论上存在较大局限性。

美国记者安妮·罗瑞在较广泛采访的基础上，撰写了《贫穷的终结》一书。她在书中指出：UBI 是“终结贫困（end poverty）”“使工作革命化（revolutionize work）”“重塑世界（remake the world）”的方案。但要终结普遍贫困、改变工作普遍的不自由性质，首先要揭示其形成的根源。该书把 UBI 定位为“覆盖全民的，国家或社会的每一位成员都会得到的”收入，“它只能够维持基本生存，起不到更大的作用”。而支持 UBI 的“最突出的观点是技术性失业，这种观点认为，在未来，机器人将很快夺走我们所有的工作”“在对人力的工作的需求不大的世界”，必须有 UBI“确保人的生存”；“在美国，甚至在全世界”，UBI“都可以成为消除贫困的有力工具”[①]；UBI 是“走出资本主义制度下的薪酬体系的一座桥梁。社会将确保每个人的基本需求得到满足”“能让人们拒绝他们根本不想做的工作”（第 87—88 页）——雇佣劳动的基本特点就是强制性。与此相关的是，该书也提到有些人主张 UBI 和“大幅缩短的工作周期结合起来”（第 231 页）——雇佣劳动成为人“根本不想做的工作”的原因之一，就是时间过长，而缩短工作时间对工作本身的性质也会有所改变。该书也初步揭示了贫困的根源。UBI“承认了这样一个事实：市场经济会让一部分人掉落，造成贫困，并惩罚那些不能或现在没有工作的人”（第 229 页）——这也正是“资本主义制度下的薪酬体系”即工资铁律的基本特征和功能：用贫困惩罚失业人口、威胁在职人口，你不接受低收入的工作就会失去这些

① 安妮·罗瑞：《贫穷的终结：智能时代、避免技术性失业与重塑世界》，中信出版社 2019 年版，第 5—8 页。本段以下引罗瑞语均出自该书，只在正文注明页码。

工作而完全丧失收入——资本辩护士不断强调，只有维持这种惩罚、威胁机制，才能强迫人做“根本不想做的工作”。一些哲学家认为“我们对工作和社会契约的理解以及我们经济的基础，将经历一次划时代的变革”（第12—13页）；如果AI在让生产力提高的同时，也导致“不平等现象以及大规模失业”成为现实，那么只有UBI是不够的，“还必须改变我们对价值、薪酬、工作和劳动的理解。自由市场、自由竞争的新自由主义价值观，以及经济增长作为人类进步主要裁决者的角色将需要改变。娱乐、休闲和保健将成为社会运作的关键”“科技创造了疯狂的可能性”“政府越来越需要实施政策控制资本主义的过度行为”（第262—263页）——但该书对此只是一笔带过。

罗瑞强调，必须改变对“工作和劳动”的理解。在自动化框架下，还要改变对机器与工作关系的理解。马克思用“抽象化”来描述资本对劳动的影响，并指出这种抽象化在自动机器劳动中达到极致，而资本使劳动、劳动力抽象化乃是造成劳动者普遍的贫困、自由的普遍缺失的根源。

马克思在讨论斯密把工人劳动看作“牺牲”的观点时指出：“‘你必须汗流满面地劳动！’这是耶和华对亚当的诅咒。而亚当·斯密正是把劳动看作诅咒。在他看来，‘安逸’是适当的状态，是与‘自由’和‘幸福’等同的东西。一个人‘在通常的健康、体力、精神、技能、技巧的状况下’，也有从事一份正常的劳动和停止安逸的需求，这在斯密看来是完全不能理解的”——这是斯密在人的“需求”理论上存在的不足，即没有认识到劳动本身也是人的需求。“诚然，劳动尺度本身在这里是由外面提供的，是由必须达到的目的和为达到这个目的而必须由劳动来克服的那些障碍所提供的。但克服这种障碍本身就是自由的实现，而且进一步说，外在目的失掉了单纯外在必然性的外观，被看作个人自己提出的目的，因而被看作自我实现，主体的物化，也就是实在的自由——而这种自由见之于活动恰恰就是劳动”——这就是蔡斯所说的“通过消耗能量达到某个目标”的work，这些也是斯密预料不到的，可以说是斯密在人的“自由”认识上的不足——即没有认识到劳动可以是个人的“自由的实现”，个人可以由 work 中获得“实在的自由”。

“斯密在下面这点上是对的：在奴隶劳动、徭役劳动、雇佣劳动这样一些劳动的历史形式下，劳动始终是令人厌恶的事情，始终是外在的强制劳动”——这就是蔡斯所说的为“获得报酬”的 jobs 或 labour。“斯密所想到的仅仅是资本的奴隶。例如，甚至中世纪的半艺术性质的劳动者也不能列入他的定义”——“一方面是这种对立的劳动；另一方面与此有关，是这样的劳动，这种劳动还没有为自己创造（或者同牧人等等的状况相比，是丧失了）这样一些主观的和客观的条件。在这些条件下，劳动会成为吸引人的劳动，成为个人的自我实现。但这绝不是说劳动不过是一种娱乐、一种消遣，就像傅立叶完全以一个浪漫女郎的方式极其天真地理解的那样。真正自由的劳动，例如作曲，同时也是非常严肃、极其紧张的事情”——拥有客观的条件即生产资料，是劳动自由的必要条件，中世纪的劳动之所以还具有“半艺术”“半自由”性质，就是因为劳动者比如牧人、手工工匠等还部分地拥有生产资料。而雇佣工人彻底丧失了生产资料，因此其劳动也就彻底丧失了自由，由此造成的就是雇佣劳动普遍的不自由。

马克思还从“时间”角度对此进行了分析：“满足绝对需求所需要的劳动时间留下了自由时间（自由时间的多少，在生产力发展的不同阶段有所不同）”“物质生产也就给每个人留下了从事其他活动的剩余时间”。不仅如此，马克思还把“自由时间”分成“闲暇时间”和“从事较高级活动的时间”[①]——以此来看，“真正自由的劳动”存在于“从事较高级活动的时间”，而斯密所谓的安逸，傅立叶所谓的娱乐、消遣的活动存在于“闲暇时间”中，两人都忽视了存在于“从事较高级活动的时间”中的“真正自由的劳动”。反过来看，马克思也正是以此为立足点，既超越了斯密等古典自由主义，也超越了傅立叶等空想社会主义，从而创立了科学社会

① 《马克思恩格斯全集》第46卷下册，人民出版社1980年版，第112—114页，第225—226页。

主义。

讨论 UBI 的罗瑞，还要提到马斯洛的需求理论，即一个人低层次需求满足后就会产生高层次需要，而马克思、恩格斯实际上已经强调：生存、享受、发展是个人渐次提高的需求，当最低层次的生存需求被满足后，人就会产生享受的需求，然后还会进一步产生发展的需求，即从事真正自由劳动的需要——这是斯密“料想不到的”，实际上也是罗瑞等倡导 UBI 的西方人士没有充分认识到的。罗瑞就认为：UBI 满足人的生存需求后，人就可以不必做根本不想做的工作，“娱乐、休闲和保健将成为社会运作的关键”——这实际上只涉及人的“享受”需要，罗瑞没有充分认识到的是，人还会在此基础上进一步产生从事真正自由的劳动的需要。“真正的财富就是所有个人的发达的生产力”，从事真正自由劳动的个人，会成为“发达的生产力”主体，会提高社会财富的生产率——而资本辩护士正是以生产“社会”财富为名为低工资辩护：如果工人的工资过高，有足够积蓄，或者像 UBI 一样不劳动就能获得收入，那么工人就不想劳动，社会财富就没人生产；低收入工作尽管没人想做，工人为维持生存又不得不做，如此才能保证社会财富的持续生产和发展——这完全无视人的生存需求被满足后，会产生发展“个人的发达的生产力”的需求，并将会形成社会财富更有效的生产方式。资本所有者及其辩护士根本不是为了社会整体，而只是为了与社会整体对立的“私人化”财富的发展。

马克思在使用价值 / 交换价值二重性结构中，揭示了贫困乃是建立在交换价值基础上的资本固有的本性——提出用 UBI 终结贫困的西方学者，大多没有充分认识到这一点，因此也就不能解释：他们既然提出了如此有现实针对性的 UBI 方案，那为什么不能在西方发达国家实行？在建立交换价值基础上的资本主义生产中，劳动收入被绑缚在维持基本生存需求上，与“资本收入（利润）最大化”一体两面的是“劳动收入（工资）最小化”——不对资本运转的这一基本原则有所限制，就很难终结普遍贫困。

“实在劳动”创造使用价值，为了“生产的需求”和“个人消费的需求”而占有自然物，是“所有社会形式所共有的”[1]——生存、享受等个人消费需求，是在实在劳动之“外”被满足的，而个人生产的需求只能在实在劳动之“内”被满足，或者说个人的实在的自由只能在实在劳动、真正自由的劳动之“内”获得。资本主义劳动的基本特点是不以使用价值为目的，而以交换价值为目的，使实在劳动抽象化，并产生两个连带性的后果：雇佣工人从事的抽象化的劳动，意味着他们被绑缚在只能满足抽象的劳动力简单再生产，即维持基本生存的需要上，由此造成了劳动者的“普遍的贫困”。而这种受交换价值（资本）支配的抽象劳动中也不存在实在的自由——作为非劳动者的资本家，把自己垄断的生产资料转化为支配劳动者及其劳动的私人化的社会权力，而不是运用于自己的实在劳动，因此他们也无法拥有只能在实在劳动获得的“实在的自由”，也就是自由创造的自由——这就导致了“普遍的不自由”。市场自由主义鼓吹的无非是买卖的自由、竞争的自由、财产私有的自由。而自由创造尤其科学技术、机器的创造，如果不影响这些自由，那么资本所有者是鼓励的；如果影响了这些自由，他们就会坚决地对其加以阻碍、封杀。

总之，使用价值/交换价值二重性批判，揭示了资本在本性上是一种私人化的社会权力，导致劳动抽象化，并造成普遍贫困和普遍的不自由——只有科学地揭示这些，才能厘清应对AGI所引发的劳动收入趋零奇点、工作性质巨变奇点方案的基本立足点：对资本无限扩张的私人化的社会权力有所限制。也只有如此，UBI和缩短劳动时间等应对方案才能得到实施。

---

① 《马克思恩格斯全集》第47卷，人民出版社1979年版，第65页。

第二章

如何应对劳动者的结构性失业？

在资本框架下，为劳动者支付的劳动力费用只是一种成本，即“人力成本”。而利润最大化要求资本所有者尽可能降低这种人力成本，这就导致作为人力成本的“劳动收入最小化”——这是一体之两面。降低人力成本的一种有效方法，就是用自动机器代替人力：蒸汽机等能量自动化机器代替了体力，当今计算机等智能自动化机器将代替智力，这意味着在力量上，劳动力将被全面代替，劳动者将出现结构性失业，他们既无法靠出卖体力获得收入，也无法靠出卖智力获得收入——这就是“劳动收入趋零奇点”。西方学者针对此问题提出了“全民基本收入”的应对方案，但由于较少触及资本本性及其内在对抗性，因此对实施这种方案的必要性、迫切性论述得还不够深入；马克思在使用价值/交换价值二重性框架下对劳动与机器、资本关系的分析，则对这方面的探讨有重要的理论启示。

白领工人黄金时代的终结

一

一般把“全民基本收入”作为应对智能自动化所带来的工作数量和劳

动收入趋零奇点的方案，美国学者斯特恩为这个概念下了一个较为完整的定义：给所有人（for all）提供“无条件的全民基本收入（unconditional universal basic income，简称 UBI）”——我们把 Universal Basic Income 定位为与 Artificial General Intelligence（“通用”人工智能）相匹配的“通用”分配方案：universal 或 for all 体现此分配方案的“通用性（general）”，而传统福利分配方案只针对特定人群如失业者等，因此不具有通用性。

比利时学者帕里斯指出，“对致力于人人享有自由的人们来说，要解决今天的史无前例的挑战和动员今天的前所未有的机会，确实需要某种最低收入方案，但必须是无条件的”“基本收入是无义务的，不要求受益人必须工作或证明自己有工作意愿”[①]——无条件性（unconditional）既强调了全民性（for all），也强调了无偿性（unpaid），即不必工作或不付出劳动（no labor is paid）就能获得；而基本性（basic）强调这种收入只是满足个人基本生存这种“最低”需要。马克思提出了按需分配原则，恩格斯则把满足人的生存、享受、发展需要的生活资料分为生存、享受、发展资料——由此，我们可以把 UBI 视为“生存资料”的“按需分配”，这是与 AGI 相匹配的通用分配方案。

帕里斯指出：反对 UBI 的人一般都并不否认 UBI “为减贫和失业提供了一种有效的解决方法”：但一些人从“道德”上反对，认为“没有工作要求的收入相当于奖励‘懒惰’这种恶”；另一些人则依据“公平正义”的原则，认为“身体健全的人靠别人的劳动供养是不公平的”（第 159 页）。在我们看来，反对 UBI 依据的其实是资本原则：劳动者付出劳动，非劳动者付出作为工资收入的金钱，是资本运转的基本原则。而现在，劳动者不付出劳动就可以获得作为现金收入的 UBI，这显然冲击了资本的这一基本原则——帕里斯就指出，“通过提供无义务的收入，基本收

① 菲利普·范·帕里斯、杨尼克·范德波特：《全民基本收入：实现自由社会与健全经济的方案》，广西师范大学出版社 2021 年版，第 8—9 页。本节以下凡引帕里斯之语均出自该书，只在正文注明页码。

入方案可以被视为打破了有酬工作的神圣地位，它将‘不劳而获’对所有人合法化”，而不仅是“依靠财产或证券收入养活自己的食利者”（第39页）。反对这种“不劳而获”的“无义务的收入”的一个常见理由是：这会助长懒惰之风，人人躺平，社会就会灭亡。而《共产党宣言》早就指出，“有人反驳说，私有制一旦消灭，一切活动都会停止，懒惰之风就会代之而兴”，而“这样说来，资产阶级社会应该早就因为懒惰而灭亡了，因为在这个社会里是劳者不获、获者不劳的”[①]——UBI的关键点是“所有人”，拥有生产资料的“极少数人”可以“依靠财产或证券”而不劳而获，但绝不允许出卖劳动力的“绝大多数人”不劳而获——这才是资本框架下基本的分配原则。UBI也正是因为将“不劳而获”对“所有人”而不是“极少数人”合法化，所以才受到维护资本原则的人的抵制——这是UBI在西方发达国家无法推行的原因之一。劳动者获得的工资收入只是再生产自己劳动力，即维持基本生存的收入，劳动者获得这笔基本收入的前提是能成功卖出自己的劳动力。如此一来，劳动者的生存需要的满足就被绑缚在了这种买卖原则上。

自动机器代替个人劳动力，意味着资本所需要使用的个人劳动力的数量越来越少，这也意味着劳动者能成功卖出去的劳动力的数量越来越少：AGI机器的“通用性”意味着它可以在人的各种智力工作领域发挥作用，因此可以代替个人的各种智力工作。而个人的各种体力工作已被能量自动化机器所代替——这意味着在“力量”上，工作趋零奇点的来临，西方学者将此描述为“结构性失业”——劳动者既无法通过出卖体力，也无法通过出卖智力来获得收入。这同时也意味着劳动收入趋零奇点的来临，劳动者的基本生存将受到威胁——这正是UBI要应对的问题，也是我们把UBI视作与AGI匹配的通用分配方案的依据。另外，AGI又将使“剩余劳动时间/必要劳动时间”的比率趋于无限大，而必要劳动时间相应地趋零。

---

① 《马克思恩格斯全集》第4卷，人民出版社1958年版，第485页。

这就意味着，如果不改变工作日数量（必要劳动时间），就很难再创造新的就业机会；而缩短工作日是有效应对方案，并且有助于改变工作的性质，而使之更趋自由。

帕里斯指出，“今天产出的绝大部分，既不是今天的劳动者的功劳，也不是今天的资本家的功劳”（第286页），而主要是“我们共同继承的遗产”“我们集体所有物”“我们共同继承自历史的价值”的功劳。“为基本收入辩护的原则性理由，依赖于一种分配正义观念”，即“我们的经济”作为一种“分配赠予的机器”，会“使人们非常不平等地获取我们共同继承的遗产”“为基本收入融资所征的税，并不是对今天的生产者凭空创造的东西所征的税，而是这些生产者为个人利益使用我们集体所有物的特权所付的费用”——“这种观点与马克思‘对资本主义生产之谜的揭露’普遍导致的道德立场截然不同”。马克思认为，关键在于资本家对工人剩余劳动的“无偿占有”，而“市场决定生产要素的报酬背后有待揭露的关键事实，不在于资本家占有工人所创造的价值，而是资本家和工人均占有我们共同继承自历史的价值——劳资两阵营占有的价值非常不平等”（第172—173页）——这对马克思的理解非常片面，本该“我们共同继承的遗产”“我们集体所有物”，集中体现为马克思所说的自动机器及其所物化的科学这种“社会智力”，作为“历史的价值”，又是“过去的劳动”累积性发展的产物——而资本所有者“无偿占有”这些，这一“关键事实”确实是让“我们”所有人都可以获得UBI的基本理由和依据。因此，想要全面科学地理解贫困的根源和实施消除普遍贫困的UBI的依据，还需要马克思、恩格斯的人的“需要”理论。

劳动本身是个人的一种“需要”，即个人发挥自身固有体力、智力的需要。而要满足这种需要，又需要一定“物的条件”。这种“物的条件”首先是自然物质，即通过劳动不断改造自然物质，不断创造越来越有利于自身发展的“物的条件”：“在劳动生产力发展的过程中，劳动的物的条件即物化劳动，同活劳动相比必然增长”“劳动生产力的增长无非是使用较少的直接劳动，创造较多的产品，因而社会财富越来越表现为劳动本身所创造的劳动条件”——“物化劳动”就是劳动本身为自己所创造的物的条件、社会财富，而“物化劳动的唯一对立物是非物化劳动，同客体化劳动相对立的是主体劳动。或者说，同时间上已经过去的，但空间上存在着的劳动相对立的，是时间上现存的活劳动。这种劳动作为时间上现存的非物化（也就是还没有物化的）劳动，只有作为能力、可能性、才能，即作为活的主体的劳动能力，才能是现存的”①——人类劳动的发展，就表现为“主体劳动”“现存的活劳动”为自己创造“物化劳动”“客体化劳动”“过去的劳动”“社会财富”的过程，而发展的目的是人的“主体劳动”“主体的劳动能力”得到自由而全面的发展，发展的趋势表现为不断累积发展起来的“物化劳动”（客体化、过去的劳动、社会财富）与个人“活劳动（主体劳动）”之间的比例越来越大。当下，即将实现的 AGI 将使这种比例趋于无限大。

随着生产力的发展，“社会财富越来越表现为劳动本身所创造的劳动条件”。但在资本的框架下，却表现为“社会财富的越来越巨大的部分作为异己的和统治的权力，同劳动相对立”“一般价值——一般社会形式上的物化劳动——在现实生产过程中采取生产资料形态的价值，会作为独立的权力与活的劳动力相对立，并且是占有无酬劳动的手段。它之所以是这样的一种权力，是因为它是作为别人的财产与工人相对立的”②——而这种物化劳动就是资本、货币：“从使用价值上来看，它们既是劳动产品，又是劳动的物的条件；从交换价值上来看，它们则是物化的一般劳动时间或货币”③——马克思通过使用价值 / 交换价值二重性批判，揭示了资本、货币在“社会财富越来越表现为劳动本身创造的劳动条件”这一进程中的地位和作用。

---

① 《马克思恩格斯全集》第 46 卷下册，人民出版社 1980 年版，第 360 页，第 509—510 页。
② 《马克思恩格斯全集》第 25 卷，人民出版社 1974 年版，第 426 页。
③ 《马克思恩格斯全集》第 26 卷第 1 册，人民出版社 1972 年版，第 419—420 页。

“对使用价值的实际否定，即同时也是使用价值作为使用价值而实现的这种使用价值的现实否定，必定成为交换价值的自我肯定、自我证实的行为”[1]——与资本相关的使用价值有“物化劳动”和“活劳动”两大类：（1）资本对物化劳动使用价值的“现实否定”在生息资本上得到实现，因为生息资本是自我自动增值，与劳动已无直接关联，由此实现了资本作为交换价值的自我肯定、自我证实。（2）资本对活劳动使用价值的“现实否定”，在自动机器上得到实现：“随着机器生产的发展，劳动条件在工艺方面也表现为统治劳动的力量，同时又代替劳动、压迫劳动，使独立形式的劳动成为多余的东西。”[2]“正如我们已经看到的，提高劳动生产力和最大限度否定必要劳动是资本的必然趋势。而劳动资料转变为机器体系，就是这一趋势的实现”[3]——“代替”并使劳动成为“多余的东西”“趋于消失”，进而被“否定”，就是对活劳动使用价值的“现实否定”。由此，资本实现了另一种自我肯定、自我证实。历史地看，在自动机器出现之前，就已经存在资本支配劳动的情况，但总体上还不存在“否定”劳动；而在自动机器出现之后，才开始出现否定劳动、否定单个劳动能力的情况。能量自动化机器还只是否定体力劳动，而现在，AGI将否定智力劳动，进而全面否定个人劳动——劳动数量趋零的奇点将真正到来，西方学者将此称作“结构性失业”，但仍未能深入资本“否定”劳动的本性及其发展进程中加以分析。

马克思通过使用价值/交换价值二重性批判，在劳动“为劳动本身创造的劳动条件”即“物化劳动”与“活劳动”及其关系的历史发展中，揭示了劳动数量趋零的必然大势，而其出发点是每个人的“需要”。“使用价值直接是生活资料。但这些生活资料本身又是社会生活的产物，是人的生

---

① 《马克思恩格斯全集》第46卷下册，人民出版社1980年版，第511页。

② 《马克思恩格斯全集》第48卷，人民出版社1985年版，第38页。

③ 《马克思恩格斯全集》第46卷下册，人民出版社1980年版，第209页。

命力消耗的结果，是物化劳动。”[1] 恩格斯指出：“动物所能做到的最多是搜集，人则从事生产，制造最广义的生活资料，这是自然界离开了人便不能生产出来的。因此，把动物社会的生活规律直接搬到人类社会中来是不行的。一有了生产，所谓生存斗争便不再围绕着单纯的生存资料进行，而要围绕着享受资料和发展资料进行。”[2] 作为“使用价值”的物化劳动、生活资料，就包括生存、享受、发展 3 种资料，对应个人生存、享受、发展 3 种“需要”。

“在任何情况下，个人总是‘从自己出发的’”“他们的需要即他们的本性”“个人在自己的自我解放中要满足一定的、自己真正体验到的需要”[3]——马克思、恩格斯从每个人可以“真正体验到的需要”出发，考察人的本性和行为。斯密已经认识到，“财富”是一种“支配当时市场上有的一切他人劳动或者说他人劳动的一切产品的权力”[4]。但他没有认识到，在劳动中发挥体力、智力，可以成为每个人的具体可感的真实的“需要”，因此他没有也无法进一步揭示工人劳动受他人权力支配的不合理性——而马克思正是立足一个人有“从事一份正常的劳动和停止安逸”的“需求”，以每一个人“真正体验到”或具体可感的经验现实，来揭示这种不合理性。

> 共产主义组织对当前的关系在个人中引起的愿望有两方面作用。这些愿望的一部分，即那些在一切关系中都存在、只是因为各种不同的社会关系而在形式和方向上有所改变的愿望，在这种社会形式下也会改变，只要供给它们正常发展的资料即可。另一部分，即那些只产生在一定的社会形式、一定的生产和交往的条件下的愿望，却完全丧

① 《马克思恩格斯全集》第 13 卷，人民出版社 1962 年版，第 17 页。
② 《马克思恩格斯全集》第 20 卷，人民出版社 1971 年版，第 652—653 页。
③ 《马克思恩格斯全集》第 3 卷，人民出版社 1960 年版，第 514 页，第 347 页。
④ 《马克思恩格斯全集》第 26 卷第 1 册，人民出版社 1972 年版，第 53 页。

失了它们存在的必要条件。肯定哪些欲望在共产主义组织中只发生变化，哪些要消灭，只能根据实践的道路、根据真实欲望的改变，而不是依据与以往历史关系的比较来决定……共产主义者所追求的只是这样一种生产和交往的组织，在那里他们可以实现正常的，也就是仅限于需要本身的一切需要的满足。[①]

个人愿望、欲望、需要主要分成两类：一类是“在一切关系中都存在”的需要；另一类是“只产生在一定的社会形式、一定的生产和交往的条件下”的需要。“人们实际上首先占有外界物作为满足自己本身需要的资料”，并且是“通过活动来取得一定的外界物，以满足自己的需要”[②]——这个活动首先就是劳动，是在劳动所创造的作为使用价值的物化劳动、生活资料，包括生存、享受、发展资料，分别可以满足个人生存、享受、发展需要。其中，“生产的需求”即“发展需要”，而“个人的消费的需求”包括生存、享受需要——这3种生活资料及其所满足的3种生活需要在“一切关系”中都存在。到了共产主义，也是要得到现实满足的正常需要。而“在共产主义社会高级阶段上”，“劳动已经不仅仅是谋生的手段，其本身已经成了生活的第一需要”。共产主义将为“劳动”这种“生活的第一需要”供给“正常发展的资料”。

3种生活资料、3种生活需要是“所有社会形式所共有的”，但会“因各种不同的社会关系而在形式和方向上有所改变”，这突出体现为：在私有制社会关系下，劳动者只拥有满足生存需要的生存资料，而享受、发展资料被“非劳动者”所独占：“‘随着劳动的社会性的发展，以及由此而来的劳动之成为财富和文化的源泉，劳动者方面的贫穷和愚昧、非劳动者方面的财富和文化也发展起来。’这是到现在为止的全部历史的规律。”[③]“劳

① 《马克思恩格斯全集》第3卷，人民出版社1960年版，第287页。
② 《马克思恩格斯全集》第19卷，人民出版社1963年版，第405—406页。
③ 《马克思恩格斯全集》第19卷，人民出版社1963年版，第17页。

动者—非劳动者”成为私有制社会形式基本的关系结构，从需要的满足看，“因为一个人（劳动者）只有当他同时满足了另一个人（非劳动者）的迫切需要，并且为后者创造了超过这种需要的余额时，才能满足他本人的迫切需要”[①]——劳动者只能获得满足生存需要的生存资料，而他们创造的“余额”或剩余产品为“非劳动者”提供享受、发展资料，使其可以满足享受、发展需要——非劳动者是靠垄断社会权力来维持这种不平等关系结构的。到了资本主义社会，“金钱代替了刀剑，成为社会权力的第一杠杆”，即靠“金钱”而不靠“刀剑”等暴力方式来维持——这是资本主义的历史进步性的表现。

但无论是刀剑还是金钱，所代表的都是一个人对另一个人的权力支配的需要或权力欲，是只会产生在“一定的社会形式（私有制）下”的个人欲望。而共产主义要消灭这种权力支配欲望，只有如此，才能真正实现全面的人人平等。而每个人的生存、享受、发展需要，是“在一切关系中都存在”的，也是“正常的”需要。共产主义将使“所有个人”都“可以实现正常的，也就是仅限于需要本身的一切需要的满足”。当然，此外还包括每个人正常的社会交往需要。“整个来说，共产主义社会总是有多少天资和力量，就有多少需要”[②]。这些需要都将得到满足，但一个人支配另一个人的权欲必须被消灭。

每个人的生存、享受、发展需要，会“因各种不同的社会关系而在形式和方向上有所改变”：在奴隶制、封建制社会形式下，劳动者能被满足的只是生存需要，非劳动者所能被满足的主要是享受需要，发展资料得不到充分发展；在资本主义社会形式下，劳动者所能满足的依然只是生存需要，但非劳动者资本家所满足的主要不再是享受需要——马克思强调，不能把资本主义生产描写成“以享受或者以替资本家生产享受品为直接目的

① 《马克思恩格斯全集》第46卷上册，人民出版社1979年版，第381页。
② 《马克思恩格斯全集》第3卷，人民出版社1960年版，第636页。

的生产”[①]，资本家的动机“不是使用价值和享受，而是交换价值和交换价值的增值了。他狂热地追求价值的增值，肆无忌惮地迫使人类去为生产而生产，从而发展社会生产力，创造生产的物质条件”，也就是创造不同于享受资料的发展资料。“而只有这样的条件，才能为一个更高级的、以每个人的全面而自由的发展为基本原则的社会形式创造现实基础”[②]——但资本家所占有的发展资料不是被用于资本家个人的“全面而自由的发展”，而是被转化为私人化的社会权力，进而用于支配劳动者个人及其劳动，沉陷在权力支配欲中的资本家个人也不是全面自由发展的个人，而是真正自由的缺失者；而在共产主义社会形式下所要改变、消灭的，就是一个人对另一个人的支配性的权力，供给“所有个人”而不是“少数个人”的“全面而自由的发展”，需要“正常发展的资料”，而摆脱权力欲的资本家个人，也会获得真实的自由发展，如此才能真正实现普遍的人人自由。

“发展为自动化过程的劳动资料的生产力要以自然力服从于社会智力为前提”，作为“自动化过程的劳动资料”的机器的使用价值，就是以社会智力征服自然力——这是每个人的全面而自由的发展的社会的客观的物的条件——资本的历史使命就是创造这种条件，可资本却把征服、支配自然力的强大的社会智力转化为私人化的“社会权力”。但资本、资本家想垄断自动机器及其所物化的社会智力，首先就要把它们创造出来；而它们一旦被创造出来，就会在客观上发挥使自然力服从于社会智力的功能——资本、资本家，也就在无意间“为一个更高级的，以每个人的全面而自由的发展为基本原则的社会形式创造了现实基础”。

劳动发展的目标是“真正自由的劳动”。而要想获得这种真正的自由，劳动就需要摆脱一切“外在力量”的支配：在资本主义之前，这种外在力量主要是“自然力量”，而当自动机器使自然力量服从于社会智力时，劳动也就摆脱了外在自然力量的支配——“真正自由的劳动”的发展也就迈

① 《马克思恩格斯全集》第25卷，人民出版社1974年版，第272页。
② 《马克思恩格斯全集》第23卷，人民出版社1972年版，第649页。

出了第一步。但作为垄断自动机器及其所物化的社会智力的资本，则是支配劳动的外在的异化的“社会力量”，即私人化的社会权力——摆脱这种外在私人化社会权力的支配，就是真正自由劳动的发展所要迈出的第二步，这同时意味着私有制诞生以来，一个人支配另一个人的权力及其欲望被彻底消灭。现代资产阶级鼓吹人人平等，却无视经济上的不平等；鼓吹个人自由，强调一个人的自由意志不能被另一个人的意志支配，却无视资本家个人对工人个人及其劳动的实际上的权力支配；反对一切对政治性的社会权力的私人化或公权私用，却竭力维护经济性的社会权力的私人化或公权私用——共产主义则将消灭一切社会权力的私人化或公权私用，消灭任何一个人对另一个人意志的支配。如此，人人平等将得以真正全面地实现。同时，也将使所有个人的劳动摆脱一切外在力量的支配。如此一来，每个人将都得到全面而自由的发展，人人自由也将得以真正普遍地实现。

二

帕里斯强调，有关 UBI 的激进变革，“在今天比以往任何时候都更重要，实际上也更加紧迫”“公开支持基本收入的人已经突破历史新高，他们中的许多人引证正在到来的新一波自动化，并预测在未来几年将会爆发：机器人的普及、自动驾驶车辆的出现，以及计算机大量代替脑力劳动者。对于那些擅长设计、控制并懂得如何较好地利用新技术的人，他们的财富和收入能力将创历史新高，而更多人的收入会直线下滑”，这将“推动国家内部收入能力两极分化”。而“全球化进一步加剧了这种两极分化”“收入的不平等因储蓄能力和遗产继承方面的差异而扩大，反过来又由于资本的回报率而进一步扩大”。“这种收入能力的两极分化，将依据其制度背景的不同，以不同的形式表现出来。那些拥有最低工资立法、集体谈判制度，以及慷慨的失业保险的国家，将继续通过这些制度为薪酬水平提供有力的保障，但结果往往会导致更大量的失业”——这主要指西方发达国家继续维持传统的失业保险等福利保障制度，已无法应对自动化爆发所导致的“更大量的失业”及更趋严重的贫富两极分化——这也是迫切需要推行 UBI 的重要原因之一。“这样的趋势已经显现，而如果新一轮的自动化如预期般产生影响，情况将变得糟糕得多”[①]——自 2023 年以来，ChatGPT 等大模型的突破性发展，以实现 AGI 为标志的智能自动化大爆发，即所谓奇点将至的趋势更清晰地显现了出来，而包括硅谷精英在内的更多的人也开始讨论 UBI。与 UBI 相近的设想其实早就被提出了，但还是主要基于道德、分配正义等理念。而在 AGI 接近实现的状况下，实施 UBI 已经是目前基于现实的迫切需要。正基于此，我们才把 UBI 定位为必须与通用人工智能 AGI 匹配的通用分配方案；不推行 UBI，就无法有效地应对 AGI 所造成的两极分化和社会动荡。

帕里斯在分析 UBI 方案设想的理论资源时，提到了“马克思主义与通往共产主义的资本主义道路”，认为“马克思本人在这一点上并不特别令人鼓舞”，但又认为马克思的“剥削和异化”概念，“对讨论无条件基本收入的重要性，不亚于它们对讨论社会主义的重要性”“无条件基本收入赋予所有工人特别是其中最弱势者谈判能力”，可以减弱雇佣工作的“强制特征”（第 197—199 页）。此外，帕里斯还分析了马克思所说的“各尽所能，按需分配”，即“满足每一个人的需求所需要的工作量将减少到这样的程度，并将变得如此愉快，以至于每个人都愿意根据自己的能力自发地劳动，而不需要任何报酬来吸引他们这么做”“然而，没必要等到全面富裕才开始部分地实现共产主义的分配原则”，即按需分配，可以“通过基本收入无条件地满足每个人的基本需要”——这就是按需分配基本的生存资料。“随着生产力的提高，需要的工作越来越少”“按贡献分配的社会产出的比重会逐渐下降，按需求分配的比重会相应增加”“在极限情况下，

① 菲利普·范·帕里斯、杨尼克·范德波特：《全民基本收入：实现自由社会与健全经济的方案》，广西师范大学出版社 2021 年版，第 2—5 页。本节以下凡引帕里斯之语均出自该书，只在正文注明页码。

整个社会产出都按需分配”。也就是说，按需分配不再局限于生存资料，而将拓展到享受、发展资料，但“工作”依然存在：“人类的生产仍然是必不可少的，机器人不能完成全部工作。但是这种生产所涉及的工作与玩游戏没有区别：它本身就如此令人满意，以至于在没有任何物质报酬的情况下，也会有足够多的人从事劳动。”（第200—201页）这些理解大致是准确的，但并不全面、系统。实际上，马克思、恩格斯把每个人的需要都分成了生存、享受、发展3种或3个层次，按需分配就是由按需分配生存资料，到享受、发展资料的渐进拓展的过程。但资本的本性是把劳动者始终绑缚在生存需要上，劳动者只有成功卖出自身劳动力，才能获得生存资料——这是UBI在西方发达资本主义国家未能得到实施的深层原因。

帕里斯是在“道德上正当”议题下提及马克思的：“与马克思自己的观点较接近的一种替代方案（正如他在《哥达纲领批判》中最明确表明的那样），在取消剥削方面，并未赋予社会主义对资本主义的直接道德优越性。”（第199页）恩格斯指出：“谁宣称资本主义生产方式即现代资产阶级社会的‘铁的规律’不可侵犯，同时又想消除它们的种种令人不快的却是必然的后果，他就别无他法，只好向资本家作道德的说教。这种说教的动人作用一受到私人利益的影响，在必要时就会受到竞争的影响，继而立刻消散下去。”[①]在讨论分配等问题时，不诉诸“道德的说教”，正是马克思、恩格斯理论的基本特点。《哥达纲领批判》针对的是拉萨尔的信条，其中就批判了拉萨尔的“铁的工资规律”或“工资铁律”说：“如果这个理论是正确的，那么我即使把雇佣劳动废除了一百次，也还废除不了这个规律，因为在这种情况下，这个规律不仅支配着雇佣劳动制度，还支配着一切社会制度。”就像人的需要一样，所谓工资规律不是支配“一切社会制度”或在“一切（社会）关系中都存在”的规律，而是只产生一定的资本主义社会形式下的规律，或者说资本主义社会形式、社会制度，尤其是雇佣劳动

① 《马克思恩格斯全集》第18卷，人民出版社1964年版，第263页。

制度，是工资规律存在的“必要条件”。一旦“必要条件”丧失，工资规律也就将不复存在。“工资并非它表面上呈现的那种东西，不是劳动的价值或价格，而只是劳动力的价值或价格的掩蔽形式”“雇佣工人只有为资本家（因而也为他们的剩余价值的分享者）白白地劳动一定的时间，才被允许为维持自己的生活而劳动——也就是说，他们才被允许生存”[①]——从外表上看，工资似乎是资本家为工人的全部劳动时间支付的费用，但本质上只是为工人全部劳动时间中的一部分，即“必要劳动时间”所支付的费用。而另一部分，即“剩余劳动时间”所创造的剩余价值，被资本家全部无偿占有。资本家为“必要劳动时间”支付的费用，就是购买工人劳动力所支付的价格——这已经建立在劳动力买卖这一前提下，而这个价格就只是工人再生产劳动力，即维持基本生存的费用——这一规律决定着工人被绑缚在基本生存需求和贫困上。一方面，资产阶级经济学家把工资视作为工人全部劳动时间所支付的费用，因此掩盖了这一本质；另一方面，资本家又把工资规律视作在一切社会形式中都存在的“自然规律”，工人贫困似乎就成为“自然本身造成的贫困”，与资本无关。迄今为止，反对提高劳动者收入和福利待遇的理由都基于此，通过提高劳动收入以解决工人贫困的做法，都将被视作使贫困普遍化，并被宣称工人本身最终也无法从中受益。

把工资维持在工人只能维持基本生存水平的基础上，又被视作买卖“公平”原则的产物：“难道资产者不是断定今天的分配是‘公平的’吗？难道它事实上不是在现今的生产方式基础上唯一‘公平的’分配吗？难道经济关系是由法权概念来调节，而不是由经济关系产生法权关系吗？”从资产阶级法权概念看，工人所具有的唯一财产就是其自身的劳动力，按照买卖“公平”和等价交换原则，工人出卖劳动力所获得的收入，自然就只能是再生产这种劳动力的费用——这非常“公平”。在共产主义第一阶段，这种等价交换原则依然存在：“这里通行的就是调节商品交换（就它

① 《马克思恩格斯全集》第19卷，人民出版社1963年版，第26—28页。

是等价的交换而言）的同一原则。一方面，内容和形式都改变了，因为在改变了的环境下，除了自己的劳动，谁都不能提供其他任何东西；另一方面，除了个人的消费资料，没有任何东西可以成为个人的财产”——这意味着任何个人都不能再凭借自身劳动力以外的任何其他的“个人的财产”获得收入，因为财产（生产资料）的私有制已被消灭，按资本（财产）分配的方式也就被消灭，但“等价的交换”的买卖原则依然存在：“至于消费资料在各个生产者中间的分配，那么这里通行的是商品等价物的交换中也通行的同一原则。”这表明，“在这里，平等的权利按照原则仍然是资产阶级的法权”和等价交换的买卖原则，“但是，一个人在体力或智力上胜过另一个人，因此在同一时间内提供较多的劳动，或者能够劳动较长的时间；而劳动，为了要使它能够成为一种尺度，就必须按照它的时间或强度来确定，不然它就不成其为尺度了。这种平等的权利，对不同等的劳动来说是不平等的权利。它不承认任何阶级差别，因为每个人都像其他人一样只是劳动者；但是它默认不同等的个人天赋，因而也就默认不同等的工作能力是天然特权”——这些弊病“在共产主义社会第一阶段，在它经过长久的阵痛，刚刚从资本主义社会里产生出来的形态中，是不可避免的。权利永远不能超出社会的经济结构以及由经济结构所制约的社会的文化发展”——这是马克思有关“分配”的基本原则，即要随着生产力的发展、社会经济的结构、文化的发展，来动态地考察分配问题。“在共产主义社会高级阶段，在迫使人们奴隶般地服从分工的情形已经消失，从而脑力劳动和体力劳动的对立也随之消失之后；在劳动已经不仅是谋生的手段，而且其本身已经成了生活的第一需要之后；在随着个人的全面发展，生产力也增长起来，而集体财富的一切源泉都充分涌流之后——只有在那个时候，才能完全超出资产阶级法权的狭隘眼界，社会才能在自己的旗帜上写上：‘各尽所能，按需分配！’”[①] 只有按需分配，“才能完全

① 《马克思恩格斯全集》第 19 卷，人民出版社 1963 年版，第 18—23 页。

超出资产阶级法权的狭隘眼界”，才能彻底扬弃法权和等价交换买卖原则——而这无疑是个渐进的过程。

三

帕里斯指出，“无条件基本收入似乎是选择不工作的人剥削工作的人的一个处方。因此，反对资本主义剥削的人激烈反对基本收入是不足为奇的。在他们看来，基本收入将目前仅限于资产阶级的幸运的可能性开放给所有人：即以无产阶级的利益为代价而生活在闲散中。”“资本主义剥削的根本问题不在于一小部分资本家的寄生，而在于一大批无产者别无选择，被迫出卖劳动力的事实。”（第 198—199 页）而更关键的问题在于，当无产者无法成功出卖劳动力时，其基本生存就会受到威胁。帕里斯还通过概览西方左翼政党的状况指出：“基本收入并非社会主义政党的核心主张。”他还引用了桑巴特的话：“劳动的荣耀是所有社会主义道德的核心。”在未来，世界的原则是“不工作的人不应该吃饭”“所有社会主义者都同意这一点”“社会主义领袖的无数言论充分证实了这种解释”（第 310—311 页）——而马克思、恩格斯将这种观点称为“反动的社会主义的原则”：“共产主义的最重要的不同于一切反动的社会主义的原则之一，就是下面这个以研究人的本性为基础的实际信念，即人们的头脑和智力的差别，根本不应引起胃和肉体需要的差别。由此可见，‘按能力计报酬’这个以我们目前的制度为基础的不正确的原理应用——因为这个原理是仅就狭义的消费而言——变为‘按需分配’这样一个原理。换句话说：在活动上，劳动上的差别不会引起在占有和消费方面的任何不平等、任何特权。”[①] 这是科学社会主义的原则。早在马克思的时代，就存在形形色色的“反动的社会主义”思潮，当今西方国家所谓社会主义政党普遍抛弃了科

① 《马克思恩格斯全集》第 3 卷，人民出版社 1960 年版，第 637—638 页。

学社会主义及其原则，而 UBI 与科学社会主义原则并不必然对立。

私有制决定着按“资本”分配（利润）是资本主义主导的分配原则，并且在此基础上也“按能力计报酬（工资）”。从生活资料的使用价值形式看，所谓“胃和肉体需要”与生存资料相关，生存资料的按需分配只是为了维护个人的生存权。在资本所遵循的“按能力计报酬”中，工人工资只能维持基本生存。所谓工资铁律，就是把工资限定在满足基本生存需要上，而如果工人不能卖出自己的“能力”，则其基本生存就将受到威胁——资本家会说买卖自由：你们工人不能强迫我购买你们的劳动力。在这种买卖自由原则下，工人挨饿、生存受威胁均无须资本家承担责任。马克思、恩格斯确实“并未赋予社会主义对资本主义的直接道德优越性”，却鲜明地宣示了共产主义不同于“一切反动的社会主义”，当然更不同于一切资本主义原则的“以研究人的本性为基础的实际信念”：不能因为“头脑和智力的差别”，当然更不能因为不拥有资本、金钱，就认为一个人“胃和肉体需要”得不到满足是天经地义的事情——尤其是在生产力高度发达的状况下。

值得注意的是，个人劳动力（体力或智力）、个人天赋，也可以成为“天然特权”，而且这也是资产阶级法权的体现——即使在共产主义第一阶段，这也无法全部消除。由此来看，工人个人劳动力并不是马克思揭示资本主义生产方式对抗性的唯一立足点。当然，法权主要体现在“非劳动者”所掌握的生产的物的条件，即生产资料的私人化上。资产阶级法权又与分配的“有偿”原则密切相关：劳动者是靠支付劳动力而“有偿”获得收入即工资的，而非劳动者是靠支付生产资料的费用而“有偿”获得收入即利润的——UBI 是劳动者没有支付劳动力“无偿”获得的——这与资产阶级法权、有偿获得或占有原则是相冲突的。随着生产力的发展，劳动的物的条件越来越表现为劳动本身所创造的产物，即“物化劳动”，其发达的形态就是现代自动机器，是“社会智力”的物化形态，而这种社会智力是全人类劳动累积性发展的产物，却被资本家“无偿占有”：在自动机器劳动中，工人个人劳动力固然贡献不大，但无偿占有机器的资本家同样没有多大贡献——因此，关键不在于资本家对直接劳动者个人劳动力的无偿占有（剥削），而在于资本家对人类累积发展起来的"社会智力"的"无偿占有"，即帕里斯所说的："今天产出的绝大部分既不是今天的劳动者的功劳，也不是今天的资本家的功劳。"用马克思的话来说，主要是人类累积发展起来的作为"过去的劳动""物化劳动"的科学技术、自动机器的功劳。

梅恩认为："社会上的一部分人在体力上和武力上占优势，使得居于少数的人获得了能对构成整个社会的各成员施加不可抵挡的力量的权力。"而说"统治者个人或者集团通过不受控制地显示意志而实际行使着社会的积累起来的力量，这种论断当然是根本不符合事实的。大量的各种影响（这些影响我们为简便起见可以称为道德的影响）"——马克思辨析地指出："这一'道德的'表明，梅恩对问题了解得多么差；就这些影响（首先是经济的）以'道德的'形式存在而论，它们始终是派生的、第二性的，绝对不是第一性的"[①]——经济的影响是第一性的，自动机器就是在生产力不断发展中"社会所积累起来的力量"，而资本家将其无偿占有，并转化为私人化的社会权力。"罗德戴尔之流认为，资本本身离开劳动仍可以创造价值，因而也可以创造剩余价值（或利润）。对这种观点来说，固定资本，特别是以机器体系为其物质存在或使用价值的资本，是最能使他们的肤浅诡辩貌似有理的形式。同他们的观点相反，例如，在《保护劳动》中指出，是道路的修建者，而不是'道路'本身，可以分享道路的使用者所得到的利益。"[②]在非自动化生产中，劳动者及其劳动力的作用还非常明显；而在自动机器生产中，劳动者及其劳动力变得微不足道，似乎是机器在自动创造产品和利润，劳动者无权分享——这种肤浅诡辩貌似有理，而马克思揭示：在自动机器生产中，生产者"无偿占有"的这些人类集体累

① 《马克思恩格斯全集》第45卷，人民出版社1985年版，第646页。
② 《马克思恩格斯全集》第46卷下册，人民出版社1980年版，第216页。

积发展的并应该由现在的人类的每个人所共同继承的社会智力，却被少数个人独占。如果把这种过去累积发展起来的社会智力及其物化而成的自动机器比喻为“道路”的话，那么“今天的劳动者”固然不是这种道路的修建者，但“今天的资本家”也一定不是修建者，双方都是这种道路的“使用者”。过去的修建者虽然无法再分享利益，但这种利益应该由同为使用者的劳资双方平等分享——这是让每个人获得无条件的基本收入的最基本的“原则性理由”。而资本家通过垄断社会智力物化而成的自动机器回避了这种社会智力的来源，认为自动机器自动生产出产品，这些产品（利益）首先只能由“机器”分享，而他又是机器的所有者，所以最终由他个人分享、独占，工人无权分享——帕里斯忽视了马克思在这方面的深刻全面论述。

帕里斯指出：“我们的观念是不是赋予了市场一种不恰当的关键作用？”“以正义为由为支付现金的无条件收入辩护，并不以盲目相信完美市场为前提”“我们假设经济基本上又会由受到适当管制的市场来支配”——但市场自由主义坚决反对这种管制。“给予所有人无条件基本收入，不会增加对市场的依赖”，而是恰恰相反，“由于免除了义务（即必须付出劳动），基本收入有助于削弱现金纽带，有助于劳动力的去商品化，有助于促进对社会有用但无报酬的活动，有助于保护我们的生命不受强制流动和破坏性全球化的影响，有助于把我们从市场的专制中解放出来”（第175—176页）。UBI可以使“原本被排除在就业市场以外的人，可能因此摆脱失业陷阱”，因为失业的最大威胁是对劳动者基本生存的威胁，UBI要消除的就是这种生存威胁。而“如果一个人不再被迫出卖自己的劳动力以求生存，那么他就不再是商品”（第40页）——马克思早就深刻地揭示了：劳动力的商品化，乃是劳动者普遍贫困（仅仅只能求生存）的根源，不对这种商品化有所限制，普遍贫困就很难得到真正解决；而与劳动力商品化一体两面的是，作为劳动力发挥活动的物的条件即生产资料的私人化，正是这种私人化，使资本家可以“无偿占有”人类的集体所有物尤其社会智力，并将其转化为支配、压迫劳动者及其劳动的私人化的社会权力。帕里斯也已意识到这一点："基本收入提倡给予经济权力最少的人更多的经济权力，这样就不可能期待那些凭借自己的经济权力而从弱势群体的境况中得到好处的人能热情欢呼。"（第 288 页）通过垄断这种私人化的经济权力而得到好处的人即资本所有者，显然是抵制 UBI 的强势力量——但帕里斯对此也只是一笔带过。而如果不对这种私人化有所限制，只是诉诸道德、分配正义等，就很难对劳动力商品化有所限制，因此也很难真正解决普遍贫困——这是当今倡导 UBI 的帕里斯等西方学者很少触及或不愿多谈的。

"由于劳动的集体力量的不断发展，花费越来越少的人力就可以推动越来越多的财富组成要素"——这意味着在这种财富创造活动中，"集体力量"与个别"人力"之间的比例越来越大，"这个规律使社会的人有可能用较少的劳动生产出更多的东西，但在不是生产资料为劳动者服务，而是劳动者为生产资料服务的资本主义条件下会转化为相反的规律，即：劳动的资源越多、力量越大，劳动者对他们的就业手段的压力越大，雇佣工人的生存条件、劳动力的出卖就越没有保证"[①]——尤其随着当今代表"劳动的集体力量"或社会智力的自动机器的 AI 的发展，劳动者就业压力将越来越大，劳动力的出卖将越来越没有保证——由此造成的将不再是周期性失业，而是"结构性失业"。

从机器二次自动化对西方工人的影响来看，在能量自动化时代，蓝领工人工作和生存受到的威胁是周期性的，即在经济危机时期才会出现大量失业，而失业救济金等可以在一定程度上化解这种威胁。而在当今 AI 智能自动化时代，白领工人工作和生存受到的威胁是"结构性"的：第三产业转型使白领工人除了获得生存资料，还获得了一定享受资料，但这两种资料又是绑缚在一起的；加上过度消费的消费主义理念的刺激，白领工人被

① 《马克思恩格斯全集》第 49 卷，人民出版社 1982 年版，第 243 页。

鼓励消费、享受而较少积蓄，一旦智力卖不出去，失去工作及其收入，那么他们不光无法再享受，而且其基本生存也将受到威胁——而 UBI 不过是维持基本生存、保障每个人基本生存权而已。

总之，当今 AI 革命的重要影响之一，就是将终结白领工人的黄金时代，因为个人智力也将被代替，白领工人也就无法再靠出卖智力而获得收入，不仅将丧失享受资料，还将丧失生存资料，进而其基本生存也将受到威胁——这正是 UBI 方案所直接针对的问题。“物化在机器体系中的价值表现为这样一个前提，同它相比，单个劳动能力创造价值的力量作为无限小的量而趋于消失”，而单个劳动能力主要包括体力和智力，能量自动化机器主要代替的是个人体力，还没有代替个人智力。因此，还没有使单个劳动能力真正“作为无限小的量而趋于消失”，或者说工作奇点还没有真正来临。而如今，AGI 将越来越多地代替个人智力，工作奇点必将来临。第三产业转型之所以可以创造新的就业机会，是因为将无法再出卖体力的蓝领工人转移到了智力劳动领域，而智力劳动也被 AGI 代替之后，白领工人就无处可以转移了——这是西方学者把 AI 所造成的失业称作“结构性失业”的重要原因。

2023 年以来，AI 大模型获得突破性发展，表明“智力工业”处于上升、发展时期，而不是处于下行、危机时期，但也出现了 AI 大公司大规模裁员的现象——这表明 AI 所造成的失业将不再是“周期性”的，而是“结构性”的，再继续维持失业救济金这种临时政策，已无法应对大多数人基本生存受到威胁所产生的社会风险。如果还基于第三产业转型的老经验，说什么历史上历次技术革命在消灭一些工作形式的同时，还会创造一些新型工作形式，从而增加就业机会，就会忽视 AI 所造成的失业的新的特点。帕里斯等西方学者已经认识到 UBI 可以消除普遍贫困，并且已经意识到在机器自动化迅猛发展的状况下，实施 UBI 的必要性和迫切性。但他们对资本框架下普遍贫困根源的认识还不够深刻，对实施 UBI 的依据的论证也不够全面——回到马克思在使用价值 / 交换价值二重性框架下，对劳动、机器、资本及三者关系历史演进的分析，有助于克服这些不足。

趋势："交换价值"及其增值

在使用价值/交换价值二重性框架中，作为使用价值、物质财富、物化劳动的生存、享受、发展资料，及其所满足的个人生存、享受、发展需要，是"所有社会形式所共有的"。社会的"总产品""总生产"分成两大部类。生产资料：具有必须进入或至少能够进入生产消费的形式。消费资料：具有进入资本家阶级和工人阶级的个人消费的形式的商品。其中，第二部类又分成两小部类，即"必要生活资料（必需品）和奢侈品"[①]——个人消费资料中的必要生活资料（必需品）满足的是个人生存需要，奢侈品满足的是个人享受需要；而"生产资料"满足的是"生产的需要"。

恩格斯指出："动物所能做到的最多是搜集，而人从事生产，制造最广义的生活资料，这是自然界离开了人便不能生产出来的。""一有了生产，所谓生存斗争便不再围绕着单纯的'生存资料'进行，而要围绕着'享受资料'和'发展资料'进行。在这里——在社会地生产发展资料的情况下——从动物界来的范畴完全不能应用了"[②]——最广义的生活资料包括生存—享受—发展3种资料，对应于生存—享受—发展3种需要：动物的"搜集"活动只能获得生存资料，只能满足它们的生存需要；而人之所以除了获得生存资料，还能拥有享受、发展资料，是因为人能够进行"生产"——从时间看，人的劳动的时间结构是必要劳动时间—剩余劳动时间，前者创造生存资料，后者创造享受、发展资料；如果把动物的搜集活

① 《马克思恩格斯全集》第24卷，人民出版社1972年版，第439页，第447页。
② 《马克思恩格斯全集》第20卷，人民出版社1971年版，第653页。

动也看作一种劳动的话，那么动物的劳动时间也就全部表现为“必要劳动时间”，而无法创造享受、发展资料。

“劳动生产率提高”“生产力的整个发展”涉及的是“使用价值”[①]——从物质资料看，生产力发展就表现为在生存资料之外，所创造的享受、发展资料越来越多——从时间看，就是必要劳动时间越来越短，而剩余劳动时间越来越长，其所创造的剩余产品越来越多。剩余产品把“时间”从物质生产中游离出来，就转化为“自由时间”——“劳动不可能像傅立叶所希望的那样成为游戏”“自由时间——不论是闲暇时间还是从事较高级活动的时间——自然要把占有它的人变为另一主体”[②]。“真正自由的劳动”不是“一种娱乐、一种消遣”——由此就形成了个人活动时间的3层结构：必要劳动时间—闲暇时间—从事较高级活动的时间。对应个人活动形态的3层结构：直接生产（真正物质生产）—游戏（娱乐、消遣）活动—真正自由的劳动（较高级活动）。并正对应于物质资料上的3层结构，即生存—享受—发展资料。

再从价值上看，“资本把必要劳动时间作为活劳动能力的交换价值的界限，把剩余劳动时间作为必要劳动时间的界限，把剩余价值作为剩余劳动时间的界限”“把剩余价值的交换作为必要价值的交换的界限”[③]——必要劳动时间创造“必要价值”，与生存资料、生存需要相对应。从过程看，人的生产或生命活动过程，又包括个人“维持和再生产自己的生命”“生命的再生产过程”和“生产性的生命过程”[④]：在必要劳动时间中生产生存资料、必要价值的过程，就是个人“生命的再生产过程”。创造剩余价值的过程则是个人“生产性的生命过程”。从财富角度看，“根本的东西，就是交换的目的对于工人来说是满足自己的需要。他交换来的东西是直接的必

① 《马克思恩格斯全集》第48卷，人民出版社1985年版，第341页。
② 《马克思恩格斯全集》第46卷下册，人民出版社1980年版，第225—226页。
③ 《马克思恩格斯全集》第46卷上册，人民出版社1979年版，第410页。
④ 《马克思恩格斯全集》第46卷下册，人民出版社1980年版，第361页。

需品，而不是交换价值本身”“不是财富，而是生活资料，是维持他的生命力的物品”[①]——生存资料本身不是财富，享受、发展资料才是财富。对应时间，“财富就是可以自由支配的时间”[②]，因此在此意义上，动物不拥有这种“财富”。

根据以上梳理，个人生活需要、生活资料、活动时间、劳动时间、价值形态、活动形态、活动过程的对应关系大致如下。

生活资料	个人消费资料		生产资料
	生存资料（必需品）	享受资料（奢侈品）	发展资料
生活需要	生存需要	享受需要	发展需要
活动时间	必要劳动时间	闲暇时间	从事较高级活动的时间
劳动时间	必要劳动时间	自由时间	
		剩余劳动时间	
价值形态	必要价值	剩余价值	
活动形态	直接生产	游戏、娱乐、消遣	真正自由地劳动
活动过程	生命再生产过程		生产性生命过程

以上表格可以成为我们考察人类社会发展历史大势的基本框架。动物只能满足生存需要，可以获得生存资料，即使认为它们的一些活动接近“劳动”，那么它们的“劳动时间”也全部表现为维持生存的“必要劳动时间”——人作为像动物一样的自然存在物，也需要有生存资料来满足基本的生存需要；但人作为一种自然存在物的能动性，体现在他们全部的劳动时间，除了“必要劳动时间”还有“剩余劳动时间”，剩余劳动时间创造剩余产品，可以转化为享受、发展资料，其所满足的不再是生存需要，而是享受、发展需要。当人“社会地生产发展资料”时，就与其他动物区

---

① 《马克思恩格斯全集》第46卷上册，人民出版社1979年版，第243页。
② 《马克思恩格斯全集》第26卷第3册，人民出版社1974年版，第280页。

分开来了——区别于动物活动的人的生产劳动的“使用价值”，就是可以在动物活动所不具有的剩余劳动时间中创造剩余产品。人类社会尤其作为“使用价值”的生产力的发展，在人的时间结构上就表现为剩余劳动时间/必要劳动时间比率的逐渐增大，具体地看就是闲暇时间、从事较高级活动的时间与必要劳动时间之间的比例逐渐增大，在生活资料结构上就表现为享受、发展资料与生存资料之间的比例逐渐增大。“真正的财富就是所有个人的发达的生产力”，而这种财富在自由劳动中就体现为个人“作为用于享受的使用价值”，由此获得的享受是个人的“最高的享受”——可以用于享受、获得享受，就是区别于动物活动的人的生产劳动的又一“使用价值”。共产主义所要实现的目标，就是每个人都能从事较高级的、真正自由的劳动，从而使每个人的自由发展需要都能得到满足，进而获得最高的享受——资本主义的历史使命，就是为实现这一目标创造条件。

以上只是从“整个社会”和“使用价值”来看的，还需要结合“社会结构”来讨论——对于资本主义社会来说，尤其需要结合“交换价值”来讨论。从社会乃至物种整体看，如果所有人的全部劳动时间只包括“必要劳动时间”，就只能生产满足基本生存需要的生存资料（必需品），人与动物在物种上就没有太大差别；人与动物在物种上拉开距离，是从人的劳动形成必要劳动时间—剩余劳动时间这种2层结构开始的：剩余劳动时间生产出剩余产品，就不再是满足基本生存需要的资料，而是满足享受、发展需要的资料；而生产力的发展，将使剩余劳动时间越来越长，所生产的剩余产品即享受、发展资料越来越多，这意味着越来越多的个人不再仅满足生存需要，而越来越多地满足享受、发展需要——这是从“整个社会”来看的。但是私有制、分工出现以后，社会又形成了不平等的“结构”。

从整个社会来说，创造可以自由支配的时间，也就是创造产生科学、艺术等的时间。社会的发展进程决不在于因为一个人满足了自己的迫切需要，所以才创造自己的剩余额；而是在于因为一个人或由许多个人形成的阶级，被迫从事满足自己的迫切需要以外的更多的劳动，也就是因为在一方创造剩余劳动，所以在另一方才创造非劳动和剩余财富。

从现实性来看，财富的发展只存在于这种对立之中；从可能性来看，财富的发展正是消灭这种对立的可能性。换句话说，因为只有当一个人同时满足了另一个人的迫切需要，并且为后者创造了超过这种需要的余额时，才能满足他本人的迫切需要。在奴隶制度下，这是以粗暴的方式实现的。只有在雇佣劳动的条件下，才导致了产业，导致了产业劳动。[①]

私有制社会的基本结构就是劳动者—非劳动者、必要劳动—剩余劳动、必要财富（生存资料）—剩余财富（剩余产品）：劳动者全部劳动时间包括必要劳动时间—剩余劳动时间两部分，但只有必要劳动时间部分生产出的“满足自己的迫切需要”，即生存需要的生存资料，归劳动者个人所有，这意味着劳动者的“全部”劳动时间对劳动者个人来说只是必要劳动时间，但同时为“整个社会”创造出了“剩余劳动（产品、财富）”——而这些归非劳动者所有——这表明在进入私有制社会以来，绝大多数劳动者个人只能获得生存资料、满足生存需要，而他们的剩余劳动时间创造的剩余产品，则为非劳动者提供生存、享受、发展资料，非劳动者所满足的也就不仅只是生存需要，还有享受、发展需要——非劳动者竭力维持这种不平等的社会统治结构，但奴隶制是以“粗暴的方式”来维持的；而现代资本和雇佣劳动、产业劳动制，相对而言是以“非粗暴”的即交换价值、货币的方式来维持的。

资本家“作为资本的人格化”“作为同劳动相对立的劳动条件的人格化”，在直接生产过程中所取得的权威或社会权力，“不是像在以前的各种生产形式中”那样“以政治的统治者或神权的统治者的资格”所得到的

---

① 《马克思恩格斯全集》第46卷上册，人民出版社1979年版，第381页。

权威或社会权力[1]——这无疑是一种历史进步。“只要‘生活资料和享受资料’是主要目的，使用价值就起支配作用”[2]，这是资本主义之前的生产的特性，而资本主义生产的特性是不再受“使用价值”，而受“交换价值”支配——马克思由此对资本家进行了历史定位。

> 资本家只有作为人格化的资本，才有历史的价值……他本身的暂时必然性才包含在资本主义生产方式的暂时必然性中。但既然如此，那么他的动机也就不是使用价值和享受，而是交换价值和交换价值的增值了。他狂热地追求价值的增值，肆无忌惮地迫使人类为生产而生产，从而去发展社会生产力，去创造生产的物质条件；而只有这样的条件，才能为一个更高级的、以每个人的全面而自由的发展为基本原则的社会形式，创造现实基础。资本家只是作为资本的人格化，才得以受到尊敬。[3]

追求“交换价值”及其增值，而不是“使用价值”或作为使用价值的享受资料，创造生产的物质条件，即相对于享受资料的发展资料，从而为每个人体力、智力全面而自由的发展创造现实基础——这是作为资本的人格化的资本家受到尊敬的历史价值。

普遍贫困的制度陷阱

马克思在早年就指出：“英国最初是想要通过慈善事业和行政措施来消

① 《马克思恩格斯全集》第25卷，人民出版社1974年版，第996页。
② 《马克思恩格斯全集》第46卷下册，人民出版社1980年版，第388页。
③ 《马克思恩格斯全集》第23卷，人民出版社1972年版，第649页。

灭赤贫现象的。后来，它也并没有看出赤贫现象的迅速发展乃是现代工业的必然后果。相反地，它认为这是英国济贫捐的后果。普遍的贫困在它看来只不过是英国立法的局部问题。从前，人们用慈善事业不够来解释的现象，而现在开始用慈善事业过多来解释了。最后，人们把贫困看作穷人自己的罪过，穷人应该因此受到惩罚。”[①] 这里已经揭示“普遍的贫困”乃是现代工业的“必然”后果，而不是由行政措施等造成的偶然现象——过了一个多世纪以后，在当今的 AI 时代，倡导 UBI 的西方学者依然没有充分认识到这一点。另外，当今反对包括 UBI 在内的一切提供给劳动者福利政策的新自由主义者，依然说福利政策其实最终不利于劳动者——从表面上看，他们反对福利政策似乎反而是在为劳动者着想；而暗地里，他们依然认为，只有让劳动者面对失去工作、收入进而贫困的威胁，他们才能不得不去从事他们不愿意从事的雇佣劳动，只不过没有像 19 世纪的马尔萨斯等说得那么露骨而已。

马克思后来对普遍贫困是基于资本本性的必然结果，有更科学的阐释：资本主义“以劳动时间作为财富的尺度，这表明财富本身是建立在贫困的基础上的”；而“以交换价值为基础的生产”崩溃之后，“直接的物质生产过程本身也就摆脱了贫困和对抗性的形式”[②]——普遍贫困是“以劳动时间作为财富的尺度”，以“交换价值”为基础的资本主义生产的必然结果，而这意味着：对交换价值的买卖原则不加限制，逼迫劳动者只能通过成功出卖劳动力来换取生存资料，这样贫困就无法得到彻底消除——这些都是当今倡导 UBI 的西方学者所没有充分认识到的。

二

马克思在使用价值 / 交换价值二重性结构中，分析劳动、机器、资

① 《马克思恩格斯全集》第 1 卷，人民出版社 1956 年版，第 476 页。
② 《马克思恩格斯全集》第 46 卷下册，人民出版社 1980 年版，第 222 页，第 218 页。

本及三者关系，科学而系统地揭示了普遍贫困乃资本固有本性的必然结果。“资本不是物”“它体现在一个物上，并赋予这个物以特有的社会性质”[①]——这种社会性质就是“权力”：“资本是资产阶级社会的支配一切的经济权力”。[②]而“权力”总体上意味着一个人的意志支配另一个人的意志，这揭露了资本、货币所代表的这种权力支配关系，资本、货币也就没有什么抽象性、神秘性。而一旦掩盖这种关系，孤立地看资本、货币所体现的“物”，或者只看这种“物”与个人的关系，资本、货币就会呈现抽象化外观，由此形成拜物教，而生息资本作为交换价值自我增值的自动性，又将进一步呈现神秘化外观。

（1）从使用价值看，资本作为物质财富、物化劳动是劳动的物的条件、社会条件；而从交换价值看，资本、货币本来不是“物”，而被当成“物”，就把物质财富抽象化为“抽象财富”，这掩盖了作为交换价值的资本是资本家个人支配、压迫工人个人的私人化的社会权力的本质。（2）从使用价值看，劳动就是劳动者发挥体力、智力的具体的实在劳动，这种劳动在满足劳动者的生存需要之后，会成为劳动者自由发挥体力、智力的需要；从交换价值看，受资本家私人化社会权力的支配的劳动，就被抽象化为“抽象劳动”，其抽象性就体现在：劳动对于劳动者来说只是满足生存需要的单纯手段，如此一来，劳动者也就被绑缚在基本的生存需要、贫困上——实在劳动的抽象化、交换价值作为物质财富的抽象化，乃是资本主义普遍贫困的最终根源，而限制支配劳动者及其劳动的私人化的社会权力，就是消除普遍贫困的必要前提——但当今倡导UBI的西方学者没有充分地认识到这一点。

“特殊的实在劳动作为它们的‘使用价值’而实际存在着”“劳动对资本的使用价值，是由这种劳动作为创造交换价值的因素的性质决定的，是

① 《马克思恩格斯全集》第25卷，人民出版社1974年版，第920页。

② 《马克思恩格斯全集》第46卷上册，人民出版社1979年版，第45页。

由这种劳动固有的抽象劳动的性质决定的”[①]——生产交换价值的劳动就成为“抽象劳动”，实在劳动 / 抽象劳动的二重性，体现的就是使用价值 / 交换价值的二重性。“商品只是代表着交换价值、一般社会劳动、抽象财富的独立存在”[②]——正是交换价值这种“抽象财富”，使“实在劳动”抽象化为“抽象劳动”。

“国民经济学把无产者，即既无资本又无地租，只靠劳动而且是片面的、抽象的劳动为生的人，仅当作工人来考察。因此，它才会提出这样一个论点：工人完全和一匹马一样，只应得到维持劳动所必需的东西。”如此，就“把人类的最大部分归结为抽象劳动”“劳动在国民经济学中仅以谋生活动的形式出现”[③]。而劳动被抽象化的原因，是劳动者与劳动的客观条件的“分离”：“工人与劳动的客观条件相分离，劳动的客观条件属于资本家所有，而且要消除这种分离现象，只能是工人把自己的生产力转让给资本。为此，资本把工人当作抽象的劳动能力保存下来”[④]——与劳动的客观条件分离而使劳动抽象化，就是工人普遍贫困的根源。

劳动者的普遍贫困乃是资本本性固有的产物，如果资本是永恒的，那么贫困就是永恒的，而资产者及其辩护士不断地为这种贫困的永久化辩护：“工人本身不断地把客观财富当作资本，当作同他相异化的、统治他和剥削他的权力来生产，而资本家同样不断地把劳动力当作主观的、同它本身物化的和实现的资料相分离的、抽象的、只存在于工人身体中的财富源泉来生产。一句话，就是把工人当作雇佣工人来生产。工人的这种不断再生产或永久化是资本主义生产必不可少的条件。”同时，这也意味着劳动者普遍贫困和非劳动者支配权力的永久化：“积累过程的机构本身会在增大资本的同时，增加‘勤劳贫民’即雇佣工人的数量，这些雇佣工人

① 《马克思恩格斯全集》第 26 卷第 1 册，人民出版社 1972 年版，第 431 页。
② 《马克思恩格斯全集》第 13 卷，人民出版社 1962 年版，第 114 页。
③ 《马克思恩格斯全集》第 42 卷，人民出版社 1979 年版，第 56 页。
④ 《马克思恩格斯全集》第 46 卷下册，人民出版社 1980 年版，第 350—351 页。

不得不把自己的劳动力转化为日益增长的资本的日益增大的增值力，并且由此把他们对自己所生产的、但已人格化为资本家的产品的从属关系永久化。”[①] 这种鼓吹贫困永久化合理的意识形态教条，在19世纪甚至还露骨地表现为对“饥饿永久化”的辩护。

“一切问题都归结为怎样使工人阶级的饥饿永久化。”唐森认为，“这似乎是一个自然规律：穷人在一定程度上是轻率的。”对此，马克思嘲讽道：“也就是说，他们是如此轻率，嘴里没有衔着金羹匙就降生到世界上来。”非劳动者则是“嘴里衔着金羹匙”，即金钱、资本而“降生到世界上来”。劳动者生而有之的只是“身体中的财富”即劳动力。唐森接着指出：“因此，总是有一些人去担任社会上最卑微、最肮脏和最低贱的职务。于是，人类的幸福基金大大增加，比较高雅的人们解除了烦劳，可以不受干扰地从事比较高尚的职业等等。济贫法有一种趋势，就是要破坏上帝和自然在世界上所创立的这个制度的和谐与优美、均衡与秩序。”对此，马克思又分析道：“威尼斯的修道士从使贫困永久化的命运中，找到基督教的善行、终身不婚、修道院和慈善机构存在的理由，而这位新教的牧师却从其中找到借口，来诅咒使穷人有权享受少得可怜的社会救济的法律”[②]——在当今生产力如此发达的时代，像唐森这样为劳动者“贫困永久化”反对福利制度的意识形态教条依然存在——尽管已没有那么露骨。

“资本家及其思想家即政治经济学家认为，只有使工人阶级永久化所必需的，也就是为了使资本能消费劳动力所实际必要的那部分工人个人消费，才是生产消费。除此以外，工人为了自己享受而消费的一切都是非生产消费……工人的个人消费对他自己来说是非生产的，因为这种消费仅是再生产贫困的个人。”而资本家关心的是，“不让这种有自我意识的生产工具跑掉。工人的个人消费一方面保证他们维持自己和再生产自己，另一方面通过生活资料的耗费，来保证他们不断重新出现在劳动市场上。罗马的

---

① 《马克思恩格斯全集》第23卷，人民出版社1972年版，第626—627页，第675页。
② 《马克思恩格斯全集》第23卷，人民出版社1972年版，第709—710页。

奴隶是由锁链，雇佣工人则被看不见的线系在自己的所有者手里”[①]——把工资限定在工人只能维持和再生产自己的所谓“铁律”，就是这种“看不见的线”或无形的“锁链”。

二

消除劳动抽象化需要彻底的唯物主义，而对“人”的彻底的唯物主义考察，必须回到人的“需要”。“关于需要和满足需要的资料的增长，如何造成需要的丧失和满足需要的资料的丧失这一问题”，国民经济学家“把工人的需要归结为维持最必需的、最可怜的肉体生活，并把工人的活动归结为最抽象的机械运动”“把工人的活动变成抽去一切活动的纯粹抽象”。因此，“工人的任何奢侈在他看来都是不可饶恕的，而一切超出最抽象的需要的东西——无论是消极的享受或积极的活动表现——在他看来都是奢侈”[②]，劳动抽象化（最抽象的机械运动）的结果，就是把工人劳动者绑缚在“维持最必需的、最可怜的肉体生活”的“最抽象的需要”上，“消极的享受或积极的活动”的需要被压制：“被剥夺了劳动资料和生活资料的劳动能力是绝对贫困本身”“工人本身，按其概念是贫民”[③]——这当然不是工人个人主观意愿的结果，总体上也不是资本家个人主观意愿的结果，而是资本固有的本性或逻辑的结果：“利润（资本收入）最大化”与“工资（劳动收入）最小化”，乃是资本逻辑一体之两面。如果不限制前者，那么后者就不可能得到缓解——这是当今倡导 UBI 的西方学者没有充分认识到的。

大工业、机器使“资产阶级日益把社会财富和社会权力集中在自己手里”[④]。“资本越来越表现为社会权力，这种权力的执行者是资本家”，社会

① 《马克思恩格斯全集》第 23 卷，人民出版社 1972 年版，第 629 页。
② 《马克思恩格斯全集》第 42 卷，人民出版社 1979 年版，第 134—135 页。
③ 《马克思恩格斯全集》第 47 卷，人民出版社 1979 年版，第 39 页。
④ 《马克思恩格斯全集》第 19 卷，人民出版社 1963 年版，第 122 页。

权力因此被私人化而成为资本家的“私人权力”[①]，资本家又通过对自动机器及其代表的强大社会智力的支配，来实现对社会权力的垄断。现代资产阶级反对一切政治权力的私人化，却竭力维护经济权力的私人化，并竭力掩盖资本、货币满足的只是一个人对另一个人的权力支配需要这一事实。因此，机器/资本的二重性就表现为社会智力/社会权力的二重性：作为社会智力的物化形态，机器的“使用价值”是“代替”个人劳动，并且“机器的生产率是由它代替人类劳动力的程度来衡量的”，这意味着机器自动化生产所需要的个人劳动、个人劳动力的数量将越来越小。这在时间上表现为所需要的工作日或必要劳动时间越来越短。机器作为“交换价值”代表的则是“社会权力”，垄断这种社会权力的资本家个人通过机器，支配劳动者个人及其劳动，这才使机器代替个人劳动、缩短工作日，反而会造成劳动者失业；而雇佣劳动者的全部劳动时间被绑缚在对劳动者个人来说的必要劳动时间上，这意味着劳动收入也被绑缚在只能获得满足基本生存需要的生存资料上——这是劳动力被“抽象化”的结果，而自动化机器或机器的自动化，通过代替劳动力，还进一步使劳动力“无用化”。

“一个除自己的劳动力外没有任何其他财产的人，在任何社会的和文化的状态中，都不得不为占有劳动的物质条件的他人做奴隶。他只有得到他人的允许才能劳动，因而只有得到他人的允许才能生存”[②]——“劳动的物质条件”即来自自然界的“一切劳动资料和劳动对象”，而“劳动的主体条件”是个人劳动力，只有两者相结合，劳动才能得以实际进行，才能现实地创造出物质财富——而资本生产方式的特点是把这两者分离开来，劳动力所有者丧失了“劳动的物质条件”，只有得到垄断这种物质条件，即资本所有者的允许，才能劳动并获得生存资料。资本“把剩余价值的交换作为必要价值的交换的界限”[③]——工人只能获得维持生存的“必要

① 《马克思恩格斯全集》第25卷，人民出版社1974年版，第294页。
② 《马克思恩格斯全集》第19卷，人民出版社1963年版，第15页。
③ 《马克思恩格斯全集》第46卷上册，人民出版社1979年版，第410页。

价值”，而剩余价值成为各类资本家金钱游戏追逐的焦点，这意味着很多个人的基本生存需要的满足被绑缚在了极少数个人的金钱游戏上。具体地看，资本主义市场所满足的只是个人的“有效需要”，即付得起钱才能得到满足的需要，而付不起钱的个人的任何需要包括生存需要，均与市场无关；而发生在市场中最基本的交换，是资本（货币）与劳动力的交换，雇佣工人只有成功卖出自身劳动力，才能获得满足基本生存的资料——而市场自发性的过度竞争和波动性等，往往会使工人的生存需要在市场经济的下行期受到威胁。

马克思对资本造成普遍贫困还多有深刻的分析。资本主义的基本对立是“作为资本，作为对活劳动能力的统治权，作为赋有自己权力和意志的价值而同处于抽象的、丧失了客观条件的、纯粹主观的贫穷中的劳动能力相对立”；在劳动力与资本的交换中，工人“不可能致富，因为就像以往为了一碗红豆汤而出卖自己的长子权一样，工人也是为了一个既定量的劳动能力（的价值）而出卖劳动的创造力”。如此，“工人必然会越来越贫穷，因为他的劳动的创造力作为资本的力量，作为他人的权力而同他相对立”。并且“科学、发明、劳动的分工和结合、交通工具的改善、世界市场的开辟、机器”等，“都不会使工人致富，而只会使资本致富，也就是只会使支配劳动的权力增大，只会使资本的生产力增长。因为资本是工人的对立面，因此文明的进步只会增大支配劳动的客观权力”[①]。这些正是雇佣劳动者普遍贫困的社会根源。

自动机器在代替越来越多的个人劳动的同时，也生产出了越来越多的产品，即生产出越来越多作为使用价值的物质财富的生存、享受、发展资料，这意味着可以更有效地满足更多个人的生存、享受、发展需要——这是从社会“整体”说的，而在资本框架下，劳动者的收入依然总体上被绑缚在满足生存需要的生存资料上。具体地从现代分配制度的演进来看，在

① 《马克思恩格斯全集》第46卷上册，人民出版社1979年版，第449页，第266—268页。

资本框架下，按“资（本）”分配是主导性的，工人按“劳（动）”分配所获得的只是维持生存的基本收入。或者说，工人的基本生存需要只能靠出卖自身劳动力而得到满足，因此可以按买卖原则来分配生活资料，乃是资本主义分配制度的实质。“权利永远不能超出社会的经济结构以及由经济结构所制约的社会的文化发展”。因此，采取什么样的分配政策，应该根据生产力发展的水平。在共产主义第一阶段，将依然实行“按能力计报酬”，这表明还没有完全超出“资产阶级法权的狭隘眼界”。只有“在共产主义社会高级阶段上”，“才能完全超出资产阶级法权的狭隘眼界，社会才能在自己的旗帜上写上：各尽所能，按需分配！”[①] 在当今AI时代，西方学者所倡导的UBI的实质，就是“生存资料”的按需分配。由按需分配生存资料到按需分配享受、发展资料，也是一个逐步提升的渐进过程，而逐步提升的根据和标准是生产力水平。在西方发达国家，在AI已经创造并将创造出更加发达的生产力的状况和趋势下，按需分配生存资料即实施UBI方案，似乎应该写到西方工人运动的旗帜上了；但在“资产阶级法权的狭隘眼界”的限制下，西方白领工人似乎还没有自觉意识到这一点。

总之，“被剥夺了劳动资料和生活资料的劳动能力是绝对贫困本身”“工人本身，按其概念是贫民”——劳动的抽象化与财富的抽象化，也是一体之两面：财富的抽象化，最终表现为资本家把物质财富（生产资料）及其所代表的强大的社会力量尤其社会智力，以“交换价值”这种社会形式转化为私人化的社会权力，并将其用于支配工人劳动——这是劳动抽象化、劳动者被绑缚在贫困上的根源。因此，要想缓解劳动者的贫困，就必须对非劳动者私人化的社会权力有所限制——这也是当今倡导UBI的西方学者没有充分认识到的。而只有回到劳动与资本的关系及其历史演变，尤其自动机器在这种演变进程中所发挥的作用，才能科学地揭示资本、资本家，把社会智力垄断化、社会权力私人化的本质，进而科学地揭

① 《马克思恩格斯全集》第19卷，人民出版社1963年版，第22—23页。

示普遍贫困真实的社会根源。也只有在此基础上，才能科学地揭示在 AGI 即将到来之时，必须实行 UBI 方案的真实的社会依据。

我们是否处在一个翻转点?

劳动与资本的买卖关系和等价交换原则，劳动、劳动力的抽象化，资本作为劳动的物的条件、物化劳动的抽象化、神秘化，掩盖了劳动者普遍贫困的根源。马克思强调“被剥夺了劳动资料和生活资料的劳动能力是绝对贫困本身”，但他并没有抽象、静态地讨论，而是具体、动态地分析：在资本主义经济繁荣期，不会出现大规模失业，但到了危机、萧条期会出现大规模失业；由于经济危机周期性出现，因此大规模失业也是周期性的现象，可将其称为“周期性失业”——研究 UBI 的美国人士把当今 AI 等数字技术所引发的失业，称为“结构性失业”，这是 UBI 所针对的现实问题。我们把 UBI 定位为生存资料的按需分配，而在高度发达的科学技术和现代机器高度自动化的条件下，实行这种分配方案的基本依据是：资本所有者对科技、机器所代表的“社会智力”的“无偿占有”——ChatGPT 等 AI 大模型爬取了全球互联网大数据，但并没有为这种由全球亿万大众生产的所以应该是全人类社会智力的产物支付任何费用，而完全是“无偿占有”。而即将实现的 AGI 更只能是全人类社会智力的产物——这是必须实行与通用人工智能 AGI 匹配的通用分配方案 UBI，最充分的社会依据。

一

“自动工厂是适应机器体系的完善的生产方式”“机器对以工场手工业中的分工为基础的生产方式，以及对建立在这种分工基础上的劳动力的各种专业化发生否定的作用。机器使这样专业化的劳动力贬值，这部分地是通过使劳动力变为简单的抽象的劳动力，一部分地是通过在自身基础上建立劳动力的新的专业化，其特点是工人被动地从属于机械本身的运动，工人要完全顺从这种机械的需要和要求”[①]——工人劳动本身也就成为“最抽象的机械运动”，劳动力及其活动的抽象化达到了较高的程度——但总体来看，这还只是体力、体力劳动活动的抽象化，工人即蓝领工人被动从事的是蒸汽机等的“机械运动”，并使自身劳动力贬值，造成蓝领工人的普遍贫困；而当今 AGI 也将使白领工人被动地从属于计算机的“机械运动”，劳动力中的智力、智力劳动也就被抽象化。由此，劳动力、劳动的抽象化将达到极致，作为劳动力的智力也将被贬值，出卖智力的白领工人也将面临普遍贫困的威胁。

在资本框架下，把劳动抽象化的自动机器会呈现神秘化的外观，并且会导致机器所物化的社会智力的神秘化：“科学作为独立的力量被并入劳动过程，而使劳动过程的智力与工人相异化。”[②]“固定资本是先进科学的体现”“像亚当·斯密使流动资本神秘化，把它说成养活工人并为工人创造必要的有利条件那样，固定资本也被神秘化了，因为固定资本中所体现的科学进步被看作这些‘社会智力’产物所固有的性质”[③]，而“机器体系表现为固定资本的最适当的形式”，自动机器体系就是社会智力的产物，而自动机器是具体的物，其所代表的社会智力本身没有什么神秘性。而把社会智力看作资本这种抽象的物、抽象财富的“固有的性质”，就被抽象化、神秘化了。

“由于劳动资料变成了自动机，因此它在劳动过程本身中作为资本、作为支配和吮吸活劳动力的死劳动，而同工人相对立。正如前面已经指出的那样，生产过程的智力同体力劳动相分离，智力变成资本支配劳动的权力，是在以机器为基础的大工业中完成的。”“科学、巨大的自然力、社会

---

① 《马克思恩格斯全集》第 47 卷，人民出版社 1979 年版，第 518 页。
② 《马克思恩格斯全集》第 23 卷，人民出版社 1972 年版，第 708 页。
③ 《马克思恩格斯全集》第 49 卷，人民出版社 1982 年版，第 416 页。

的群众性劳动都体现在机器体系中，并同机器体系一道构成‘主人’的权力”——自动机及其物化的智力即社会智力，就成为资本支配劳动、资本家支配工人的权力，而资本家又首先是通过货币支配自动机器来实现这种支配的："货币本身是商品，是可以成为任何人的私产的外界物。这样一来，社会权力就成为私人的私有权力"[①]。"科学对于劳动来说，表现为异己的、敌对的和统治的权力""在这里，机器的特征是'主人的机器'，而机器职能的特征是生产过程中（'生产事务'中）'主人'的职能"[②]——如此，资本家作为货币所有者，就把自动机器及其物化的社会智力转化为私人化的社会权力，从而支配劳动者及其劳动。在作为"主人"的资本家的头脑中，"机器和他对机器的垄断已经不可分割地结合在了一起"。如此，"固定资本中所体现的科学进步被看作这些社会智力产物所固有的性质"而被神秘化了，而马克思通过使用价值 / 交换价值二重性批判，破解了这种神秘化。"机器体系表现为固定资本的最适当的形式"，但是"决不能从机器体系是固定资本的使用价值的最适当形式这一点得出结论说，从属于资本的社会关系这样一种情况，是采用机器体系的最适当和最完善的社会生产关系""当机器体系不再是资本时，它也不会失去自己的使用价值"[③]，"发展为自动化过程的劳动资料的生产力，要以自然力服从于社会智力为前提"——社会智力及其物化形态自动机器的"使用价值"就是征服自然力，这没有什么神秘性。只有把社会智力、自动机器视作"交换价值"的固定资本的"固有的性质"时，才能呈现神秘化外观。而这种神秘化外观掩盖的真相就是：少数个人"无偿占有"这些社会智力，并将其转化为私人化的社会权力，以支配绝大多数个人及其劳动。

"随着机器生产的发展，劳动条件在工艺方面也表现为统治劳动的力量，同时又代替劳动、压迫劳动，使独立形式的劳动成为多余的东

① 《马克思恩格斯全集》第 23 卷，人民出版社 1972 年版，第 464 页，第 152 页。
② 《马克思恩格斯全集》第 47 卷，人民出版社 1979 年版，第 571—572 页。
③ 《马克思恩格斯全集》第 46 卷下册，人民出版社 1980 年版，第 210—212 页。

西"[①]"提高劳动生产力和最大限度否定必要劳动，正如我们已经看到的，是资本的必然趋势。劳动资料转变为机器体系，就是这一趋势的实现"[②]——资本具有统治、压迫、代替、否定劳动的趋势，并在自动机器体系上得到充分实现：机器对"劳动力的各种专业化"发生了"否定"的作用，"变得空虚了的单个机器工人的局部技巧，在科学面前，在巨大的自然力面前，在社会的群众性劳动面前，作为微不足道的附属品而消失了"[③]。"物化在机器体系中的价值表现为这样一个前提，即同它相比，单个劳动能力创造价值的力量作为无限小的量而趋于消失"——如此，就导致工人单个劳动能力及其劳动的"无用化"。因此，在自动机器的条件下，其主要问题已不再是资本家"剥削"工人劳动力，因为工人的技巧、单个劳动能力创造价值的力量，"作为微不足道的附属品而消失了""作为无限小的量而趋于消失"，资本家已不再主要靠剥削直接劳动者的劳动力来创造财富了。

"劳动本身由于协作、分工，以及劳动同社会对自然力支配的结果相结合，而组织成为社会的劳动。""从这两方面来看，资本主义生产把私有财产和私人劳动取消了，虽然还是处在对抗的形式中"[④]——"社会对自然力支配"就是"发展为自动化过程的劳动资料的生产力要以自然力服从于社会智力为前提"，而正是在"自动化过程的劳动资料"，即自动机器上，"私有财产和私人劳动"或财产的私人性、劳动力的私人性被取消了。

> 正如随着大工业的发展，大工业所依据的基础——占有他人的劳动时间——不再构成或创造财富一样，随着大工业的这种发展，直接劳动本身不再是生产的基础。一方面，因为直接劳动主要变成看管和调节的活动，也是因为产品不再是单个直接劳动的产品，相反地，作

---

① 《马克思恩格斯全集》第48卷，人民出版社1985年版，第38页。
② 《马克思恩格斯全集》第46卷下册，人民出版社1980年版，第209页。
③ 《马克思恩格斯全集》第23卷，人民出版社1972年版，第464页。
④ 《马克思恩格斯全集》第26卷第3册，人民出版社1974年版，第469页。

为生产者出现的，是社会活动的结合……在大工业的生产过程中，一方面，发展为自动化过程的劳动资料的生产力要以自然力服从于社会智力为前提；另一方面，单个人的劳动在它［劳动］的直接存在中已成为被扬弃的个别劳动，即成为社会劳动。于是，这种生产方式的另一个基础也消失了。[①]

机器大工业不再以占有或剥削工人直接劳动、劳动时间为基础。因此，“剥削”已不是主要问题。“个别劳动”或劳动的个别性被扬弃，即私人劳动或劳动力的私人性被扬弃，或者说个人活劳动、活劳动力，即劳动主观条件的私人性被扬弃，而成为社会劳动、社会生产力。因此，劳动者拥有的私人财产即劳动力，也不再是可以分享这种高度社会化劳动产品的充分理由：自动机器生产的产品“不再是单个直接劳动的产品”“单个直接劳动者”，即工人个人作为“看管和调节者”贡献不大，就没有权力分享这些产品——这是资本家所特别强调的。问题在于，另一方面，自动机器也把“私有财产”取消了，即作为财产、物质财富、物化劳动的劳动的物或客观的条件的私人性被扬弃，而成为社会财产、公共财产——按资本支配的生产资料分配产品，体现了资产阶级的法权。而按个人活劳动能力分配产品，同样没有摆脱资产阶级法权的狭隘眼界，在自动机器这种高度社会化的劳动中，这两种法权都丧失了其存在的基础：其中，垄断自动机器、社会智力的资本家同样贡献不大，那他们又有什么权力垄断、独占这些产品呢？

二

“科学、巨大的自然力、社会的群众性劳动都体现在机器体系中，并

① 《马克思恩格斯全集》第46卷下册，人民出版社1980年版，第222—223页。

同机器体系一道构成‘主人’的权力。”“这种劳动就其结合体来说，服务于他人的意志和他人的智力，并受这种意志和智力的支配——它的精神的统一处于自身之外。同样，这种劳动就其物质的统一来说，则从属于机器的、固定资本的物的统一”[①]——科学（社会智力）、（被征服的）巨大的自然力、社会的群众性劳动（分工与协作）这三种“社会力量”，就统一、汇聚在自动机器体系中，这本身没有神秘性，但被看作“服从于他人意志”的资本这种抽象财富的“固有的特性”，就被抽象化、神秘化了。而这种神秘化掩盖的真相是：资本家“无偿占有”了这三种社会力量，并把它们转化为私人化的社会权力。

首先，“资本是集体力量”，而“劳动的全部社会力量是资本的力量”[②]。资本、资本家为了占有社会力量，必须先创造出这种社会力量，并且首先通过生产资料的“集中”创造社会力量。在资本框架下，生产资料与劳动者的“分离”又表现为“集中”：“生产资料集中在相对较少数人——与劳动群众相比——的手里，这是资本主义生产的条件和前提，因为没有这种集中，生产资料就不会与生产者分离。”“这种集中也是发展资本主义生产方式，同时也是发展社会生产力的技术条件。简单来说，这种集中是大规模生产的物的条件。”“这种集中使共同的劳动即协作、分工，机器、科学和自然力的应用得到了发展”[③]——生产资料集中所发展的就是社会力量。

其次，资本家“无偿占有”由分工、协作形成的“社会力量”“集体力量”：“由协作和分工产生的生产力，不费资本分文。这是社会劳动的自然力”[④]，而不是“个人劳动”的自然力。“社会力量，分工等不费资本分文。”[⑤]“蒲鲁东最先注意到：付给单个工人的工资的总和，即使在每一单个人的劳动都完全得到了报酬的情况下，也还是不足以偿付物化在大家的产品中

① 《马克思恩格斯全集》第46卷上册，人民出版社1979年版，第469页。
② 《马克思恩格斯全集》第46卷下册，人民出版社1980年版，第530页。
③ 《马克思恩格斯全集》第47卷，人民出版社1979年版，第191页。
④ 《马克思恩格斯全集》第23卷，人民出版社1972年版，第423—424页。
⑤ 《马克思恩格斯全集》第46卷下册，人民出版社1980年版，第287页，第535页。

的集体力量。”[①]“生产过程中劳动的分工和结合，是不费资本家分文的机构。资本家支付报酬的，只是单个的劳动力，而不是他们的结合，不是劳动的社会力”[②]——从整体大于部分之和的原理看，许多个人分工、协作、结合所形成的“集体力量”“社会力”，就大于不协作、结合的这些个人力量的叠加之和，或者减掉这种简单叠加之和后，“集体力量”还会剩下一个“余额”，而资本家不为这个“余额”支付报酬，而是无偿占有、不费分文。

最后，资本家还“无偿占有”了自动机器所物化的科学社会智力。科学也是一种物化劳动，“科学作为社会发展的一般精神产品”“这种科学作为同单个工人的知识和技能脱离开来的东西，它在物质生产过程中的应用只可能依靠劳动的社会形式”[③]——科学知识产品的“生产”依靠社会智力的累积性发展，在物质生产中的“应用”也依靠“劳动的社会形式”及其发展。“科学及其应用，事实上同单个工人的技能和知识分离了，虽然它们——从它们的源泉来看——又是劳动的产品”——但不是从事直接生产的单个工人的劳动的产品。“然而，在它们进入劳动过程的一切地方，它们都表现为被并入资本的东西。使用机器的资本家不必懂得机器”——因此，机器及其物化的社会智力也不是资本家劳动的产品。“但是，在机器上实现了的科学，作为资本同工人相对立”[④]。“各种自然力和科学——历史发展总过程的产物，它抽象地表现了这一发展总过程的精华”[⑤]——科学就是人类社会智力累积性发展总过程的精华，比如牛顿概括出的力学公式，并非在白板状态下产生的，而是在“占有”此前已经累积性发展起来的科学知识这些社会智力的基础上产生的。

马克思强调“对科学或物质财富的‘资本主义的’占有和‘个人的’占有，是截然不同的两件事”。“（勃多（尼古拉）说）‘由于教育方法的

---

① 《马克思恩格斯全集》第2卷，人民出版社1957年版，第65页。
② 《马克思恩格斯全集》第47卷，人民出版社1979年版，第553页。
③ 《马克思恩格斯全集》第48卷，人民出版社1985年版，第41页。
④ 《马克思恩格斯全集》第48卷，人民出版社1985年版，第38—39页。
⑤ 《马克思恩格斯全集》第26卷第1册，人民出版社1972年版，第421页。

连续性、一致性和臻于完善，人们早就占有了许多代和好几百年来的思维、经验和成就的成果，并且这种占有发展了才能’……在各种物化劳动中，科学是这样一种物化劳动。在这里再生产，即‘占有’这种物化劳动所需要的劳动时间，同原来生产上所要求的劳动时间相比是最小的。”[①]“对脑力劳动的产物——科学——的估价，总是比它的价值低得多，因为再生产科学所必要的劳动时间，同最初生产科学所需要的劳动时间是无法相比的。例如，学生在一小时内就能学会二项式定理。”[②]——对科学这种物化的脑力劳动、社会智力的“个人的”占有或再生产，主要通过教育和学习，比如你学会了数学二项式定理或弄懂、掌握了力学、化学知识，也就表明你个人“占有”了这些社会智力，或者说这种社会智力就成了你的个人智力——这表明社会智力与个人智力并不必然对立，而是可以相互转化的；而且个人智力的实际发展和提升，不仅依靠个人大脑，而在更大程度上是对社会智力的“个人的”占有，这种占有使社会智力转化为个人内在的智力，即“这种占有发展了才能”，个人智力本身得到发展和提升。每个人生而有之的是不同于动物的人类大脑及个人智力，物化在文字、科学符号中的社会智力则不是生而有之的，以“个人的”方式“占有”这些社会智力，个人智力会获得自由发展——工厂主利用力学、化学和机器而对此一窍不通，就是对社会智力的“资本主义的”占有，并且这种占有只是中介，通过这种中介即利用机器等，最终是为了支配工人及其劳动，这表明工厂主只是把社会智力、社会力量私人化并转化成支配性的社会权力。

“另一种不费资本分文的生产力是科学力量。（不言而喻，资本总要为僧侣、教师、学者纳一定的税，不管他们发挥的科学力量是大是小。）”[③]资本家吞并、占有的是“别人的”科学、“别人的”精神劳动的产品，并且总体上不费分文，是无偿占有这些社会智力，用税收养活可以发挥科学力

① 《马克思恩格斯全集》第48卷，人民出版社1985年版，第567—568页。
② 《马克思恩格斯全集》第26卷第1册，人民出版社1972年版，第377页。
③ 《马克思恩格斯全集》第46卷下册，人民出版社1980年版，第287页。

量的学者、技术专利保护制度总体上也并不能改变这种占有的无偿性，资本家支付的只是购买某种特定技术的费用，而技术背后的科学不费分文。比如，生产蒸汽机的资本家或许会向瓦特支付一定专利费，但不会向牛顿这样的力学家以及其他热力学家等支付费用。放在更长的历史时段来看，现代科学又是在历史上各民族已经累积发展起来的科学技术上发展起来的，是各民族“历史发展总过程”的产物和精华。比如，中国古代的造纸术、印刷术、火药技术等，多被西方近代资本主义国家利用，但它们并没有向中国支付“专利费”，诸如此类。

生产资料的集中是“大规模生产的物的条件”，这种集中又扩大了生产的规模，大规模的生产形成强大的社会力量。而社会力量形成的再一方式，是自然科学的大规模应用：“自然科学本身是一切知识的基础的发展，也像与生产过程有关的一切知识的发展一样，本身仍然是在资本主义生产的基础上进行的。这种资本主义生产第一次在相当大的程度上为自然科学创造了进行研究、观察、实验的物质手段。由于自然科学被资本用作致富手段，因而科学本身也成为那些发展科学的人的致富手段，所以搞科学的人为了探索科学的实际应用而互相竞争。另一方面，发明成了一种特殊的职业。因此，随着资本主义生产的扩展，科学因素第一次被有意识地和广泛地加以发展、应用，并体现在生活中，其规模是以往的时代根本想象不到的。”[①] 这依然可以用来解释为何当今硅谷的技术精英可以通过发展 AI 发财致富，看上去 AI 及其创造的财富似乎更是“个人”的产物，但把 AI 某种特定技术放在 AI 技术体系、整个计算机互联网数字技术体系中，进而放在整个现代科学体系中，放在人类社会智力累积性发展的历史中——那么如此一来，某一项突破性的 AI 技术就不能说只是单纯的“个人”的成果。

在大工业中，“占统治地位的是劳动力的结合（采用相同的劳动方式）

---

① 《马克思恩格斯全集》第 47 卷，人民出版社 1979 年版，第 572 页。

和科学力量的应用。在这里，结合和所谓的劳动集体精神都转移到了机器等上面去了”[①]，只是由于占有资本——尤其是机器体系形式上的资本——资本家才能攫取这些无偿的生产力：“未开发的自然资源和自然力，以及随着人口的增长和社会的历史发展而发展起来的劳动的全部社会力”[②]。资本家最终是通过机器体系形式上的资本，无偿攫取了分工、协作、科学（社会智力）、被征服的自然力等全部的社会力量。

帕里斯认为，马克思只是从“剥削”考察资本主义生产，与UBI无直接关联，但事实上并非如此。马克思强调，在大工业机器生产中，“直接劳动本身不再是生产的基础”，直接劳动者即工人的个人劳动力变得微不足道，也就不再是这种生产的基础——因此，其中的关键问题就不再是对工人个人劳动力直接的“剥削”。如果工人还局限于狭隘的法权眼界，就没有充分的理由要求分享自动机器生产的产品——因为工人私人的劳动力在产品的这种生产过程中的贡献微不足道。而马克思的以上分析表明：关键在于资本家对自动机器所物化的社会智力的“无偿占有”，而资本家个人在自动机器生产过程中同样微不足道、贡献不大！资本家“无偿占有”强大的社会智力，才是所有个人“无偿占有”或无条件获得维持生存的基本收入，即UBI的充分有力的理由和依据。因此，在大工业自动机器生产条件下，“剥削”或直接无偿“占有他人的劳动时间”或工人劳动力并不是关键所在；在当今更强大、同时社会化程度更高的AI条件下，更不是关键所在。

三

梳理出以上思路后，我们就可以对当今AGI与UBI的关系问题作出科学的解答。帕里斯指出：“有些人认为，这些影响只会造成暂时的问题，毕竟这已经不是第一次援引自动化临近的危险，来实施某种保障性收

① 《马克思恩格斯全集》第46卷下册，人民出版社1980年版，第83—84页。

② 《马克思恩格斯全集》第47卷，人民出版社1979年版，第553页。

入创造紧迫感了。过去，虽然有些工作消失了，但其他工作又被创造了出来。”“右派与左派之间存在着广泛的共识，即持续的经济增长会防止失业和不稳定”。而今天，“世界较富裕地区对基本收入史无前例的兴趣表明，这一共识已经不成立了”。

帕里斯指出，市场自由主义者如哈耶克等也不反对UBI，哈耶克“从社会主义者那里学到的经验”是要追求“自由主义乌托邦”——帕里斯辨析地指出：“哈耶克先生，您说得完全正确。但我们今天所需要的自由社会乌托邦与您设想的大不相同，它必须是一个‘所有人’享有真正自由的乌托邦，能把我们从市场的统治中解放出来。”而“基本收入这个乌托邦比其他乌托邦还多了一个特征：它的实现会促进许多其他乌托邦的变革。许多理想将在基本收入的支持下实现，既包括个人理想和集体理想，也包括本土理想和全球理想，而这些理想正在市场竞争压力下走向毁灭”（第397—398页）。“基本收入是替代原有新自由主义激进方案的一个必要组成部分”，其意义远不止“抵制全球市场的统治”（“前言”IX）——把市场换为“资本”或许更准确：市场自由主义也关注个人自由，但主要是“形式自由”而非“实质自由”，是买卖自由、竞争自由。而实行这种理念的实际结果是：并非“所有人”，而只是“极少数人”能获得自由。帕里斯把UBI视作“通往自由的工具”，并强调是“所有人的真正自由，而不仅仅是富人的自由”（第1页）——而这正是社会主义所追求的目标。

帕里斯用“机器人的普及、自动驾驶车辆的出现，以及计算机大量代替脑力劳动者”，来描述推行UBI的必要性和迫切性——美国学者安迪·斯特恩在《提高下限》一书中则用“结构性失业”对此做了更具理论性的概括。斯特恩把2008年金融危机后——而这也正是新一代AI获得突破性发展的一个重要节点——的经济复苏，概括为“低就业（job-less）、低工资（wage-less）”的双低性复苏，并反复强调这是“结构性的（structural）”“技术性的（technological）”“未来的希望取决于首先要达成这样的共识：当前的技术爆发是如何制造工作短缺、劳动剩余，以及越来越大的贫富鸿沟的”。斯特恩引皮凯蒂的话语指出，第二次工业革命汽车、飞机、无线电的发明带来财富的高度积聚，正如 Facebook 和 Google 今天（第三次工业革命）正在做的一样——正是资本的高度积聚与技术尤其智能技术的急速发展，使劳动大众遭遇了新的结构性失业困扰——斯特恩提出的化解之道是 UBI①。

斯特恩指出，与解决贫困、追求平等相关的基本收入理念已有数百年发展史，而今天迎来的“数字化丰裕”（第 206 页），似乎更应该彻底结束贫困了。而历史事实是：“在多数情况下，它也只作为理念而被保存。那么，为什么我认为 21 世纪是美国该把全民基本收入变成现实，进行严肃讨论的时候了？因为我们正在由工业经济向数字化经济转型”——其实是机器第一次能量自动化向第二次智能自动化转型，“我们的经济体系无可弥补地面临崩溃”“技术使我们更富生产性和效率，但所需人数也更少”，这种转型将带来混乱（第 183 页）——斯特恩还从更长的时段对此作了描述和分析：战后 1945 年至 20 世纪 70 年代中期，是美国经济的“黄金时代”，美国就业和收入与生产力、GDP 同步增长——而这正是出卖智力的白领工人的黄金时代。从 20 世纪 70 年代中期（新自由主义开始盛行）开始，工资增长率下降了，而在最近的 40 年里，工资增长已停滞，造成这种状况的原因有两个：“全球化”与节约劳动力的技术的发展（第 31 页）——并且被“节约”的主要是白领工人的“智力”。从收入状况看，斯特恩指出，皮凯蒂的《21 世纪资本论》之所以在美国广受欢迎，是因为 2008 年以来的经济萧条反而让富人越来越富，而大多数美国人越来越穷，贫富鸿沟进一步扩大（第 41—42 页）。从更长时段看，“从 1979 年开始，资本收益率超过经济增长率，带来更大的不平等。2010 年，高至 93% 的新增财富流向了 1% 的人群”，这种不平等已升至 19 世纪末和 20 世

---

① Andy Stern. Raising the Floor: How A Universal Basic Income Can Renew Our Economy And Rebuild The American Dream，Hachette Book Group，Inc.2016.p IX，p 201. 本节以下引斯特恩之语均出自该书，只在正文注明页码。

纪初的水平——而这种极致的经济不平等，必然演变为政治不平等（第45—46页）——要想解决这种“21世纪的问题”，需要一种“21世纪的方法”（第171页）。但是许多人的观念依然停留在20世纪乃至19世纪。

从社会制衡力量来看，“工会，尽管依然像过去一样重要，但在过去的25年里，已非帮助美国工人获得他们最紧要东西唯一或者最好的路径”（第28页）——因为对大多数美国人来说，首要问题已不再是工作的人的收入，而在于更多人正在不断失去工作——斯特恩关注的主要问题是：“新的数字经济”中“工作的未来”。比如，“在机器人和人工智能时代哪些工作将永远消失”，等等（第2页）。“基本原理始终是：企业总想降低成本并提高生产力”，而“几乎所有企业都是通过发展技术来提高生产力和降低劳动力成本”（第61—62页）——这就是我们前面所强调的：“劳动收入最小化”与“资本利润最大化”是一体之两面。斯特恩强调：“伴随低就业、低工资的增长，既非反常的，也非暂时的”，而是“结构性”的，标志着某种“战略性拐点”即奇点的到来。（1）“美国经济的裂缝正在日趋扩大”（第32页）；（2）“工作机会的鸿沟使收入分化扩大”，出现了所谓“工作性两极分化”，而非传统单纯的“收入性两极分化”：当少数人的工作性收入增加时，更多人会失去工作，等等（第33页）——而“技术”是造成这些拐点或奇点的最重要的因素。斯特恩把机器人和AI正在取代人类工作的状况，比喻成一头庞大的“机器人大象”正在挤进一间狭小的房间（第51页），而“技术性失业正在成为令人关注的主流”“贫困和不平等正在持续增长，中产阶级正在持续萎缩”（第215—216页）——这是因为白领中产阶级越来越难出卖自身智力了，而这一时间节点是2008年开始的经济萧条。在此之前，全球化威胁的主要是美国蓝领工人的制造性工作，中产阶级和国家精英可以置身事外，而“自经济萧条以来，白领工作也被淘汰——而这是伴随机器人、人工智能和软件发展的持续性的趋向”（第217—218页）。我们今天所面临的新问题，不是低技能的人找不到工作，而是包括大学毕业生在内的群体也找不到工作。当工作性质从基础上被改变时，美国人将面临技术将替代大量工作的事实（第 220 页）。“结构性”失业可以有一些短时段的应对措施，但在斯特恩看来，长时段的问题是：“未来的技术驱动型经济能够为现在被技术大量排挤的人创造大量的工作吗？如果不能，我们将如何降低收入不平等、维持中产阶级经济——这些足以使美国摆脱成为我们所憎恶的 19 世纪的寡头统治的 21 世纪版本？”（第 48 页）但是许多人依然认为，AI 技术的进一步发展、经济的高速增长将会创造新的就业机会。

传统的福利制度似乎总是力图教训穷人，而 UBI 的关键点在于“给穷人和低收入者更多选择自己生活的自由——这是民主的本质。一些人会为他们的生活承担更多的责任，而另一些人不会。在我看来，这是没有问题的，因为这是让他们自由选择的行为方式。无论对于穷人和富人来说，都是如此”（第 177—178 页）。“UBI 是解决贫困问题更好的方法”，而传统福利制度让穷人有失尊严，并且使贫困文化固化（第 186 页）——这就是马克思所讲的资本框架雇佣劳动必然使工人贫困永久化（参见前面的分析），“UBI 给工人更多自由和选择”（第 188 页）——斯特恩所谓的“民主”指经济民主。市场自由主义鼓吹政治民主，但坚决反对经济民主，认为经济民主化、平等化会威胁政治民主和经济自由。而所谓经济自由就是买卖自由、竞争自由——不对这些所谓“自由”有所限制，就很难推行 UBI。

斯特恩问道：“我们是否处在一个翻转点？”（第 193 页）斯特恩分析了 UBI 对“美国梦”的影响：“努力工作，遵守规则，你就会由穷而富，给你的家庭以更好、更满足生活的机会。这是老‘美国梦’，现在已变得不再可信，因为越来越少的美国人能确确实实地获得这些。”新的“美国梦”应使每个人不再为食宿、安全等人的基本需求而担忧。UBI 将创造这样一个可能性的世界。在那里，“家庭、教育、爱好、服务、闲暇和自我实现不再与人的基本需求相冲突”（第 201 页）——那么，在资本主义传统框架下，劳动大众该如何才能满足自己的“基本需求”？通过按“劳”分配而获得基本需求，即维持生存的工资——这发生在初次分配中，而

UBI 发生在二次分配中。在不是按劳分配的意义上，它就是一种按需分配——这就是一种根本性的“翻转”。可以说 UBI 就是：按需分配本来由按劳分配的工资，而确定 UBI 的重要参数，也就是作为再生产劳动力的成本的工资，所以可以把 UBI 定位为全民无条件共享“生存资料”这一初级层面的“按需分配”（无条件满足全民的生存需要），其实现可以使每个人从基本生存的压力中解放出来，摆脱基本生存的困扰，进而获得“免于匮乏的自由”——而这也是人获得自由的最基本条件。

UBI 看上去是个不错的方案，但斯特恩实际上也表示，这种方案也受到了各方面曲解和阻挠。斯特恩引格罗夫的话指出，“我们基本的经济信条”即自由市场是所有经济体系中最好的、越自由越好，其实是有局限性的，但自由市场规则一度战胜计划经济，却使这一信条始终被坚持，但其实其改进的余地还是很大的（第 24 页）。从分配的角度看，自由市场的一个基本信条是：按资分配利润，按劳分配工资——这两者都是在竞争原则下进行的。如果按需分配生存资料而让劳动大众“不劳而获”，那么劳动大众的竞争压力就会减轻。“UBI 会使人懒惰吗？”（第 198 页）斯特恩对此作出了否定的回答。斯特恩还引用泰纳的话指出，“UBI 的批评者问：那么，人们是怎么赚到它的？”“我们是集体性地赚到它的”“今天，你如果建立一个企业，并非在一片空白上开始的，你是在可上溯至亚里士多德以来的所有技术和思想的高度上开始的，你并没有从一片空白而发明一切。这是我们集体的遗产”（第 200 页）——这与帕里斯的说法是一样的。而自由市场的信条却强调社会财富的“私人性”，而非“集体性”。在市场自由主义者看来，让劳动大众不支出劳动力也能获得 UBI，就是对“私人的”财富的劫掠；但大众所分享的，归根结底是“集体的财产”。斯特恩还引用了法雷尔的话：“我们不为金钱或经济而生活，而为社会——经济只是其中的一部分——而生活。”（第 196 页）而资本主义社会制度恰恰是建立在“金钱或经济”，即马克思所说的“交换价值”的基础上的。斯特恩还指出，实施 UBI 的结果是：“在一个技术进步将持续降低劳动力需求的时代”“社会成果将更广泛地有利于每一个美国人，而非仅仅极少数人”（第215页）。“通过把金钱由高收入者转移到低、中等收入者”，UBI会对整个经济产生一种涟漪式扩散效应（第190页）——那么包括美国在内，社会财富迄今依然掌握在极少数人手中，而他们愿意接受这种金钱的“转移”吗？资本主义掌握巨量财富的少数人，所关心的从来只是自己手中财富的增长或增值，而非社会经济的整体发展。

斯特恩承认，“UBI远远不是一个能够解决我们所面临的所有经济挑战的完美方法”（第215页）。他表示：“我关于全民基本收入的建议基于这样一种信念：对于贫困，我们必须治本——收入缺乏——而非治标。而且随着大量技术进步，导致更多中产阶级工作被取消，我们需要提供一种新的全民保障体系。缺乏好职业和令人满意的工作，下一代希望过上一种摆脱贫困和低工资工作的生活，而我们应该努力给他们这种机会。”（185—186页）那么造成资本主义普遍贫困之“本”，在于收入分配吗？分配关系决定于生产关系、生产资料所有制形式，斯特恩、帕里斯等都提到了当今AI技术等，乃是人类累积发展而形成的集体遗产，将其私有化并不合理——这才是“本”。

2022年底，随着ChatGPT的发布，许多人认为更强大的AGI即将实现。在此之际，包括硅谷精英在内的许多人士都意识到了实行UBI的必要性、迫切性，但大都缺乏对资本私有制本性的深刻反思——斯特恩和帕里斯等都提到了“冷战”结束后，自以为取得了对社会主义全面胜利的新自由主义者的过度傲慢，这是缺乏深刻反思的思想根源。我们把UBI定位为按需分配生存资料，其实行的基本依据是资本及其所有者对AI等所代表的社会智力的无偿占有，并且把UBI定位为与“通用”人工智能AGI匹配的“通用”分配方案。但不对即将实现的AGI这样的高度社会化乃至全人类化的“智能性劳动资料”的过度私有化有所限制，而任其被少数资本巨头垄断；或者说不对资本所代表的私人化的社会权力的过度扩张有所限制，即使在分配领域的UBI也无法得到实际推行。

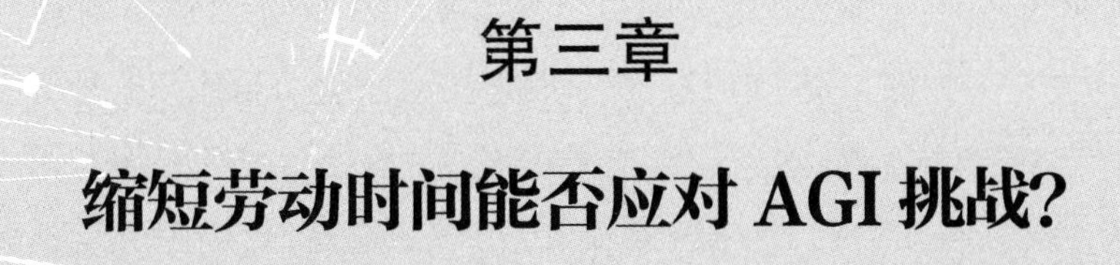

第三章

缩短劳动时间能否应对 AGI 挑战?

第二章在使用价值 / 交换价值二重性框架中，对通用人工智能 AGI 与全民基本收入 UBI 的关系做了初步分析，揭示了对 AGI 机器所物化的社会智力的私人化、垄断化所将造成的一个后果，即劳动者的普遍贫困。本章将揭示与此相关的另一个后果，即劳动自由的普遍缺失，而化解方案同样是要对社会智力、社会权力的私人化有所限制。由此，我们也将对 AGI 与缩短劳动时间的关系进行初步的科学分析："机器本身"与"机器的资本主义应用"不同，"因为机器就其本身来说缩短劳动时间，而它的资本主义应用延长工作日"——是机器的"资本主义应用"拒绝缩短劳动时间，"因为机器本身减轻劳动，而它的资本主义应用提高劳动强度"——这就使得自动化机器劳动因成为工人的沉重负担而丧失自由，这就造成了劳动自由的普遍缺失。"因为机器本身是人对自然力的胜利"——即以社会智力支配自然力，"而它的资本主义应用使人受自然力奴役"[①]——如此一来，自动机器及其所物化的强大社会智力被资本所有者私人化、垄断化，成为支配劳动者及其劳动的私人化的社会权力。在这种权力支配下，劳动者的劳动是不自由的，而非劳动者也不把自己无偿占有的社会智力转化为个人智力自由发展的条件，因而也是不自由的——这就是自由普遍缺失的社会根源，而要想破解这种缺失，就要缩短劳动时间，这就要求对社会智力、社

① 《马克思恩格斯全集》第 23 卷，人民出版社 1972 年版，第 483 页。

会权力过度的私人化有所限制。在缩短劳动时间后，一方面，时间不太长的看管机器的劳动，可以成为一种“有益于智力的体操”，而不再是一种负担；另一方面，劳动时间之外的自由时间会有所增加，劳动时间与自由时间、直接生产与自由劳动之间的对立会被逐步扬弃，每个人体力、智力会逐步得到自由而全面的发展，普遍的自由会逐步得以实现。

劳动力趋于被全面代替

在资本框架下，“为生产而生产从而表现为它的直接对立物。生产不是作为人的生产率的发展，而是作为与人的个性的生产发展相对立的物质财富的再生产”①。从劳方看，劳动力所有者在劳动中“不是肯定自己”“不是自由地发挥自己的体力和智力”，他们“在劳动中则感到不自在”，且“只有在劳动之外才感到自在”②——劳动者丧失了在劳动中所能获得的实在自由。从资方看，“实际的生产当事人对资本—利息、土地—地租、劳动—工资这些异化的不合理的形式感到很自在”③。货币与其所有者的个性发生“完全异己的和外在的关系”，但“货币同时赋予他作为他的私人权力的普遍权力”④——他对掌控由抽象的物质财富转化来的私人化的普遍权力或社会权力，或者说对这种权力欲望的满足“感到很自在”，而这同样只是在劳动之“外”才感到的“自在”，而不是在劳动之“内”感到的“自在”，因为作为“非劳动者”，他不追求自己作为人的“个性的生产发展”，即在劳动之内“自由地发挥自己的体力和智力”，所以也不实际拥有在劳动中所能获得的实在自由——非劳动者与劳动者双方也就都不拥有这

① 《马克思恩格斯全集》第48卷，人民出版社1985年版，第22页。
② 《马克思恩格斯全集》第42卷，人民出版社1979年版，第93—94页。
③ 《马克思恩格斯全集》第25卷，人民出版社1974年版，第939页。
④ 《马克思恩格斯全集》第46卷下册，人民出版社1980年版，第453—454页。

种实在自由。而由此造成的，就是资本框架下“自由的普遍缺失”，这与“普遍贫困”是紧密联系在一起的：劳动者之所以不自由，是由于他的全部劳动时间对他个人来说都是“必要劳动时间”，非劳动者为了获得他的剩余劳动，拒绝缩短劳动时间；而当“以交换价值为基础的生产”崩溃之后，“直接的物质生产过程本身也就摆脱了贫困和对抗性的形式”，劳动者的“个性得到自由发展”，他们“个人会在艺术、科学等方面得到发展”，其生产也就成为“人的生产率”“人的个性的生产”的自由发展，而这需要“直接把社会必要劳动时间缩减到最低限度”，从而给“所有的人”“腾出”时间——也就是缩短“所有的人”的劳动时间，自由的普遍缺失将被克服，所有人的“个性的生产”将得到自由发展，社会整体也就会实现普遍的自由——要做到这一点，就必须对社会智力、社会权力的私人化有所限制。

第二章对 AGI 与 UBI 的关系做了初步分析，本章将对 AGI 与缩短劳动时间关系做初步科学分析——而这两方面又是密切相关的：UBI 直接应对的是 AGI 将造成的“劳动收入趋零奇点”，这又是工作数量、劳动时间趋零奇点的结果——直接应对这一奇点的方案是缩短劳动时间。它既可以相应地增加就业机会，也可以缓解劳动收入趋零的趋势，但其意义不限于此：如果说 UBI 关乎的是“收入”的分配机制变革的话，那么缩短劳动时间直接关乎“劳动”或“工作时间”的分配机制的变革。这种变革还有助于改变传统劳动（工作）的性质，使之更趋自由。帕里斯认为：“在实现免于匮乏的自由方面，基本收入比有条件的方案更便宜。”[①]UBI 所要实现的，还只是“免于匮乏的自由”，这相对而言是个人的消极自由，而更趋自由的工作还意味着个人积极自由的实现。因此，缩短劳动时间所应对的，又是 AGI 所引发的工作性质巨变的奇点。科学解答 AGI 与缩短劳动时间的关系问题，同样需要回到马克思使用价值 / 交换价值二重性批判中。

① 菲利普·范·帕里斯、杨尼克·范德波特：《全民基本收入：实现自由社会与健全经济的方案》，广西师范大学出版社 2021 年版，第 25—26 页。本节以下凡引帕里斯之语均出自该书，只在正文注明页码。

人的劳动在力量结构上主要包括智力、体力两大要素，智力要素也使人的劳动与动物单纯支出体力的活动区分开来，并且也使“必要劳动时间”外还能存在“剩余劳动时间”。在剩余劳动时间内创造的剩余产品、从物质生产中游离出的从事较高级活动的时间，又为偏于智力发挥的精神生产创造物质基础。从人类社会发展历史趋势看，生产力发展在物质生产内部表现为剩余劳动时间 / 必要劳动时间的比例越来越大，必要劳动时间趋零——这就是工作数量、劳动时间趋零的奇点；在物质生产外部表现为精神生产 / 物质生产的比例越来越大，在力量结构上表现为智力 / 体力的比例越来越大——这将引发工作性质巨变的奇点。

引发工作奇点的力量来自代表社会智力的自动机器。“机器的使用价值”是“代替人的劳动”，进而代替劳动者个人体力、智力：蒸汽机能量自动化机器主要只是代替个人体力，还不能使个人劳动力量在整体上趋零；而当 AGI 机器也全面代替个人智力时，个人在社会生产中的包括体力、智力在内的整体力量才会趋零，工作数量趋零的奇点才会真正来临。但这只是从“使用价值”来看的。而在资本框架下，劳动和机器又首先表现为“交换价值”：作为“交换价值”的劳动力是用来出卖的，当自动机器全面代替个人体力、智力之后，劳动者就没有什么可以出卖了，因此也就无法通过出卖包括智力在内的劳动力而获得包括维持基本生存的收入了——这正是西方学者在当今 AI 时代提出 UBI 方案所直接针对的问题。自动机器作为使用价值，是社会智力的物化形式，其使用价值或功能就是支配自然力；而自动机器作为“交换价值”即被资本支配的工具，是私人化的社会权力的物化形式，其功能是支配劳动者及其劳动——而在当今的硅谷资本精英狭隘的眼界中，“机器和他们对机器的垄断已经不可分割地结合在了一起”：他们已经意识到 AGI 机器使工作数量和劳动收入趋零的奇点的来临，并提出了 UBI 方案，但这一方案在西方发达国家并未得到实际推行；他们也已经意识到 AGI 机器将使工作性质巨变奇点来临。但他们无法想象的是：AGI 机器就算不受作为交换价值的资本垄断、支配，依然不会丧失其使用价值；个人体力、智力可以不作为交换价值而用来自由买卖，而摆脱雇佣性的劳动的个人体力、智力的自由发挥，才是AGI所将创造的新型工作形式，是逐步缩短劳动时间，也就是逐步摆脱劳动雇佣性的一种渐进方案。

帕里斯揭示：UBI“有助于劳动力的去商品化”，而这同时意味着劳动的“去雇佣化”。这就涉及工作性变化的问题：“在富裕社会，基本收入系统地产生作用，有助于使物质生产规模小于它原本可能达到的水平，从而对人类劳动进行‘去商品化’，并扩大‘自主性’”，进而实现“所有人的真正自由”（第204页）。“基本收入不仅是一个有助于缓解紧迫问题的巧妙措施，更是自由社会的一个核心支柱。在这个社会中，人们通过工作及工作之外的活动，极大地发展真正的自由”（“前言”IX）——马克思通常把所谓的“工作”称为“真正物质生产”：“自由王国只是在由必需和外在目的规定要做的劳动终止的地方才开始；因而按照事物的本性来说，它存在于真正物质生产领域的彼岸”“在这个必然王国的彼岸，作为目的本身的人类能力的发展，真正的自由王国就开始了。但是，这个自由王国只有建立在必然王国的基础上，才能繁荣起来。工作日的缩短是根本条件”[①]——缩短工作日（必要劳动时间）是缩小“物质生产规模”，进而缩小物质生产这种“必然王国”的前提，是实现“所有人的真正自由”，即“作为目的本身的人类能力的发展”的“根本条件”。自由王国与必然王国并不必然对立（后者是前者的基础），“自由（劳动）时间”与“必要（劳动）时间”即“工作日”也不必然对立，而资本使两者对立了起来——因此，要实现“所有人的真正自由”，首先必须消灭这种对立。人类劳动、劳动力的“去商品化”确实是消除这种对立的方式的一面，但帕里斯等西方学者忽视了与此一体两面的另一面：资本作为社会权力的私人化，只有同时消灭社会权力的私人化，“所有人的真正自由”才能真正得到实现。

---

① 《马克思恩格斯全集》第25卷，人民出版社1974年版，第926—927页。

帕里斯也讨论了UBI与“减少工作时间”的关系：“假设对于所有想要工作的人来说，工作数量远远不够”，那么可以尝试“大幅度减少全职（或更多）工作人员的工作时间，并在失业人员中重新分配这些工时。已经有一系列这样的建议”，而这“与马克思及其他人充分阐述的缩短工作日和工作周的老式战争的本质并不相同。斗争的核心动机不再是减轻负担，而是分享特权”。而这又会面临一些困境，比如“如果减少工作时间与相应减少的工资相匹配，那么收入最差的就业者就可能被迫跌入贫困线以下”；而如果工资维持不变，“小时劳动力成本就会上升”，就不存在“可供再分配的工作时间”，也就不会增加就业机会。

帕里斯强调，UBI“不会对每个人的工作时间施加最大限制，而是让人们更容易减少工作时间”，从而“降低了人们不工作的机会成本”。而且“它同时根治了因工作太多和找不到工作而生病的两种人的疾苦。这并不意味着放弃合理意义上的充分就业目标。充分就业可能意味着两件事：为所有处于工作年龄的、身体健全的人提供全职有酬的工作，或让所有想从事有意义的有酬工作的人都能真正如愿”——这就是自愿劳动。“作为一种目标，基本收入策略拒绝前者拥抱后者。基本收入通过补贴现行生产率低下的低收入工作，并让人们在生命的任何时间点都更容易选择较少工作”（第41—42页）——一部分人减少工作，相应地就会增加其他人的工作机会。所谓“工作太多和找不到工作”的现象，其实就是马克思早就科学地揭示了的在资本框架下“过度劳动与大量失业并存”的现象。只不过到了AGI时代，这种现象更加突出、严峻。

因此，创造新的工作形式固然是创造就业机会的一种方式，但缩短工作时间其实是更有效的创造就业的方式：在社会所需要的工作时间总量一定的情况下，缩短在职劳动者工作时间，就会从整体上腾出工作时间，从而为失业者创造工作机会——这是一个简单的算术题。而理解缩短劳动时间的意义和作用，还需要对劳动的性质有科学、全面而历史的理解。帕里斯指出，恩格斯批判傅立叶等空想社会主义者“将社会主义视为道德理想的实现，而不是历史力量的产物”。

帕里斯指出，“与桑巴特认为的社会主义理想的核心是劳动（生活不可能都是游戏而没有工作）不同，复兴的乌托邦社会主义传统强调从工作中解放，并逐渐将工作融入游戏”。比如，当代西方马克思主义者马尔库塞指出：“正如马克思和恩格斯本人所承认的，傅立叶是唯一明确区分自由社会和非自由社会之间的本质差异的人。而且傅立叶没有像马克思那样因恐惧而不敢谈论这样一种可能的社会：在这个社会中，工作变成了游戏，即使是社会必要劳动，也能与人类的解放和真正需要相协调。”（第312—313页）——这恰恰表明马尔库塞等当代西方马克思主义者存在偏离科学社会主义，倒退到空想社会主义的倾向——这无法对当今世界的工作问题作出科学解答。

马克思指出，“劳动不可能像傅立叶所希望的那样成为游戏”“自由时间——不论是闲暇时间还是从事较高级活动的时间——自然要把占有它的人变为另一主体，于是他作为另一主体，又加入了直接生产过程”“真正自由的劳动，例如作曲，同时也是非常严肃，极其紧张的事情”，而不是“一种娱乐、一种消遣，就像傅立叶完全以一个浪漫女郎的方式，极其天真地理解的那样”（参见前面的引述）——与傅立叶所说的“游戏”对应的是“闲暇时间”，而与“真正自由的劳动”对应的是“从事较高级活动的时间”——马尔库塞等忽视了这两者的差异。与“直接生产过程”对应的是“必要劳动时间”，从事游戏、真正自由的劳动的主体“又加入直接生产过程”，表明马克思并未把游戏、真正自由的劳动与一般劳动、自由时间与劳动时间对立起来，但资本使它们对立起来。而扬弃资本之后，这些对立必然被扬弃。

“社会必要劳动也能与人类的解放和真正需要相协调”，而马克思、恩格斯正是从“需要”出发考察劳动等社会问题的：恩格斯把生活资料分为生存、享受、发展资料3种。在人的活动时间上，对应必要、闲暇、真正自由的劳动时间3种；在人的需要上，对应生存、享受、发展需要

3种——这3种资料、时间、需求之间并不对立。但这只是从使用价值上说的，从作为交换价值的资本看，它们却对立起来了：资本把劳动者绑缚在只能获得生存资料、只能满足生存需要上，以满足生存需要为目的的劳动就是不自由的——因此，只有从使用价值/交换价值二重性结构出发，才能对资本框架下劳动的性质等问题作出科学解答。

帕里斯认为，当今时代的缩短工作日方案与马克思"老式战争"的本质不同，但基本的历史事实是：八小时工作制，恰恰是工人阶级不断斗争的结果——马克思强调，"正常工作日的规定是几个世纪以来资本家和工人之间斗争的结果""现代的工厂法强制地缩短工作日"，这是资本"在成年时期不得不忍痛做出的让步"[①]。从西方发达资本主义国家的较近的发展史看，一方面，"二战"前后的第三产业转型使白领工人以出卖智力为主，并获得闲暇时间、享受资料，这是社会历史的进步；但另一方面，白领工人依然没有获得发展资料，他们是在雇佣性的劳动或工作时间中发挥智力的，因此不是自由发挥，只有在作为"从事较高级活动的时间"的自由时间中，个人智力才能得到自由发挥——在此意义上，在获得享受资料、闲暇时间的基础上，白领劳动者进一步的斗争目标就是获得发展资料、真正自由的劳动的时间——而片面强调闲暇时间、游戏作用的马尔库塞，显然忽视了这一点。而由获得生存、享受资料，进而获得发展资料，也正是劳动不断得到自由解放的渐进过程。

从更长的历史时段看，资本主义生产成熟的结构是资本—机器—劳动。劳动之所以不自由，是由于劳动从属于资本，而受资本支配。这经历了两个阶段：第一阶段是"形式上的从属"，第二阶段是"实际上的从属"——区分两个阶段的关键是自动机器。在机器自动化生产中，"劳动对资本的从属"这种"包括在资本主义生产概念中的东西"，表现为"工艺上的事实"。如此，才能实现劳动对资本"实际上的"从属。反过来看，

---

① 《马克思恩格斯全集》第23卷，人民出版社1972年版，第300页。

在“形式上的”从属这个早期阶段，生产工艺方式还不是自动机器方式，因此其从属关系还只是一种“概念”，而不是“工艺上的事实”。

“劳动对资本的从属”或“资本支配劳动”最终体现的是资本（货币）所有者，即资本家个人对劳动力所有者即工人个人的支配，资本主义成熟的生产关系的完整结构就是“资本家（非劳动者）—资本—机器—劳动—工人（劳动者）”。资本家个人支配工人个人的权力具体表现为资本家以个人意志支配工人个人的意志——这在非自动化生产的劳动对资本的“形式上”的从属阶段，有较为明显的直接表现。资本家作为管理者的意志直接支配工人意志——资本家及其个人意志是在场的，工人的意志要服从资本家的管理；但在机器自动化生产流水线上，工人及其个人意志首先要服从的是机器的自动化运转（不服从的代价是工伤等）。此时，资本家个人权力支配意志似乎不在场了，或者说没有必要在场了，自动机器这种“物”可以代替资本家个人直接支配工人及其劳动，资本家个人权力支配就被掩盖了起来——但资本支配下的自动机器生产，最终体现的还是资本家的个人意志。

资本家竭力掩盖的真相是：剩余价值来自工人劳动，这种掩盖作用在“工厂”这种实体制造业场景中还无法充分奏效；但在与劳动及劳动者无直接关联的“交易所”这种以钱生钱的虚拟经济场景中，似乎非常有效，生息资本自我增值的自动性似乎成为资本固有特性；而机器生产的基本特性也是自动性，在机器自动生产出的产品中，工人及其劳动发挥的作用微不足道，因此资本家就更有理由宣称这些产品及其价值与工人劳动无关了。

机器只有全面自动化，才能使“劳动对资本的从属”得到全面实现，这同时也意味着劳动自由的全面丧失。以此来看，蒸汽机能量自动化机器还不是全面自动化，其所实现的还主要是“体力”劳动对资本的从属。而当今 AI 作为计算机等智能自动化机器，将使“智力”劳动也从属资本。AGI 的实现将标志着现代机器自动化的全面实现，个人包括体力和智力在内的全部劳动将全面从属于资本，劳动也将全面丧失自由。在资本支配下的自动机器，不仅可以直接支配劳动，而且还贬低、排除个人劳动力。当AGI也排除绝大多数个人的智力时，资本似乎就可以全面脱离个人体力、智力劳动，而完全自动增值了——如此一来，资本自动增值似乎就形成了一个完美的闭环。而运用马克思的使用价值/交换价值二重性批判，可以在理论上打破这个闭环，为科学考察UBI和缩短工作日奠定坚实的基础。

如果说UBI解决的是个人生存需要的话，那么缩短工作日解决的就是个人发展需要。正如按需分配生存、享受、发展资料是渐进的过程一样，缩短工作日也是渐进过程。前文已指出，硅谷精英已经意识到缩短工作日对工作性质的影响，但受资产阶级狭隘眼界的束缚，他们依然像斯密一样不能理解：劳动本身乃是个人的需要，并且可以成为个人“生活的第一需要”——只要超越资产阶级的狭隘眼界，工作性质就会由雇佣性、强制性，向自愿性、自由性的方向发展。

“时间实际上是人的积极存在，它不仅是人的生命的尺度，还是人的发展的空间”[①]——作为人的积极存在、发展空间的时间，主要指劳动时间。其中，在“必要劳动时间”中进行的劳动仅是谋生的手段，只有在“自由时间”中进行的劳动，才会成为个人生活的第一需要。劳动由强制向自愿、自由发展的过程，就是“自由时间”不断延长，“必要劳动时间”相应不断缩短的过程：“真正物质生产领域”，即通常所说的工作领域，“始终是一个必然王国。在这个必然王国的彼岸，作为目的本身的人类能力得以发展，而真正的自由王国就开始了。但这个自由王国只有建立在必然王国的基础上，才能繁荣起来。工作日的缩短是根本条件。”结合自动机器的社会作用来看，自动机器对个人工作的“代替”恰恰意味着一种“转移”，即把个人工作由作为谋生的手段的“必然王国”转移到“自由王国”，在自由王国的工作就成为“作为目的本身的人类能力的发展”，即个人体力、智力的自由全面发展成为目的本身，成为个人生活的第一需要并

---

① 《马克思恩格斯全集》第47卷，人民出版社1979年版，第532页。

获得最高享受，而“工作日的缩短是根本条件”。

总之，继以蒸汽机为代表的能量自动化机器代替个人劳动力中的体力之后，当今以计算机为代表的智能自动化机器，尤其是即将实现的 AGI，又将代替个人劳动力中的智力。每个人包括其体力、智力在内的全部劳动力，趋于被全面代替——这必将对每个人的工作或劳动甚至社会整体，产生前所未有的巨大影响。只有立足马克思使用价值 / 交换价值二重性批判，才能对这种大势和影响作出科学研判，并在此基础上提出科学而有效的应对方案。

真正自由的劳动

马克思在使用价值 / 交换价值二重性框架中，把真正自由劳动的“使用价值”定位为人“用于享受”和“自我肯定”；而资本家通过资本、货币实现的自我肯定，就只是以“交换价值”形式所实现的对社会权力私人化的肯定。资本家本人不追求可以用于享受，进而实现自我肯定的真正自由劳动，被私人化社会权力支配的雇佣工人的劳动也不自由——这为辨析资本框架下自由的普遍缺失提供了立足点。

马克思讨论了“交换价值的自我肯定、自我证实的行为”[①]问题，而“自由劳动以及这种自由劳动同货币相交换，以便再生产货币并增值其价值。也就是说，使这种自由劳动不是作为用于享受的使用价值，而是作为用于获取货币的使用价值，而被货币所消耗”[②]——反之，“用于享受”就是真正自由劳动的“使用价值”，而用于“再生产货币并增值其价值”的所谓“自由劳动”，体现的则是“交换价值”的“自我肯定”。“假定我们

① 《马克思恩格斯全集》第 46 卷下册，人民出版社 1980 年版，第 511 页。
② 《马克思恩格斯全集》第 46 卷上册，人民出版社 1979 年版，第 470—471 页。

作为人进行生产。在这种情况下，我们每个人在自己的生产过程中就双重地肯定了自己和另一个人”“我在劳动中肯定了自己的个人生命，也就肯定了我的个性的特点”，这是“由于内在的必然的需要”而进行的劳动，而雇佣劳动是“由于外在的、偶然的需要”——这“不是自愿的劳动，而是被迫的强制劳动”“不是满足劳动需要，而只是满足劳动需要以外的需要的一种手段”“不是肯定自己，而是否定自己”“不是自由地发挥自己的体力和智力”[①]。“如果说自愿的生产活动是我们所知道的最高的享受，那么强制劳动就是一种最残酷最带侮辱性的痛苦。”[②]——在出于“内在的必然的需要”、自愿、自由发挥自己的体力和智力的劳动中，个人“肯定自己”或实现了“自我肯定”，并获得最高享受，同时还肯定了“另一个人”——而资本家通过交换价值（货币）所实现的“自我肯定”，否定、支配“另一个人”。

用于享受并可获得最高享受的劳动，只能是具体的“实在劳动”。个人如果想获得这种享受，就只能在实在劳动中实际发挥自己的体力和智力，别无他法。在作为交换价值的资本的支配下，工人的实在劳动被抽象化为抽象劳动，这种抽象劳动带来的不是享受而是痛苦；资本家不从事这种抽象劳动，但也不在实在劳动中实际发挥自己的体力和智力，因而也无法获得最高享受，无法在真正自由的劳动中实现自我肯定——这导致了自由的普遍缺失。资本家个人作为人格化的资本所实现的自我肯定，只是“交换价值的自我肯定”，满足的是否定、支配另一个人的权力支配欲望。因此，把“用于享受”定位为每个人真正自由劳动的使用价值，并在使用价值/交换价值二重性框架中展开分析，将清理出揭示雇佣劳动反自由的基本性质的立足点，并且有助于揭示非劳动者偏执于权力欲所可能造成的自身的人性迷失。

① 《马克思恩格斯全集》第42卷，人民出版社1979年版，第37—38页，第93—94页。
② 《马克思恩格斯全集》第2卷，人民出版社1957年版，第404页。

一

“作为人格化的资本”的资本家的动机，不是“使用价值和享受”或享受资料，而是“交换价值和交换价值的增值”，并“迫使人类去为生产而生产，从而去发展社会生产力，去创造生产的物质条件”[①]——这种物质条件就是发展资料，其使用价值同样只有在“使用”中得到实现，即把发展资料运用于个人实在劳动中才能得到实现，这种实现就是“自由的实现”“自我实现，主体的物化，也就是实在的自由——而这种自由见之于活动，恰恰就是劳动”——在“实在的劳动”中实现“实在的自由”，就是发展资料的使用价值的体现；在劳动力的使用、劳动过程中获得享受，乃是劳动或劳动力的使用价值，或者说这种劳动的使用价值就可以为劳动者生产享受，而这又需要发展资料作为客观物质条件，并且需要发展资料也是“作为用于享受的使用价值”。在资本框架下，“不是物质财富为工人的发展需要而存在”[②]：工人不拥有发展资料，无法在劳动中满足发展需要、获得“作为用于享受的使用价值”和实在自由；而资本家也不把拥有的发展资料“作为用于享受的使用价值”，即不把发展资料运用于他个人实在劳动中以获得实在自由，因此也不是满足个人发展需要。

马克思又是结合资本来讨论劳动的使用价值的：“对产业资本家来说，劳动力的使用价值在于，当劳动力被使用的时候，它会比其本身具有的价值，比其所费的价值，生产更多的价值（利润）。这个价值余额对产业资本家来说，就是劳动力的使用价值。”[③]而对于雇佣工人来说，不得不出卖“劳动的创造力”以维持生存；而“假定不存在任何资本，而工人自己占有自己的剩余劳动，即他创造的价值超过他消费的价值的余额。只有在这种情况下，才可以说这种工人的劳动是真正生产的。也就是说，它创造

① 《马克思恩格斯全集》第 23 卷，人民出版社 1972 年版，第 649 页。
② 《马克思恩格斯全集》第 23 卷，人民出版社 1972 年版，第 681 页。
③ 《马克思恩格斯全集》第 25 卷，人民出版社 1974 年版，第 393—394 页。

新价值”[①]——没有资本，劳动依然具有创造余额的创造力、生产性的使用价值特性。在资本框架下，劳动的这种“人”的生产性转化为资本这种“物”的生产性——其前提条件是劳动力的商品化。

“在资本主义生产内，劳动过程对价值增值过程的关系是，后者表现为目的，前者则只表现为手段。”[②]劳动力的买卖决定着“自由劳动不是作为用于享受的使用价值，而是作为用于获取货币的使用价值”，而这表明“自由劳动”可以是“作为用于享受的使用价值”，或者说可以获得“享受”也是劳动的使用价值。对于工人来说，雇佣劳动不是他们个人体力、智力的自由发挥，或者他们的劳动不是以个人体力、智力自由发挥为“目的”，而是以此为“手段”，而“目的”是获得货币——但只是可以维持其基本生存的货币。因此，对工人来说，实际的雇佣劳动也不是享受；劳动的享受只能在实际劳动即个人实际发挥自身体力、智力活动中获得。资本家作为“非劳动者”不从事实际劳动，因此也不会获得对这种劳动的享受——对于劳资双方以及整个社会来说，劳动“作为用于享受的使用价值”是不存在的。因此，在资本框架下，劳动“作为用于享受的使用价值”的发展受到了压制。从劳动中获得享受的前提，是把劳动本身当作“目的本身”而非“手段”，而这又不是由劳动者个人主观意愿或意志能决定的：在封建制的手工劳动中，“劳动本身一半是技艺，一半则是目的本身，等等”[③]。而在资本制的雇佣劳动中，劳动同“牧人等等的状况相比”则“丧失”了客观的条件，即生产资料、生产工具——劳动对手工劳动者、牧人等来说，之所以有“一半”是目的本身，是因为他们还掌握着一定的生产资料，因此在劳动中还可以获得一定程度的享受；而雇佣工人彻底地丧失了生产资料，因此劳动对他们来说就是“纯粹的外在目的”，故而无法让他们获得任何享受——劳动是否可以成为“目的本身”而获得享受，取

---

① 《马克思恩格斯全集》第 26 卷第 1 册，人民出版社 1972 年版，第 143 页。
② 《马克思恩格斯全集》第 47 卷，人民出版社 1979 年版，第 104 页。
③ 《马克思恩格斯全集》第 46 卷上册，人民出版社 1979 年版，第 499 页。

决于劳动者是否掌握生产资料。

劳动本身的使用价值关乎劳动的“质”，而作为交换价值的劳动只关乎劳动的“量”：“在手工业经营下，问题在于产品质量，在于单个工人的特殊技能。师傅作为师傅，被认为是精通本行的。他作为师傅的地位不仅靠占有生产条件而获得，还靠他个人的一技之长。在资本的生产条件下，问题一开始就不在于这种半艺术性质的关系——这种关系一般是同发展劳动的使用价值、发展直接手工劳动的特殊本领、训练人类从事劳动的双手等相适应的。在资本的生产条件下，问题一开始就在于数量，因为追求的是交换价值和剩余价值。资本的已经发展的原则恰恰在于，使特殊技能成为多余的，并使手工劳动即一般直接体力劳动，不管是熟练劳动还是筋肉紧张的劳动，都成为多余的。相反，把技能投入死的自然力。”①“单个工人的特殊技能”“半艺术性质”等描述的是“劳动的使用价值”的特性，或者劳动的“质”的特性——而资本关注的只是“交换价值和剩余价值”的“数量”，并使作为“劳动的使用价值”的“单个工人的特殊技能”成为多余的。而这又是通过“把技能投入死的自然力”，即通过自动机器代替单个工人的技能来实现的，因为单个工人的“使用劳动工具的技巧”“从工人身上转到了机器上面”。因此，要想理解劳动的使用价值，还需要理解“机器的使用价值”。

从交换价值来看是“资本—雇佣劳动”的关系，从使用价值来看就是“劳动物的条件—劳动”或“物化劳动—活劳动”的关系，而在诸多“物”的条件中，生产工具又是主导性的。与资本匹配的生产工具，就是自动机器。劳动过程或生产要素包括：（1）“劳动材料”或被加工的劳动对象；（2）“劳动资料”；（3）“活劳动”。前两者就是劳动物的条件，即生产资料“在流动资本（原材料和产品）和固定资本（劳动资料）之间的差别”是“作为使用价值的各要素之间的差别”，劳动材料是流动资本的使用价值形

① 《马克思恩格斯全集》第46卷下册，人民出版社1980年版，第86页。

式，劳动资料是固定资本的使用价值形式；而“在生产过程本身中消费的资本，或者说固定资本，是严格意义上的生产资料”，即不同于劳动材料的“劳动资料”“其使用价值的规定就是：固定资本在这个过程中只是作为手段被使用，并且它本身只是作为使原料变为产品的动因而存在”，作为“动因”的劳动资料、固定资本就是劳动中的一种能动性要素，而劳动材料、原料是被动性因素：“加入资本的生产过程以后，劳动资料经历了各种不同的形态变化。”它最后的形态是“自动的机器体系”，是“最完善、最适当的机器体系形式”，是“与固定资本和整个资本相适合的存在”；“机器体系表现为固定资本的最适当的形式”，而固定资本表现为“资本一般的最适当的形式”[①]——由此可见，自动机器体系在资本发展历程和整个体系中的重要地位。

机器总是某种具体的物，其使用价值表现为对人的影响：“使农业劳动生产率以及任何其他劳动生产率增长的，是机器的使用价值”[②]“具有生产性的不是机器的价格，而是在劳动过程中作为使用价值执行职能的机器本身”。而“在不存在任何商品、不存在交换价值的社会中，机器也具有生产性”[③]“机器体系不再是资本时，它也不会失去自己的使用价值”[④]——把这两段话与以下的话对读：“假定不存在任何资本，而工人自己占有自己的剩余劳动，即他创造的价值超过他消费的价值的余额。只有在这种情况下才可以说，这种工人的劳动是真正生产的。也就是说，它创造新价值”（参见前面的引述）——我们就会发现：只要不存在商品、交换价值、资本，劳动、机器都不会失去自己的使用价值，即具有生产性而能创造新价值、余额——这从剩余劳动时间 / 必要劳动时间结构就可以清晰看出：如果人的劳动时间全部表现为必要劳动时间，则人的这种劳动就不

---

① 《马克思恩格斯全集》第 46 卷下册，人民出版社 1980 年版，第 205—210 页。
② 《马克思恩格斯全集》第 26 卷第 2 册，人民出版社 1973 年版，第 82 页。
③ 《马克思恩格斯全集》第 47 卷，人民出版社 1979 年版，第 129 页，第 166 页。
④ 《马克思恩格斯全集》第 46 卷下册，人民出版社 1980 年版，第 212 页。

具有生产性；而人的劳动具有生产性，就表现在劳动时间整体结构中还有剩余劳动时间，而剩余劳动时间创造剩余产品，劳动的生产性的提升，即劳动生产率增长，就表现为必要劳动时间的缩短——自动机器也正是通过缩短必要劳动时间，从而创造出更多余额，来表现其具有“生产性”这种“使用价值”的。而这与自动机器在力量上代替人的劳动力是相一致的：代替人的劳动力越多，人的必要劳动时间就越短，或者说代替的人的必要劳动时间就越多，发展的方向就是“人不再从事那种可以让物（自动机器）来替人从事的劳动”。

机器的特征是“节约必要劳动和创造剩余劳动”“较高的劳动生产率”，表现为“资本只需购买较少的必要劳动”，就能“创造同一交换价值”①；而“从直接生产过程的角度来看，节约劳动时间可以看作生产固定资本，这种固定资本就是人本身”②；“真正的财富就是所有个人的发达的生产力”——然而，拜物教者只看到机器这种作为固定资本的“物”，却看不到“人本身”这种“固定资本”和“所有个人的发达的生产力”这种“真正的财富”。

成熟的资本主义社会财富及其生成结构是“资本家（货币所有者）—货币—机器—工人（劳动力所有者）”——其中，货币是抽象财富或抽象化的物，最终表现为抽象的数字。从其与个人的关系看，不是个人生而有之的财富，即所谓生不带来、死不带走的财富，而劳动力是生而有之即天赋的财富；从其功能看，货币尤其纸币这种抽象物、抽象的数字，只有在特定的社会框架，即资本框架中才会发挥作用：“在他手中的不是银行家的财富，而是没用的废纸，是这种财富的‘尸体’，财富的尸体不是财富，正像‘死狗已经不是狗’一样。银行家的财富只有在现存的生产关系和交往关系的范围以内才是财富，这种财富只有在这些关系的条件下并

① 《马克思恩格斯全集》第46卷上册，人民出版社1979年版，第365页。
② 《马克思恩格斯全集》第46卷下册，人民出版社1980年版，第225页。

用适于这些条件的手段才可能被‘占有’。”[①] 并且这些财富也才可能发挥作用。而机器是具体的物，是社会智力的物化形态，离开特定的资本框架依然会发挥作用。

设想一种极端情况：人类在地球上消失而遗留下货币和机器，外星人来到地球，对于他们来说，代表货币的钞票就是一堆“废纸”，黄金也就只是一种金属，不可能赋予他们以力量，而机器作为具体的物依然会赋予他们以力量——这一思想实验表明：作为抽象物的货币要依赖于特定社会结构发挥作用，而作为具体物的机器离开特定社会结构，依然会发挥作用——资本所有者认为“机器”和“他对机器的垄断”不可分割，并不成立；认为两者不可分割的意识形态谎言就会掩盖一个基本事实：威胁劳动者劳动自由的不是机器本身，而是资本及其所有者的权力支配。

掌握货币的个人通过货币占有、支配机器本身，还不能实现或发挥支配性权力的作用，只有进一步用机器去支配劳动力所有者及其劳动，才能实际发挥权力支配作用；反过来看，工人及其劳动看上去直接受自动机器支配，但进一步看，机器又受货币支配，而最终是受掌握货币的资本家个人支配——货币、机器只是资本家个人支配工人个人的中介，这个中介两端的个人与个人之间的关系，才是实质所在，而如果只看资本家个人与货币、机器的关系，或者只看货币、机器与工人个人的关系，就会掩盖个人与个人之间的权力支配关系这个实质。“资本家不是作为这种或那种个人属性的体现者来统治工人，他只在他是‘资本’的范围内统治工人。”[②] 货币、机器代表的是社会权力、社会智力，而不是货币所有者个人固有的力量（劳动力则是其所有者个人固有的力量）。因此，资本家不是用他个人固有的力量去支配另一个个人，而是用垄断的社会力量、社会智力去支配另一个人。另一方面，只有也只要把货币落实到具体的个人与个人之间的关系，其抽象性才会消除，货币标示的就是一个具体的个人（资本家）对

① 《马克思恩格斯全集》第 3 卷，人民出版社 1960 年版，第 446 页。
② 《马克思恩格斯全集》第 26 卷第 1 册，人民出版社 1972 年版，第 419 页。

另一个具体的个人（工人）的权力支配关系，而不是抽象的社会力量对个人的权力支配关系。

二

马克思是在与雇佣劳动的对比中，揭示“用于享受”这种真正自由劳动的“使用价值”的。雇佣劳动“不是满足劳动需要，而只是满足劳动需要以外的需要的一种手段”，这表明围绕“劳动”，个人的需要包括“劳动需要”和“劳动需要以外的需要”两大类，而两类需要的满足都需要一定物的条件即生活资料，并且这种资料又是由劳动本身创造的，是作为使用价值的物化劳动。不同于动物活动，人的劳动的使用价值有二：（1）是劳动之“外”的使用价值，即“物化劳动”的使用价值，劳动除了生产出满足生存需要的生存资料外，还可以创造剩余产品，剩余产品可以转化为享受、发展资料，享受资料在劳动之“外”满足个人的消费性的享受需要；（2）是劳动本身或者劳动之“内”的使用价值，劳动用于个人的生产性享受，满足个人的劳动需要、生产的需要，这是存在于劳动之“内”的需要，而满足这种需要的物的条件就是发展资料，劳动为自身创造这种物质条件，把发展资料运用于个人实在劳动中，个人劳动就会成为真正自由的劳动，个人由自由劳动本身会获得最高享受——这也正是发展资料最终的“使用价值”。而用于真正自由的劳动的发展资料，也是劳动、劳动者为自身创造的“最高的使用价值”。

雇佣工人作为人格化的劳动力，只能获得生存资料、满足再生产劳动力的生存需要，因而也就被绑缚在生存需要、生存资料上；交换价值（货币）及其所有者即资本家作为人格化的资本，不以追求占有享受资料、满足个人消费性享受为目的，就是以追求占有发展资料为目的，但又不把自己占有的发展资料运用于自己的实在劳动，从事真正自由的劳动，因此就不是为了获得个人实在的自由、满足个人生产性享受——结果就是：在资本框架下，每个人的劳动需要本身或存在于劳动之“内”的需要得不到充分满足、自由得不到充分实现，每个人真正自由的劳动得不到充分发展的空间，由此造成了自由的普遍缺失。然而，资本、资本家在客观上又为这种需要的充分满足、这种自由的充分实现、这种真正自由的劳动的充分发展，创造了物的条件即发展资料。

“如果说自愿的生产活动是我们所知道的最高的享受，那么强制劳动就是一种最残酷最带侮辱性的痛苦。”“他（工人）的劳动不是自愿的劳动，而是被迫的强制劳动。因而，它不是满足劳动需要，而只是满足劳动需要以外的需要的一种手段。”“在工资中，劳动本身不表现为目的本身，而表现为工资的奴仆。”[①]“生产对我来说不是表现为目的本身，而是表现为手段”[②]——围绕“实在劳动”，个人需要就包括“个人消费的需要”和“生产的需要”或“劳动需要”。（1）“个人消费的需要”及其被满足所获得的享受，是劳动过程之“外”的需要、享受，或者说在劳动过程之“外”得到满足的需要、获得的享受，是劳动的外在目的，劳动、劳动力的使用和发挥本身是满足这种需要、获得这种享受、实现这种目的的“手段”。“工人的任何奢侈在他看来都是不可饶恕的，而一切超出最抽象的需要的东西——无论是消极的享受或积极的活动表现——在他看来都是奢侈”[③]——存在于劳动之外的消费性享受只是“消极的享受”，而劳动作为“积极的活动表现”也会产生享受，并且是“积极的享受”。（2）“劳动力的使用价值，即劳动力的使用，劳动”[④]——存在于作为“劳动力的使用”的劳动过程之“内”的需要就是“生产的需要”“劳动需要”，或者说是在劳动过程之“内”得到满足的需要，是劳动的内在目的，劳动、劳动力的使用和发挥本身就是“目的本身”，一个人想要获得自己劳动、劳动力的

① 《马克思恩格斯全集》第 42 卷，人民出版社 1979 年版，第 94 页，第 101 页。
② 《马克思恩格斯全集》第 46 卷上册，人民出版社 1979 年版，第 145 页。
③ 《马克思恩格斯全集》第 42 卷，人民出版社 1979 年版，第 134—135 页。
④ 《马克思恩格斯全集》第 23 卷，人民出版社 1972 年版，第 210 页。

使用价值，想要满足自己的“生产的需要”“劳动需要”而获得最高享受，就只能实际地进行劳动、实际地发挥自己的劳动力。

共产主义的一个重要特征就是每个人的“劳动本身”将成为“生活的第一需要”——马克思以此为立足点，揭示了资本主义的内在对抗性。

> 如果抛掉狭隘的资产阶级形式，那么，财富岂不正是在普遍交换中造成的个人的需要、才能、享用、生产力等等的普遍性吗？财富岂不正是人对自然力——既是通常所谓的“自然”力，又是人本身的自然力——统治的充分发展吗？财富岂不正是人的创造天赋的绝对发挥吗？这种发挥，除了先前的历史发展之外没有任何其他前提，而先前的历史发展使这种全面的发展，即不以旧有的尺度来衡量的人类全部力量的全面发展成为目的本身……在资产阶级经济以及与之相适应的生产时期中，人的内在本质的这种充分发挥，表现为完全的空虚，这种普遍的物化过程，表现为全面的异化，而一切既定的片面目的的废弃，则表现为为了某种纯粹外在的目的而牺牲自己的目的本身。[①]

“为生产而生产无非就是发展人类的生产力，也就是发展人类天性的财富这种目的本身”，个人劳动力、生产力就是“人本身的自然力”，就是“人的内在本质”，就是人的“创造天赋”“天性的财富”“人类全部力量的全面发展”可以成为“目的本身”，或者说可以成为个人劳动本身的“内在目的”。而“狭隘的资产阶级形式”为了“某种纯粹外在的目的而牺牲自己的目的本身”，把个人劳动生产力的使用、发挥本身当作“手段”——对于非劳动者资本家来说，这个“外在目的”就是交换价值、货币及其增值；对于劳动者工人来说，这个“外在目的”就是维持自身基本生存。

---

① 《马克思恩格斯全集》第46卷上册，人民出版社1979年版，第486页。

个人以自身自然力、创造天赋的发挥、发展为目的本身，表明这是个人的一种内在的需要，如果这种需要被满足，个人就会获得享受："活动、劳动本身的行动"对劳动者个人来说，可以是"他个人的自我享受"和"他的天然禀赋和精神目的的实现"；而"工人自己的体力和智力"就是"他个人的生命（因为，生命如果不是活动，又是什么呢？）"。"人直接地是自然存在物。人作为自然存在物，而且作为有生命的自然存在物，一方面具有自然力、生命力，是能动的自然存在物；这些力量作为天赋和才能、作为欲望存在于人身上"[①]——人本身的自然力、生命力、创造天赋、天然的禀赋，主要包括体力和智力，使它们实际发挥出来，乃是个人能动性"欲望"或需要。"个人在自己的自我解放中要满足一定的、自己真正体验到的需要""他们的需要即他们的本性"——使个人体力、智力自由发挥的需要，是每个人的"本性"，并且是每个人可以"真正体验"到的。

每个人发挥体力、智力的欲望和需要，只能在活动即劳动之"内"得到满足，被满足就会产生享受，劳动者可以"把劳动当作他自己体力和智力的活动来享受"，或者说在劳动活动之"内"可以获得自己体力和智力自由发挥的享受。而在资本框架下，在劳动之"内"，工人"不是自由地发挥自己的体力和智力"，因此"不是感到幸福"，而是"感到不自在""觉得不舒畅"，总之不是享受。"工人只有在劳动之外才感到自在""在不劳动时觉得舒畅"，而这是因为"他的劳动不是自愿的劳动，而是被迫的强制劳动"，而"自愿的生产活动是我们所知道的最高的享受"。

"假定我们作为人进行生产""我在我的生产中物化了我的个性和我的个性的特点，因此我既在活动时享受了个人的生命表现，又在对产品的直观中由于认识到我的个性是物质的、可以直观地感知的，因而是毫无疑问的权力而感受到个人的乐趣"。在"作为人"进行的生产中，个人"享受了个人的生命表现"，感受到了"个人的乐趣"，而这是"个人的自我

---

① 《马克思恩格斯全集》第 42 卷，人民出版社 1979 年版，第 28 页，第 95 页，第 167 页。

享受”。“劳动是劳动者的直接的生活来源，同时也是他的个人存在的积极实现”；而“谋生的劳动”不是“个人的自我享受”。“人越是通过自己的劳动使自然界受自己支配，神的奇迹越是由于工业的奇迹而变成多余，人就越是不得不为了讨好这些力量，而放弃生产的欢乐和对产品的享受！”[①]——“对产品的享受”与“生活来源”相关，而“生产的欢乐”就是“个人存在的积极实现”所产生的最高享受。

在资本框架下，“劳动的使用价值”“不是供某种特定的享用或消费的使用价值，而是用来创造价值的使用价值”；“自由劳动不是作为用于享受的使用价值”，而超出资本框架，自由劳动的使用价值就是可以“享用”或用于“享受”、获得“享受”[②]，并且是最高的享受；“谋生的劳动”本身不是享受，共产主义为“每一个人”提供“全面发展和表现自己全部的即体力的和脑力的能力”的机会，每一个人的劳动都将“不仅仅是谋生的手段，其本身成了生活的第一需要”——满足这种需要所获得的就是“个人的自我享受”“生产的欢乐”“个人的乐趣”，总之就是“真正自由的劳动”作为“使用价值”所产生的“享受”——这是马克思考察资本框架下劳动性质的立足点。

社会智力、社会权力私人化的后果

第二章揭示：资本所有者使自动机器所物化的社会智力、社会权力私人化、垄断化，并以此支配劳动者及其劳动，由此造成劳动者的普遍贫困，与此相关的另一个后果是：还造成自由的普遍缺失。“自由劳动以及这种自由劳动同货币相交换，以便再生产货币并增值其价值。也就是说，

① 《马克思恩格斯全集》第 42 卷，人民出版社 1979 年版，第 37 页，第 98—99 页。
② 《马克思恩格斯全集》第 46 卷上册，人民出版社 1979 年版，第 468—470 页。

使这种自由劳动不是作为用于享受的使用价值”（参见前面的引述）——不是“用于享受”的所谓“自由劳动”只是指劳动者出卖自身劳动力的自由，非劳动者购买这种劳动力用于再“生产货币并增值其价值”——这首先发生在交换、流通领域，进入生产过程中，非劳动者通过货币垄断、支配劳动资料——其发达的形式就是物化了社会智力的自动机器——支配劳动者及其劳动，货币（资本）所有者就把人类累积发展起来的社会智力转化为私人化的社会权力，被支配的劳动者及其劳动是不自由的，并且被绑缚在贫困上，而非劳动者，即资本所有者满足于权力支配需要，也不在实在劳动中自由发挥自己的体力、智力而获得实在自由——如此一来，在资本框架下，劳动者和非劳动者都不拥有实在自由，由此形成了自由的普遍缺失——这是资本所有者把社会智力、社会权力私人化的又一后果。

二

“富有的人和富有的人的需要代替了国民经济学上的富有和贫困。富有的人同时就是需要有完整的人的生命表现的人。在这样的人的身上，他自己的实现表现为内在的必然性、表现为需要”[①]——即满足真正自由的劳动这种“内在的必然的需要”，“有完整的人的生命表现的人”就是“全面发展的个人”。而在资本框架下，劳动者被绑缚在贫困上，拥有资本的非劳动者也不是“有完整的人的生命表现的人”，因为“真正的财富就是所有个人的发达的生产力”，一个人要想“占有”这种真正的财富，就只能在具体的实在劳动中实际自由发挥自身生产力——拥有资本的个人显然并不如此做，因此也不拥有这样的实在自由，他们也是自由的缺失者，或者说是“智力上的贫困者”——在能量自动化时代，表现为“使用机器的工厂主对力学一窍不通”；在当今智能自动化时代则表现为：拥有巨量资本的

① 《马克思恩格斯全集》第 42 卷，人民出版社 1979 年版，第 129 页。

投资商对 AI 也可能一窍不通，但这丝毫不影响他们大发其财。

> 作为过去取得的一切自由的基础的是有限的生产力；受这种生产力所制约的、不能满足整个社会的生产，使得人们的发展只能具有这样的形式：一些人靠另一些人来满足自己的需要，因而一些人（少数）得到了发展的垄断权；而另一些人（多数）经常地为满足最迫切的需要而进行斗争……这种发展的局限性不仅在于一个阶级被排斥于发展之外，而且还在于把这个阶级排斥于发展之外的另一阶级在智力方面也有局限性；所以"非人的东西"同样是统治阶级命中所注定的。这里所谓"非人的东西"同"人的东西"一样，也是现代关系的产物；这种"非人的东西"是现代关系的否定面……①

"生产力"是自由的基础，有限的生产力只能产生有限的自由——这种有限的自由或自由的有限性表现为：在私有制框架下，作为"多数人"的劳动阶级"被排斥于发展之外"而丧失自由；而作为"少数人"的非劳动阶级"在智力方面也有局限性"，也不是"有完整的人的生命表现的人"，即个人的智力也没有得到完整、自由的发挥——这就需要结合个人的"需要""意图"或"愿望"来分析：个人的愿望有两类，一类是在"一切（社会）关系"中都存在的愿望，另一类是只产生在"一定的社会形式"下的愿望。共产主义会消灭一些欲望，而"共产主义者所追求的只是这样一种生产和交往的组织，那里他们可以实现正常的，也就是仅限于需要本身的一切需要的满足"②——只产生在私有制这种特定的社会形式下的欲望，就是权力支配欲望：所谓"人的"东西从力量、需要上看，就是每个人都具有的自由发挥体力、智力的需要，这在"一切关系"中都存在，但在不同的社会形式下被满足的状况会不同。在私有制条件下，作为"多数"的劳

① 《马克思恩格斯全集》第 3 卷，人民出版社 1960 年版，第 507 页。
② 《马克思恩格斯全集》第 3 卷，人民出版社 1960 年版，第 287 页。

动者个人的这种需要不被满足，而作为“少数”的非劳动者个人有条件满足这种需要，但又不实际地满足自己的这种需要，而是偏执于支配、统治劳动者个人的权力欲望——这种权力欲就是“非人的东西”，这是共产主义要消灭的欲望，只有消灭这种非人的权力欲，每个人自由发展体力、智力的需要作为“人的”“正常的”需要才能得到全面满足。

“‘非人的东西’同样是统治阶级命中所注定的”，而这种“非人的东西”在当今AI时代有了新版本。比如，可以植入人脑而提升智力的智能芯片等。从生产资料所有制看，非劳动者对劳动者及其劳动的权力支配，又主要是通过垄断、占有物化了社会智力的生产工具——其发达形态就是现代自动机器——来实现的：从现代机器的两次自动化看，富人没有想把能量自动化机器这种身外之物、“非人的东西”，转化为自己的身内之物，而现在的一些超级富豪开始幻想把智能自动化机器某些“非人的”因素，转化为自己的身内之物，比如把智能芯片植入自己的大脑，以使自己成为超级智能体，而不顾自己是否还是人类物种——只要智力进而统治的权力足够强大就行。在19世纪，资本主义生产已经开始迅速、深刻地摧残“人民的生命根源”——“不理会人类将退化并将不免终于灭种的前途”“我死后哪怕洪水滔天！”——这就是每个资本家和每个资本家国家的口号[①]。在当今21世纪，AI和基因技术越来越发达，在某些超级富豪那里，这个口号的升级版是：“我只要足够强大，哪怕不再是人！”赫拉利在《未来简史》中就描述了这种状况：少数精英幻想由作为“智人”的人类物种“进化”到“神人”，而绝大多数人作为人类物种将成为“无用阶级”，面临着“退化并将不免终于灭种的前途”——这将是“一个阶级被排斥于发展之外”，而“另一阶级在智力方面也有局限性”这种状况的终极版，少数统治阶级在对无限强大的权力的无度追逐中，将导致自身的人性迷失，进而成为“非人的东西”！

① 《马克思恩格斯全集》第23卷，人民出版社1972年版，第299页。

因此，在AGI即将造成工作数量、劳动时间趋零进而工作性质巨变奇点正在来临之际，科学认识劳动及其自由之于人类个人的意义，揭示资本框架下社会智力、社会权力私人化及其造成的自由的普遍缺失状况和趋势，有助于探寻应对这种工作性质巨变奇点的有效方法：通过对社会智力、社会权力私人化逐步有所限制，逐步缩短劳动时间，逐步削弱工作的雇佣性、商品性、强制性而使之更趋自由，最终以普遍的自由消除自由的普遍缺失。

资本主义在还处于上升期时，其思想家还没有回避资本的“权力”本质。斯密指出：“霍布斯先生说，财富就是权力；但获得或继承了大宗财产的人，不一定因此就得到了民政的或军事的政治权力……财富直接提供给他的权力，无非是购买的权力，而这是一种支配当时市场上有的一切他人劳动或者说他人劳动的一切产品的权力。”[①] 斯密已经意识到作为“交换价值”的财富是一种社会权力，并且是在不同于“民政的或军事的政治权力”的意义上，支配他人劳动及其产品的权力——这体现了一种历史进步。但斯密认为，这种垄断性的社会权力具有自然必然性而无法消灭。而马克思强调，“真正的财富就是所有个人的发达的生产力”，正是立足于“所有个人”而不是“少数个人”的发达生产力这种具体的天性财富。马克思揭示了作为社会权力私人化的抽象财富的资本，在人类发展一定阶段中必然出现，但在人类尤其社会生产的进一步发展中又将必然被扬弃。

马克思还引用亚里士多德之语云：“真正的财富就是由这样的使用价值构成的；因为满足优裕生活所必需的这类财产的量不是无限的。”即个人用于生存、享受的财产或资料的量不是无限的，而“货殖所追求的财富”即马克思所说的作为“交换价值”的财富是“无限的”[②]。交换价值所对应的是个人权力欲望，这种权力欲望很难得到满足，就是通常所说的“欲壑难填”；而人的享受欲望不是无限的。因此，决定作为人格化资本的资本家

① 《马克思恩格斯全集》第26卷第1册，人民出版社1972年版，第53页。
② 《马克思恩格斯全集》第23卷，人民出版社1972年版，第174页。

个人行为动机的，不是享受欲，也不是对物的占有欲或物欲，而是支配、统治具体的个人的权力欲。

前文已指出，资本主义社会财富及其生成的成熟的结构是“资本家（货币所有者）—货币—机器—工人（劳动力所有者）”——片段而直观地看，是自动机器支配劳动者及其劳动。“从事物的本性可以得出，人的劳动能力的发展特别表现在劳动资料或者说生产工具的发展上。正是这种发展表明，人通过在两者之间插入一个为其劳动目的而安排规定的，并作为传导体服从于他的意志的自然物，在多大的程度上加强了他的直接劳动对自然物的影响”①。劳动资料或者生产工具是“使原料变为产品的动因”②——劳动对象作为被加工的对象是被动性的要素，不可能支配劳动者及其劳动；劳动资料是劳动过程中的动因性或能动性的要素，但作为“传导体”服从于劳动者的意志，因而也不必然支配人及其劳动。“加入资本的生产过程”的劳动资料最完善、最适当的形态，是“自动的机器体系”，“它不受活劳动支配，而是使［活］劳动受它支配”，使“工人的劳动受资本支配”表现为“工艺上的事实”③——自动机器支配工人及其劳动就成为资本家支配工人及其劳动的“工艺上”的表现。由此可以得出3个推论，即在生产资料中：（1）被加工的对象不可能支配劳动者及其劳动；（2）非自动化的生产工具不会支配劳动者及其劳动，如锄头不会支配农民及其劳动；（3）不受资本支配的自动化的生产工具即机器，也不会支配劳动者及其劳动。而生产工具支配劳动者及其劳动两个不可或缺的必要条件是：（1）自动化；（2）受资本家支配。自动机器是社会智力的物化形态，资本、货币是私人化的社会权力的物化形态，劳动、资本与机器的关系最终体现的就是资本家个人通过垄断社会权力进而支配社会智力，以个人意志支配工人个人意志的权力关系——见“物（机器、资本、货币）”不见“人”，就会

---

① 《马克思恩格斯全集》第47卷，人民出版社1979年版，第57页。

② 《马克思恩格斯全集》第46卷下册，人民出版社1980年版，第206页。

③ 《马克思恩格斯全集》第47卷，人民出版社1979年版，第567页。

掩盖这种非常具体的个人与个人之间的权力支配关系——正是这种权力支配关系，导致了自由的普遍缺失。

二

马克思在使用价值 / 交换价值二重性框架中揭示了资本作为社会智力、社会权力私人化的本质，以及由此造成的自由的普遍缺失。

其一，从个人与个人之间关系看，资本代表的是资本所有者个人支配劳动力所有者的个人的权力关系。在这种权力支配下，劳动者以基本生存为目的的劳动就是不自由的。

“使用价值本身首先反映个人对自然的关系；与使用价值并存的交换价值反映个人支配他人的使用价值的权力，反映个人的社会关系。”[①]“在资本和劳动的关系中，交换价值和使用价值彼此发生这样的关系：一方（资本）首先作为交换价值同另一方相对立，而另一方（劳动）首先作为使用价值同资本相对立”——交换价值所代表的就是资本家个人对工人个人的权力支配关系。对于与货币所有者对立的劳动力所有者来说，“根本的东西，就是交换的目的对于工人来说是满足自己的需要”“他交换来的东西是直接的必需品”是“维持他的生命力的物品”[②]——这种以基本生存为目的的劳动就是不自由的。

“工人要向资本提供的使用价值，也就是工人要向他人提供的使用价值，并不是物化在产品中的，它根本不存在于工人之外”，其他商品都是人的“身”外之物，而劳动力这种特殊商品及其使用价值存在于工人身体之内，根本不是工人的“身”外之物。而这种身“内”之物，“不是在实际上，而只是在可能性上，作为工人的能力存在。这种使用价值只有在资本的要求下、推动下，才能变成现实”。而生产活动是“工人的用于一定

① 《马克思恩格斯全集》第 46 卷下册，人民出版社 1980 年版，第 459 页。

② 《马克思恩格斯全集》第 46 卷上册，人民出版社 1979 年版，第 222—223 页，第 243 页。

目的的、因而是在一定的形式下表现出来的生命力本身”[①]——资本家对工人的支配，最终支配的就是个人“生命力本身”，工人个人生命力本身的发挥不受自己的意志的支配，而受别人即资本家意志的支配，决定着工人劳动是不自由的，而满足于支配别人及其劳动的资本家，也不在乎把作为自己身“内”之物的生命力自由表现、发挥出来，由此造成了真正自由劳动的普遍缺失。

其二，从个人与社会之间关系看，资本所有者不是凭借“个人力量”而是“社会力量”“社会权力”，实施对劳动力所有者个人的权力支配的，而受外在的社会权力支配的劳动是不自由的。

“资本不是一种个人的力量，而是一种社会的力量”[②]——资本家就不是凭借“个人力量”，而是“社会力量”支配另一个人：“每个个人行使支配别人的活动或支配社会财富的权力，就在于他是交换价值或货币的所有者。他在衣袋里装着自己的社会权力和自己同社会的联系”“每个个人以物的形式占有社会权力”——社会权力又表现为“物”的权力，即所谓“物权”。对于劳动者来说，这种物权是一种“独立于他自身之外的社会权力”“凌驾于他们之上的他人的社会权力”[③]——这种“他人”即资本家，资本家垄断了这种社会权力，就意味着把社会力量私人化，受这种劳动者自身之外的社会力量、社会权力支配的劳动，就是不自由的。

其三，资本对劳动的支配，在生产劳动过程中，就体现为资本家以表现为“生产资料”尤其“劳动资料”这种“物”的社会权力支配劳动者，使其劳动丧失自由。

生产劳动的“物的条件”或“物的因素”是生产资料，“人的因素”是劳动力。在具体的实在劳动过程中，通常“除了表示活动必须和它的材

---

① 《马克思恩格斯全集》第46卷上册，人民出版社1979年版，第222—223页。

② 《马克思恩格斯全集》第4卷，人民出版社1958年版，第481页。

③ 《马克思恩格斯全集》第46卷上册，人民出版社1979年版，第104页，第109页，第145页。

料相适应外，它们决不表示这些物对劳动的任何其他支配权”[①]——劳动者及其劳动对劳动物的条件的“适应”，绝不意味着被“支配”，因而也绝不意味着自由的丧失。“工人在货币面前把他的劳动能力当作商品出卖”的前提是：“劳动条件，即劳动的物的条件作为异己的权力，异化的条件与他相对立。劳动的条件是别人的财产”“劳动和劳动产品所有权的分离，劳动和财富的分离，已经包含在这种交换行为本身之中”“他的劳动的生产性成了异己的权力”[②]——“分离”是“支配”的前提，而消灭支配性的权力，就必须首先消灭“分离”这一前提——这讲的是交换过程。再从劳动过程看，“生产资料，劳动的物的条件——劳动材料、劳动资料（以及生活资料）——也不是从属于工人——相反，是工人从属于它们。不是工人使用它们，而是它们使用工人。正因这样，它们才是资本”[③]——被资本“使用”的劳动就是不自由的。

具体地看，权力功能又是通过一个人的意志对另一个人的意志的支配来实现的。工人“能够提供的可供出售的唯一商品就是存在于他的活的身体中的活劳动能力”[④]；工人所谓的“自由”，“一方面，是指工人支配他作为商品的劳动能力”，别人不能强买；然而，“另一方面是指他不支配任何别的商品，一贫如洗”，自由得一贫如洗，而“没有任何实现他劳动能力所必需的物的条件”；为了维持生存，工人不得不“出卖对他自身的劳动能力的支配权”而“受别人的意志支配”[⑤]——被别人的意志而不是自己的意志支配的劳动力的发挥就是不自由的。

其四，资本作为社会权力支配劳动者及其劳动的生产资料、劳动资料“物”的最完善的形式，就是自动机器，使“劳动对资本的形式上的从属”转化为“劳动对资本的实际上的从属”，资本支配、压迫劳动的权力得到

① 《马克思恩格斯全集》第26卷第3册，人民出版社1974年版，第291页。
② 《马克思恩格斯全集》第47卷，人民出版社1979年版，第146页，第180页。
③ 《马克思恩格斯全集》第26卷第1册，人民出版社1972年版，第419页。
④ 《马克思恩格斯全集》第46卷下册，人民出版社1980年版，第513页。
⑤ 《马克思恩格斯全集》第47卷，人民出版社1979年版，第36页，第123页。

“完美”的实现，劳动彻底丧失自由。

“一切资本主义生产不仅是劳动过程，而且是资本的增值过程，因此都有这样的共同点：不是工人使用劳动条件，相反，是劳动条件使用工人。只有在机器生产下，这种颠倒关系才有了工艺上明显的现实性”[①]——表现为不是“工人使用机器”，而是“机器使用工人”，但本质上仍是“资本”使用、支配工人及其劳动。在具体劳动中，“除了表示活动必须和它的材料相适应外，它们决不表示这些物对劳动的任何其他支配权”，工人及其劳动对机器自动化运动的“适应”并不意味着被支配，对工人机器劳动的支配权不是来自机器本身，而是来自机器的垄断者即资本家。

撇开特定的社会形式，劳动者使用生产工具体现的是劳动者自己的意志，不可能由此丧失自由。但在资本这种特定的社会形式下，“整个劳动过程也属于资本家”，而“由于劳动同时又是工人本身的生命的表现，是他自身的个人技巧和能力的发挥——这是取决于他的意志的一种活动，同时是他的意志的表现——因此，资本家就监视工人，把工人的劳动能力发挥出来，作为从属他的一种行为来加以监督”——但这只是表明还处在“劳动对资本形式上的从属”阶段，劳动还“取决于工人的意志、勤勉，等等，因此必须受到资本家的意志的控制和监督”[②]——资本家较难以个人意志支配工人个人意志，作为“工人本身的生命的表现”“他自身的个人技巧和能力的发挥”的劳动还具有一定自由度。

在“劳动对资本的实际上的从属”阶段，劳动的“工艺过程”发生了变化，即“在直接生产中大规模应用自然力、科学和机器”[③]——正是自动机器这种工艺形式、工艺过程，使劳动对资本的从属，从“形式上的从属”转化为“实际上的从属”——从权力关系的演变来看，自动机器就代

① 《马克思恩格斯全集》第 16 卷，人民出版社 1964 年版，第 321 页。
② 《马克思恩格斯全集》第 47 卷，人民出版社 1979 年版，第 100—101 页。
③ 《马克思恩格斯全集》第 48 卷，人民出版社 1985 年版，第 18 页。

替资本家直接支配工人，资本家的个人意志就不在场了。“通过劳动本身，客观的财富世界作为与劳动相对立的异己的权力越来越扩大，并且获得越来越广泛和越来越完善的存在”[①]——这种最“完善的存在”就是自动机器体系：自动机器这种在“使用价值”上“最完善”的形式，在“交换价值”上也成为支配劳动者及其劳动的权力的“最完善”的存在：“机器无论从哪一方面来看，都不表现为单个工人的劳动资料。”“创造价值的力量或活动被自为存在的价值所占有——这种包含在资本概念中的事情，在以机器为基础的生产中也从生产的物质要素和生产的物质运动上被确立为生产过程本身的性质”[②]，即成为“工艺上的事实”——资本作为生产资料物对工人的支配，就表现为自动机器对工人及其劳动的支配。在自动机器体系中，工人不再受到资本家的直接监视，机器的自动化运动本身就控制着工人及其劳动，似乎机器这种“物”在控制人——这使资本与劳动、资本家与工人个人之间的关系“变得更加复杂，显得更加神秘”。因为机器体系、科学等“社会智力”，“作为某种异己的、物的东西，纯粹作为不依赖于工人而支配着工人的劳动资料的存在形式，同单个工人相对立”[③]。

因此，在社会权力私人化及其对劳动的支配、使劳动丧失自由的进程中，物化了社会智力的自动机器发挥了重要作用：“资产者把采用机器使雇佣奴隶制永久化这件事用来为机器‘辩护’”。“机器经常不断地造成相对的人口过剩，造成工人后备军，这就大大增加了资本的权力”[④]——这种权力在自由竞争条件下，还成为造成大量工人失业、同时使在职工人过度劳动的根源。在以机器为基础的大工业中，“生产过程的智力同体力劳动相分离，智力变成资本支配劳动的权力”得以完成，最终机器所物化的社会智力，就成为资本支配劳动、资本家支配劳动者的强大的社会权

① 《马克思恩格斯全集》第46卷上册，人民出版社1979年版，第452页。
② 《马克思恩格斯全集》第46卷下册，人民出版社1980年版，第205—209页。
③ 《马克思恩格斯全集》第26卷第1册，人民出版社1972年版，第419—420页。
④ 《马克思恩格斯全集》第26卷第2册，人民出版社1973年版，第653页，第632页。

力："变得空虚了的单个机器工人的局部技巧""作为微不足道的附属品而消失了"[①]——在自动机器体系中，劳动力不仅不能得到自由发挥，还被否定、否弃，而劳动也就在"变得空虚"或"无用"中彻底丧失了自由。

三

资本主义生产的发展过程表现为"劳动过程的智力"与劳动、劳动者的异化、分离、对立，并成为支配劳动、劳动者的私人化社会权力的过程。这种过程"从协作开始，在工场手工业中得到发展，并在大工业中完成"：（1）"协作整个说来没有改变单个工人的劳动方式"，智力与单个工人及其劳动的分离还不明显。（2）"工场手工业却使它发生了革命，工场手工业使工人畸形发展；工人不能生产独立的产品，他只是资本家作坊的附属品。劳动的智力，在许多人那里消逝，而在个别人那里扩大了范围。工场手工业的分工使劳动过程的智力作为别人的财产和统治工人的力量而同工人相对立"[②]。（3）在大工业中，"科学及其应用，事实上同单个工人的技能和知识分离了"[③]，而"劳动过程的智力"成为支配劳动、劳动者的私人化社会权力的过程得以完成。

资本主义"生产的［物质］条件的集中和发展以及这些条件转化为资本，是建立在使工人丧失这些条件、使工人同这些条件相分离的基础上的"——在智力上，则表现为"建立在这一过程的智力同个别工人的知识、经验和技能相分离的基础上"，正是这种"分离"使在"自然科学在物质生产过程中的应用"中，"科学对于劳动来说，表现为异己的、敌对的和统治的权力"。"在这里，机器的特征是'主人的机器'，而机器职能的特征是生产过程中（'生产事务'中）主人的职能。同样，体现在这些

① 《马克思恩格斯全集》第23卷，人民出版社1972年版，第464页。
② 《马克思恩格斯全集》第16卷，人民出版社1964年版，第314页。
③ 《马克思恩格斯全集》第48卷，人民出版社1985年版，第38页。

机器中或生产方法中，化学过程等中的科学也是如此。对于劳动来说，科学表现为异己的、敌对的和统治的权力，而科学的应用一方面表现为传统经验、观察和通过实验方法得到的职业秘方的集中"——这表明现代科学乃是历史上无数个人智力集中、凝聚并累积性发展的产物；"另一方面，表现为把它们发展为科学（用以分析生产过程）"，即把历史上作为分散的经验的个人智力整合为自成一体的强大系统，即现代科学体系；"科学的这种应用，即自然科学在物质生产过程中的应用，同样是建立在这一过程的智力同个别工人的知识、经验和技能相分离的基础上的"，科学作为强大的社会智力、通用智能，与工人个人是相分离的，"正像生产的［物质］条件的集中和发展以及这些条件转化为资本是建立在使工人丧失这些条件，使工人同这些条件相分离的基础上的一样"——或者说科学作为强大的社会智力与工人个人的分离，乃是生产的物质条件与工人分离不断发展的最终产物；而"科学在生产过程中的上述应用和在这一过程中压制任何智力的发展"——与工人相分离的强大社会智力还压制工人个人智力的发展。"当然，在这种情况下，会造就一小批具有较高熟练程度的工人，但他们的人数决不能同'被剥夺了知识的'大量工人相比"[①]——这同样或者更适用于对当今 AI 时代工人状况的分析：AI 的发展也确实"会造就一小批具有较高熟练程度的工人"，即所谓高级"码农"——这就是许多人所强调的 AI 自动化会创造新的工作形式和机会。但同样，这些高级码农的人数也决不能同被剥夺了计算机智能技术的大量白领工人比。

马克思引述了汤普逊的话："知识的占有者和权力的占有者到处都力图把自己的私利放在第一位……知识成了一种能同劳动分离并同它相对立的工具。"然后通过分析指出："科学分离出来成为与劳动相对立的、服务于资本的独立力量，一般说来属于生产条件与劳动相分离的范畴。并且正是科学的这种分离和独立（最初只是对资本有利），成为发展科学和知识的

---

① 《马克思恩格斯全集》第 47 卷，人民出版社 1979 年版，第 571—572 页。

潜力的条件"[①]——马克思从来不片面地看待问题，他一方面揭示与工人分离的科学这种社会智力成为"敌视工人、镇压工人、为了资本家的利益而反对每个工人的权力"，另一方面也揭示恰恰是这种"分离"和"独立"，又促进了科学社会智力、知识潜力的发展。而汤普逊所说的"知识的占有者和权力的占有者到处都力图把自己的私利放在第一位"的现象，依然存在于当今 AI 发展的代表性的地区即美国硅谷：AI 知识的占有者即技术精英和经济权力的占有者即大风险投资商，也依然"把自己的私利放在第一位"。

建立在资本基础上的个人自由，只是竞争的自由、追逐权力的自由，"这种个人自由同时也是最彻底地取消任何个人自由"，恰恰造成了个人自由的普遍缺失——这围绕自动机器有突出的体现："机器成了资本的形式，成了资本驾驭劳动的权力，成了资本镇压劳动追求独立的一切要求的手段。"[②] 劳动追求独立的要求之一，就是劳动者自由发挥个人智力；而在机器劳动中，与劳动者个人分离的科学这种社会智力"压制任何智力的发展"——这意味着劳动者丧失了个人智力充分发挥的自由。资本"用来获得盈利、进行积累的那部分产品太多了；这部分产品不是用来满足它的所有者的私人需要，而是用来为它的所有者提供抽象的社会财富即货币，提供更大的支配别人劳动的权力——资本，或者说扩大这个权力"[③]——追逐资本权力的非劳动者，不追求"私人需要"的满足——这种需要包括个人享受、个人智力个性发挥需要。如此一来，非劳动者也不拥有个人智力实际发挥的自由，"在智力方面也有局限性"——这意味着在资本框架下，劳动者和非劳动者都不拥有个人智力发展的自由，由此形成的就是自由的普遍缺失，而缺失的根源是：社会智力、社会权力的私人化。

"资本的积累（从物质方面看）是两重的。一方面，它在于过去劳动

① 《马克思恩格斯全集》第 47 卷，人民出版社 1979 年版，第 587—598 页。
② 《马克思恩格斯全集》第 47 卷，人民出版社 1979 年版，第 385 页。
③ 《马克思恩格斯全集》第 26 卷第 2 册，人民出版社 1973 年版，第 609 页。

的增长的量或劳动条件的现有量”——这表明资本作为劳动的物的条件在时间上乃是“过去劳动”不断累积发展的产物；另一方面，“在于新生产或再生产借资本越来越成为社会力量（只有资本家才是这个力量的执行者，而且这个力量同一个个人的劳动创造或能够创造的东西毫无关系）”——这与资本在空间上对社会力量的聚合有关，资本家对土地等生产资料的积聚，对现代科学技术等社会智力的积聚都是对社会力量的聚合，而只有这种聚合，才能锻造出强大的社会智力，而这些既与资本家个人也与直接劳动者个人没有直接关系。从智能发展角度看，把人类历史上累积发展起来的、但曾经分散的个人智力聚合为强大的社会智力，并把现代科学技术这种社会智力更进一步聚合起来，进而创造越来越强大的社会智力，正是资本的历史进步性和使命所在。但这些被聚合起来的社会智力，是“异化的、独立的社会力量，这个力量作为物并且通过这种物作为个别资本家的权力而同社会相对立”“资本转化成的普遍社会力量同单个资本家控制这些社会生产条件的私人权力之间的矛盾越来越触目惊心”——从智能看，就是人类智能的社会化程度越来越高，与垄断这种智能的私人化必然形成越来越尖锐的冲突，而这“预示着这种关系的消灭，因为它同时包含把物质生产条件改造成为普遍的、从而是公有的社会生产条件。”[①]——资本作为一种社会智力、社会权力的私人化的方式，必然被扬弃；而资本作为“生产的物的要素”在摆脱异化形式之后，“物的要素就变成作为单个人的个人，不过是作为社会的单个人的个人借以再生产自身的财产，即有机的社会躯体。使个人在他们的生命的再生产过程中，在他们的生产性的生命过程中处于上述状况的那些条件，只有通过历史的经济过程本身才能被创造出来”[②]——自动机器作为劳动“物的要素”和“有机的社会躯体”，将成为“单个人的个人”的“生命的再生产过程”（满足生存需要）和“生产性的生命过程”（满足个人体力、智力自由发展需要）

① 《马克思恩格斯全集》第47卷，人民出版社1979年版，第339页。
② 《马克思恩格斯全集》第46卷下册，人民出版社1980年版，第361页。

的手段，而不是相反。

“要不是每一个人都得到解放，社会本身也不能得到解放”。而每一个人的解放，也就是让每一个人发挥自身固有的体力、智力的劳动，让自己从一切外在力量的束缚、支配、压迫中解放出来：这种外在力量首先是自然力量，而自动机器已使人摆脱这种外在力量的支配，但作为私人化的社会力量、社会权力、社会智力的资本依然支配、压迫着劳动和劳动者——一方面，资本所有者力图把这种支配别人的权力欲望永久化；另一方面，他们又信奉所谓个人自由意志或意志自由，强调任何个人自己的意志不能被别人支配——这必然形成矛盾冲突。更重要的是，在社会权力、社会智力私人化的状况下，劳动者被支配的雇佣劳动丧失了实在的自由，而陷入支配别人的权力欲望中非劳动者也不拥有实在自由，由此造成自由的普遍缺失，非劳动者“在智力方面也有局限性”，并且“‘非人的东西’也同样是统治阶级命中所注定的”——这种“非人的东西”就表现为迷恋权力、偏执于权力欲，这种权力欲在当今 AI 时代会走向反自然、反人性的极端：一些超级富豪已经开始幻想通过大脑植入智能芯片等技术，把自己改造为不同于人类物种的强大的新物种。

“如果把不同的人的天然特性和他们的生产技能上的区别撇开不谈，那么劳动生产力主要应当取决于”：（1）“劳动的自然条件”；（2）“劳动的社会力量的日益改进”，包括“各种发明，科学就是靠这些发明来驱使自然力为劳动服务”[①]——最终表现为“发展为自动化过程的劳动资料的生产力要以自然力服从于社会智力为前提”，社会力量就集中表现为自动机器所物化的社会智力。而改进劳动的自然条件、社会力量、社会智力本身并非最终目的，最终目的恰恰是每个人的“天然特性”和“生产技能”的自由全面发展。

---

① 《马克思恩格斯全集》第 16 卷，人民出版社 1964 年版，第 140 页。

劳动时间与自由时间对立的扬弃

化解“自由的普遍缺失”的方案，只能是实现“普遍的自由”，即“每个人”的自由发展——而每个人只能在“自由时间”中，才能获得自由发展：社会生产力的发展将为每个人的自由发展创造客观的物的条件——能量和智能自动化机器就是这种条件——和“主观的条件”——“所有个人的发达的生产力”和“全面发展的个人”就是这种条件，“它们只不过是同一些条件的两种不同的形式”，“自由时间”则可以说是一种“时间的条件”：“直接的劳动时间本身不可能像从资产阶级经济学的观点出发所看到的那样，永远同自由时间处于抽象对立中”[①]——这种对立表现为社会生产力的发展，使社会生产总体上所需要的“直接的劳动时间”越来越少，但资本家为维护私人化的社会权力，拒绝相应地缩短劳动者的“直接的劳动时间”，由此造成存在于实在劳动的“自由的普遍缺失”，而化解方案就是缩短劳动时间。而这就要求对资本家私人化的社会权力或社会权力的私人化无度扩张有所限制：时间被缩短或“限制在正常长度之内”的自动机器劳动，会成为“有益于智力的体操”，而不再是劳动者的沉重负担；同时，每个人在得到全面发展后，都会获得越来越多的自由时间。

社会权力的私人化，在自动化条件下就集中体现为把越来越发达、自动化程度越来越高的机器及其所物化的越来越强大的社会智力私人化。在今天，就表现为依然要把即将实现的强大的AGI私人化：2023年以来，

① 《马克思恩格斯全集》第46卷下册，人民出版社1980年版，第225页。

ChatGPT 等大模型的突破性发展、AGI 奇点的即将来临，使国际上许多有识之士对越来越强大的 AI 被大资本和少数巨型公司垄断，表达了越来越强烈的担忧。其中，涉及的基本问题就是个人与社会乃至人类整体的关系。

马克思、恩格斯追求的是全人类的解放，而“要不是每一个人都得到解放，社会本身也不能得到解放”。“每一个人”都得到解放，即每一个人的“体力和智力获得充分的自由的发展和运用”，就是社会整体乃至全人类得到解放的前提。资本所有者及其辩护士诬蔑共产主义无视个人存在的意义、强调个人从属于社会或者个人只是社会的手段——马克思对此早有针锋相对的辨析：“生产力和社会关系——这二者是社会的个人发展的不同方面——对于资本来说仅仅表现为手段”——恰恰是资本把“社会的个人发展”当作资本所代表的抽象的“社会力量”发展的“手段”！如果不做抽象化的理解，所谓“社会”体现的就是具体的个人与个人之间的关系，而资本所有制的特点是“各个私的个人”占有生产资料[①]，生产资料占有方式或所谓物权、产权、法权的排他性，表明“私的个人”之间的关系是排他性的——资本所有者及其辩护士宣称这是个人与个人之间关系的永恒形式。更为关键的是：在资本框架下，工人拥有的“私的个人”的“财产”只有自己生而有之的劳动力，在交换领域被出卖给资本家而获得收入。这看上去是公平、平等、自由的，但进入生产领域之后，工人及其劳动却不得不从属于资本及其所代表的生产资料；而资本所有者所占有的生产资料、劳动资料——尤其从其最发达的自动机器形式看，又并非他们的“私的个人”的“财产”，即他们自己劳动力创造的产物。最终，资本所有者个人是凭借并不是由他们个人创造的自动机器及其物化的社会智力、社会力量，去支配劳动者个人。与此相关的是，资本所有者及其辩护士宣称：共产主义用公有制消灭私有制，就是剥夺个人拥有生产资料等财富的权利，而马克思强调共产主义实行的是建立在公有制基础上的“劳动者的个人所

① 《马克思恩格斯全集》第 48 卷，人民出版社 1985 年版，第 21 页。

有制”。与“公有”或“共有”对立的并非“个人所有”，而是“私的个人所有”。因此，说共产主义重视“社会”而资本主义重视“个人”，似是而非，关键是：在资本框架下，是极少数个人用越来越强大的社会力量去支配绝大多数个人，最终体现的是具体的个人与个人之间的具体的权力支配关系，而不是抽象的“个人”与抽象的“社会”之间的抽象对立关系。

作为私有制最成熟而发达的形态，资本私有制的特点是建立在交换价值基础上，其历史进步性表现在：把本来分散的生产资料聚合为越来越具有社会性的集中的生产资料形式，同时也把本来分散的个人智力聚合为越来越强大的社会智力——这种聚合和累积性发展，集中体现为现代机器自动化程度越来越高，AGI 将是这一进程的重要成果，而 AGI 既是人类社会智力发展的奇点，也是人类社会生产力发展的奇点，生产力将突破诸多界限，而获得充分自由发展——这正是 AGI 展现出来的必然大势，而资本及其所代表的私人化的社会权力的内在对抗性也将越来越被充分暴露出来，必将走向自我扬弃继而退出历史舞台。

二

当今西方所谓激进左翼往往认为机器自动化必然导致劳动异化，必然导致工人被奴役从而不自由——这些貌似激进的论调，往往忽视了基本的经验现实，而马克思恰恰是从基本的经验现实出发，具体地分析自动机器对工人及其劳动的影响的。马克思引用莫利纳里之语云：“一个人每天看管机器的划一运动十五小时，比他从事同样长时间的体力劳动还要衰老得快。这种看管机器的劳动，如果时间不太长，也许可以成为一种有益于智力的体操，但是现在由于这种劳动过度，对智力和身体都有损害。”马克思指出：“机器劳动极度地损害了神经系统，同时又压抑肌肉的多方面运动，侵吞身体和精神上的一切自由活动。”机器“使工人的劳动毫无内容"，使"单个机器工人的局部技巧""变得空虚了"[①]——蒸汽机等能量自动化机器不仅代替了单个工人的体力，而且还代替了单个工人的智力即手工造形智能——在机器实现自动化之前，传统手工业工人是可以发挥这种智能而具有"内容"的。马克思强调：在具体劳动中，"除了表示活动必须和它的材料相适应外，它们决不表示这些物对劳动的任何其他支配权"，工人对机器这种"物"的自动化运转的"适应"并不必然会被损害，关键是从事机器劳动的时间要"不太长"——"时间不太长"或者说缩短劳动时间，是自动机器劳动成为"有益于智力的体操"的前提条件——而资本的问题恰恰出在：拒绝缩短劳动时间，从而使得工作在自动机器体系中的劳动者受损害，变得空虚而不自由——要想科学地理解这一点，就需要回到马克思关于使用价值 / 交换价值、机器 / 资本二重性关系及其历史发展的分析中。

法国社会主义者证明，"交换、交换价值等等最初（在时间上）或者按其概念（在其最适当的形式上）是普遍自由和平等的制度，但被货币、资本等等歪曲了"，而马克思辨析地指出："认为交换价值不会发展成为资本，或者说生产交换价值的劳动不会发展成为雇佣劳动，这是一种虔诚而愚蠢的愿望。这些先生不同于资产阶级辩护论者的地方就是，一方面他们觉察到这种制度所包含的矛盾，另一方面又抱有空想主义，不理解资产阶级社会的现实的形态和观念的形态之间必然存在的差别。"资产阶级社会的"平等和自由证明本身就是不平等和不自由"[②]，即在观念、形式上所标榜的普遍自由，在现实、实质上，恰恰是"普遍的不自由"：生产交换价值的劳动必然会发展为雇佣劳动，雇佣劳动必然丧失自由；而要实现现实、实质上的普遍自由，就必须消灭交换价值。

"劳动产品超出维持劳动的费用而形成的剩余，以及社会生产基金和后备基金从这种剩余中的形成和积累，过去和现在都是一切社会的、政治

① 《马克思恩格斯全集》第 23 卷，人民出版社 1972 年版，第 463—464 页。
② 《马克思恩格斯全集》第 46 卷上册，人民出版社 1979 年版，第 201—202 页。

的和智力的继续发展的基础。”[①] 剩余产品是智力发展的基础。从时间形态上看，“自由时间”是智力发展的基础；剩余产品转化为资本，成为资本家支配工人的权力。在时间形态上，工人受支配的劳动时间全部表现“必要劳动时间”，并且资本家拒绝缩短劳动时间——而扬弃资本后，劳动时间会被缩短，自由时间就会相应增加，成为每个人智力和体力自由发挥、发展的基础——马克思的自由时间理论对此有系统的分析。

“如果所有的人都必须劳动，如果过度劳动者和有闲者之间的对立消灭了”，并把资本“创造的生产力”尤其社会智力的发展也考虑在内，那么社会一方面将生产越来越多的“必要的丰富产品”，另一方面还将创造出越来越多的作为“真正的财富”的“自由时间”。而“这种时间不被直接生产劳动所吸收”，“而是用于娱乐和休息，从而为自由活动和发展开辟广阔天地。时间是发展才能等等的广阔天地”——自由时间的使用价值就是可以用于“娱乐和休息”“自由活动和发展”。而“政治经济学家们自己认为雇佣工人的奴隶劳动是合理的，说这种奴隶劳动为其他人、为社会的另一部分，从而也为［整个］雇佣工人的社会创造余暇、创造自由时间”——由此就形成了两种联系在一起的对立：在时间上，“劳动时间”与“自由时间”对立；在社会关系上，过度劳动者与有闲者对立。“如果资本不再存在，那么工人将只劳动6小时，有闲者也必须劳动同样多的时间”“但是所有的人都将有自由时间，都将有可供自己发展的时间”——这两种对立将被同时扬弃。

李嘉图实际上也已初步认识到了这一点：“真正的财富在于用尽量少的价值创造尽量多的使用价值。换句话说，就是在尽量少的劳动时间里创造尽量丰富的物质财富。在这里，‘可以自由支配的时间’以及对别人劳动时间里创造出来的东西的享受，都表现为真正的财富”——这种认识暗含着这样的意思：“社会上那些虽然享受物质生产成果，但是其时间只有

① 《马克思恩格斯全集》第20卷，人民出版社1971年版，第211页。

一部分被物质生产吸收或者完全不被物质生产吸收的阶级，与时间全部被物质生产吸收，因而其消费仅构成了生产费用的一个项目，仅构成了一种使其充当上层阶级的驮畜的条件的那些阶级比较起来，人数应当尽可能地多。这一点总是意味着期望社会上注定陷入劳动奴隶制，即从事强制劳动的部分尽可能地小”——“这就是那些站在资本主义立场上的人所能达到的最高点”——而站在社会主义立场会发现：

> 即使交换价值消灭了，劳动时间也始终是财富的创造实体和生产财富所需要的费用的尺度。但是自由时间，可以支配的时间，就是财富本身：一部分用于消费产品，一部分用于从事自由活动，这种自由活动不像劳动那样是在必须实现的外在目的的压力下决定的，而这种外在目的的实现是自然的必然性，或者说社会义务——怎么说都行。
>
> 不言而喻，随着雇主和工人之间的社会对立的消灭等，劳动时间本身——首先，由于被限制在正常长度之内；其次，由于不再用于别人而是用于我自己——将作为真正的社会劳动；最后，作为自由时间的基础，而取得完全不同的、更自由的性质。这种同时作为拥有自由时间的人的劳动时间，必将比役畜的劳动时间具有高得多的质量。[①]

马克思还有“不以物质生产为转移的用于发展的自由时间”[②]的说法，其强调了“自由时间”不以“物质生产”为转移的基本特点，即自由时间不同于“物质生产时间”或通常所说的“劳动时间”，但两者并不必然对立，只是在资本框架下才会形成对立。而雇主与工人、过度劳动者与有闲者之间社会对立的消灭，“自由时间”与“劳动时间”的对立也将被扬弃——前提是：消灭交换价值、扬弃资本。具体的做法是把“劳动时间”“限制在正常长度之内”。动态地看，就是要不断缩短劳动时间，才会

① 《马克思恩格斯全集》第26卷第3册，人民出版社1974年版，第280—282页。
② 《马克思恩格斯全集》第48卷，人民出版社1985年版，第13—14页。

相应地不断增加自由时间——而这离不开自动化机器的发展：如果把人在自动机器体系中的劳动限制在“正常长度之内”，一方面，这种机器劳动对人来说也不再是一种折磨、损害，而可以成为具有“更自由的性质”的“有益于智力的体操”；另一方面，每个人在这种机器劳动之外拥有了越来越多的自由时间，为个人体力和智力的自由、充分、全面发展开辟了越来越广阔的空间。

二

自动机器对人及其劳动的影响可从两方面来看：由于采用自动机器，（1）在力量上，“资本在这里——完全是无意地——使人的劳动，使力量的支出缩减到最低限度”；（2）在时间上，“资本就违背自己的意志，成了为社会可以自由支配的时间创造条件的工具，使整个社会的劳动时间被缩减到不断下降的最低限度，从而为全体［社会成员］本身的发展腾出时间”——这是从“整个社会”，同时也是从“客观”上来看的。而从社会结构和“主观”上看：“资本的不变趋势一方面是创造可以自由支配的时间，另一方面是把这些可以自由支配的时间变为剩余劳动。”由此形成的就是“自由时间”与“剩余劳动时间”的对立。反过来说，之所以形成这种对立，只是因为资本的内在对抗性。只要“所有的人”都获得自由发展，现实的实在的“普遍的自由”就能得到全面实现。而要为“所有的人”腾出时间，“缩短工作日（劳动时间）是根本条件”——这也是克服自由的普遍缺失的重要方法。

作为劳动资料、固定资本“最适当的形式”的自动机器，实现了资本固有本性的发展趋势：（1）资本作为物化劳动支配工人活劳动，本来是暗含在资本中的“概念”，在自动机器这种“物质”上被肯定而成为“工艺上的事实”。（2）“提高劳动生产力和最大限度否定必要劳动”是资本的必然趋势，这种趋势在机器上得到了实现——这在力量上就表现为下一点。

（3）“物化在机器体系中的价值表现为这样一个前提，同它相比，单个劳动能力创造价值的力量作为无限小的量而趋于消失”——与此相关，（4）资本的再一趋势是“赋予生产以科学的性质”，作为“科学在工艺上的应用”的自动机器就实现了这种趋势。由此，“资本才造成了与自己相适应的生产方式”，即自动机器生产方式，资本才得以充分发展——今天来看，能量自动化主要只是使单个劳动能力中的“体力”趋于无限小，资本本身尚未得到充分发展；而当今 AGI 智能自动化也将使个人“智力”趋于无限小，单个劳动能力在“力量”的总体上“作为无限小的量而趋于消失”，资本因此真正得到充分的发展。“劳动资料发展为机器体系”是长期以来“知识和技能的积累，社会智慧的一般生产力的积累”的结果，并且“机器体系随着社会知识和整个生产力的积累而发展”——总之，这是社会智力累积性发展的结果，而资本却“无偿占有”了这些普遍的进步、社会智力，并将其转化为支配工人及其劳动的私人化的社会权力。而“如果工人的活动不是［资本的］需要所要求的，工人便成为多余的了”，并因此导致失业。

资本把“劳动时间”确立为“唯一的决定要素”，但随着“一般科学劳动”和“自然科学在工艺上的应用”即自动机器的发展，劳动时间、“直接劳动及其数量”将变得越来越“微不足道”，进而“失去作用”——而这恰恰会促使资本自身“这一统治生产的形式发生解体”。自动机器使“生产过程从简单的劳动过程向科学过程的转化，也就是向驱使自然力为自己服务，并使它为人类的需要服务的过程的转化”。而“单个劳动本身不再是生产的，相反，它只有在征服自然力的共同劳动中才是生产的”，这表明“单个劳动”上升为“社会劳动”——而与之相比，在资本框架下，“单个劳动被贬低到无能为力的地步”。自动机器不断“提高剩余劳动对必要劳动的比例”，这意味着必要劳动被机器代替，只有工人在“用更长的时间替别人（资本家）劳动的情况下，资本才采用机器”。“通过这个过程，生产某种物品的必要劳动量会缩减到最低限度”“资本在这里——完全是无意地——使人的劳动，使力量的支出缩减到最低限度。这将有利于解放了的劳动，也是使劳动获得解放的条件”。但在资本框架下，机器发展所代表的“增长了的劳动生产力”表现为“劳动之外的力量的增长和劳动本身的力量的削弱”，而这只是由于工人是以“雇佣工人的身份”与机器发生关系。反之，如果工人劳动的雇佣性被消除了，那么他们与机器的关系就不是如此。

“在大工业已经达到较高的阶段，一切科学都被用来为资本服务”“发明就将成为一种职业，而科学在直接生产上的应用本身，就成为对科学具有决定性的和推动作用的要素”。于是，“直接从科学中得出的对力学规律和化学规律的分析和应用，使机器能够完成以前工人所完成的同样的劳动”。于是，“机器就会代替工人”——而这是因为：“在这里直接表现出来的是一定的劳动方式从工人身上转移到机器形式的资本上。由于这种转移，工人自己的劳动能力就贬值了。”劳动被代替与劳动力被贬值并存。机器代替劳动表现在如下两个方面。

（1）代替劳动者的“力量”。机器劳动不再取决于直接劳动者个人的力量，而取决于“所运用的动因的力量”，即机器的力量，取决于“一般的科学水平和技术进步，或者取决于科学在生产上的应用。（这种科学，特别是自然科学以及和它有关的其他一切科学的发展，又和物质生产的发展相适应）例如，农业将不过成为这样的物质代谢的科学的应用，这种物质代谢能加以最有利的调节，以造福于整个社会体”。自动机器是“人类的手创造的人类头脑的器官”和“物化的知识力量”。其发展表明：“一般的社会知识，已经在多么大的程度上变成了直接的生产力，因而社会生活过程的条件本身在多么大的程度上受到一般智力的控制，并按照这种智力得到改造”——借助自动机器，人类就可以通过机器所物化的一般智力或通用智能改造自然，使人与自然之间的物质代谢或交换，“以最有利的调节以造福于整个社会体”，这就是“发展为自动化过程的劳动资料的生产力要以自然力服从于社会智力为前提”——而这表明“生产和财富的宏大基石”，既不是“人本身完成的直接劳动”，也不是“人从事劳动的时间”，而是对人本身“一般生产力”的占有——自动机器就代表这种“一般生产力”，是“人对自然界的了解和通过人作为社会体的存在来对自然界的统治”——自动机器就代表这种“社会体”的力量，即“社会智力”——而归根结底，是“社会个人的发展”。

机器对劳动者力量的代替，还改变了劳动者在社会生产中的“身份”：在自动机器体系中，“劳动表现为不再像以前那样被包括在生产过程中，相反地，其表现为人以生产过程的监督者和调节者的身份同生产过程本身发生关系”“工人不再是生产过程的主要当事者，而是站在生产过程的旁边”——而劳动者这种“看管者”“监督者和调节者”的“身份”，显然不同于劳动者的“雇佣工人”的“身份”。

（2）自动机器对劳动的代替，同时也表现为对个人“劳动时间”的代替或对“劳动时间”的缩短。在资本支配的社会生产中，“直接劳动时间的量、已耗费的劳动量是财富生产的决定因素”，而大工业机器的发展使“现实财富的创造较少地取决于劳动时间和已耗费的劳动量，较多地取决于在劳动时间内所运用的动因的力量”——这必然会形成冲突。

> 资本本身是处于过程中的矛盾，因为它竭力把劳动时间缩减到最低限度；另一方面，资本又使劳动时间成为财富的唯一尺度和源泉。因此，资本缩减必要劳动时间形式的劳动时间，以便增加剩余劳动时间形式的劳动时间。因此，越来越使剩余劳动时间成为必要劳动时间的条件……资本调动科学和自然界的一切力量，同样也调动社会结合和社会交往的力量，以便使财富的创造不取决于（相对地）耗费在这种创造上的劳动时间……生产力和社会关系——这二者是社会的个人发展的不同方面——对于资本来说，其仅仅表现为手段，仅仅是资本用来从它的有限的基础出发进行生产的手段。但实际上，它们是炸毁这个基础的物质条件。

从“社会的个人的发展”的生产力方面看，资本促进了代表“一般社会生产力”或一般智力、社会智力的发展，当今即将实现的AGI将是其发展的极致。但在资本框架下，作为个人生产力的个人智力的发展却表现为“手段”，而这只是因为极少数大资本垄断者把这种强大的社会通用智能作为私人化的社会权力加以垄断。如果消灭这种权力垄断，每一个人固有智力的自由全面发展，就会被反转为“目的”，而强大的AGI只是实现这个目的的“手段”。在强大的AGI机器体系的运转中，每个人以有意识的监督者和调节者的身份站在这种强大的社会智力生产过程的旁边，使其服从每个人的意志，并促进每个人的智力的自由全面发展。从个人的社会关系方面看，联通全球的互联网就是发展和提升每个人的社会联系的普遍性的手段，但在资本框架下，这种普遍社会联系及其发展也被当作手段。而在消灭大资本对其的垄断之后，更加发达的互联网将成为每一个人自由交往的手段，每个人也将以“有意识的监督者和调节者”的身份，站在全球互联网高效运转的旁边，使其服从每个人的意志，并促进每个人自愿、自由的社会交往的全面发展，进而成为“自由的社会的个人”。

“资本调动科学和自然界的一切力量”就集中体现在自动机器及其所代表的社会智力上，其基本冲突就体现在把自动机器生产的财富依然建立在“劳动时间”上——这表明“现今财富的基础是盗窃他人的劳动时间”，当资本的这个“有限的基础”被炸毁后：

> 直接形式的劳动不再是财富的巨大源泉，劳动时间就不再是，而且必然不再是财富的尺度，因而交换价值也不再是使用价值的尺度。群众的剩余劳动不再是发展一般财富的条件，同样，少数人的非劳动不再是发展人类头脑的一般能力的条件。于是，以交换价值为基础的生产便会崩溃，直接的物质生产过程本身也就摆脱了贫困和对抗性的形式。个性得到自由发展，因此，并不是为了获得剩余劳动而缩减必

要劳动时间，而是直接把社会必要劳动缩减到最低限度，那时，与此相适应，由于给所有的人腾出了时间和创造了手段，个人会在艺术、科学等等方面得到发展。①

以交换价值为基础的生产，以直接形式的劳动、劳动时间为财富的尺度，表明其是建立在“贫困”基础上的，只是“为了获得剩余劳动而缩减必要劳动时间”，却阻碍把社会尤其劳动者的必要劳动、劳动时间缩减到最低限度——而资本退出历史舞台、“以交换价值为基础的生产”崩溃之后，“所有的人”的“劳动时间”会被缩减到最低限度，为每个人在艺术、科学等方面个人智力的全面自由发展“腾出了时间”。

马克思在梳理出以上思路后，进一步讨论了“自由时间”问题，辨析了“资本主义社会和共产主义制度下的自由时间”的不同，或者说两种制度对“自由时间”处置方式的不同。

资本“采用一切技艺和科学的手段”，进而创造并使用自动机器，以“增加群众的剩余劳动时间”，如此，就“在必要劳动时间之外，为整个社会和社会的每个成员创造大量可以自由支配的时间（即为个人发展充分的生产力，因而也为社会发展充分的生产力创造广阔余地）”，于是，“资本就违背自己的意志，成了为社会可以自由支配的时间创造条件的工具，使整个社会的劳动时间缩减到不断下降的最低限度，从而为全体［社会成员］本身的发展腾出时间”——但这是从“整个社会”同时也是从“客观”上看的，而从资本家主观的“意志”“意识”看，自动机器所创造出的“非劳动时间”，依然“和过去的一切阶段一样”而“表现为少数人的非劳动时间，自由时间”，而不是“整个社会和社会的每个成员”的自由时间，而这是因为资本家主观的“直接目的”，不是“使用价值”，而是“交换价值”即私人化的社会权力——这样做会让资本本身“吃到生

① 《马克思恩格斯全集》第46卷下册，人民出版社1980年版，第207—221页。

产过剩的苦头”，因为“资本的不变趋势一方面是创造可以自由支配的时间，另一方面是把这些可以自由支配的时间变为剩余劳动”，而“生产过剩”会使“必要劳动”中断，资本也就无法实现“剩余劳动”——19 世纪由生产过剩所造成的越来越剧烈的周期性经济危机充分证明了这一点。而这种状况和趋势表明：“生产力的增长再也不能被占有他人的剩余劳动所束缚了，工人群众自己应当占有自己的剩余劳动”，而“当他们已经这样做的时候，——这样一来，可以自由支配的时间就不再是对立的存在物了，——那时，一方面，社会的个人的需要将成为必要劳动时间的尺度；另一方面，社会生产力的发展将如此迅速，以致尽管生产将以所有的人富裕为目的，所有的人的可以自由支配的时间还是会增加。因为真正的财富就是所有个人的发达的生产力。那时，财富的尺度决不再是劳动时间，而是可以自由支配的时间”——这就是共产主义处置“自由时间”的方式，即让“所有的人”拥有越来越多的“自由时间”，由此“所有个人的发达的生产力”就会在自由时间中得到自由发展。而资本主义则反之，以“劳动时间”而不以“自由时间”作为财富的尺度，这表明“财富本身是建立在贫困的基础上的”，由此就形成了“自由时间”同“剩余劳动时间”的对立，“并且是由于这种对立而存在的”“个人的全部时间都成为劳动时间，从而使个人降到仅仅是工人的地位，使他从属于劳动”“最发达的机器体系，现在迫使工人比野蛮人劳动的时间还要长，或者比他自己过去用最简单、最粗笨的工具时劳动的时间还要长”——发达的机器体系为“整个社会”创造了巨量自由时间，资本家却拒绝缩短工人劳动时间，工人因此无法在拥有自由时间中获得自由发展。工人的全部劳动时间对他个人来说，就只表现为“必要劳动时间”。为维持基本生存这种外在目的的雇佣劳动，就是不自由的——这是从劳方看的。而从另一方即资方看，资本家在主观意识、意志上追求把剩余劳动时间转化为支配劳动者及其劳动的私人化的社会权力，而不是转化为自由时间。不但工人无法获得自由时间，资本家本人也不把自己所拥有的自由时间转化为自己个人真正自由的劳动，因此也没有获得实在的自由——劳资双方都不拥有在自由时间、真正的自由的劳动中才能获得的实在的自由——这就是资本主义框架下的自由的普遍缺失。

资本主义生产方式的两个基础是：（1）“劳动时间”“直接劳动”；（2）私人化劳动或劳动的私人化——大工业“以自然力服从于社会智力为前提”，而“发展为自动化过程的劳动资料”即机器，同时消灭了这两个基础，而机器所物化的社会智力的高度社会化，与垄断这种社会智力的私人化就成了基本矛盾。

“真正的经济——节约——是劳动时间的节约（生产费用的最低限度——和降到最低限度）。而这种节约就等于发展生产力”，同时也是发展“个人才能”。因为“节约劳动时间等于增加自由时间，即增加使个人得到充分发展的时间，而个人的充分发展又作为最大的生产力反作用于劳动生产力。从直接生产过程的角度来看，节约劳动时间可以看作生产固定资本，这种固定资本就是人本身”即“全面发展的个人”。这表明：自由时间与“直接生产”的时间并不对立：“直接的劳动时间本身不可能像从资产阶级经济学的观点出发所看到的那样，永远同自由时间处于抽象对立中。”占有自由时间的人会“变为另一主体，于是他作为另一主体，又加入了直接生产过程。对于正在成长的人来说，这个直接生产过程就是训练；而对于头脑里具有积累起来的社会知识的成年人来说，这个过程就是［知识的］运用，实验科学，有物质创造力的和物化中的科学。对于这两种人来说，由于劳动要求实际动手和自由活动，就像在农业中那样，这个过程同时就是身体锻炼”——这些描述的就是具有“更自由的性质”的“有益于智力的体操”。

> 直接的生产过程本身在这里只是作为要素出现。生产过程的条件和物化本身也同样是它的要素，而作为它的主体出现的只是个人，不过是处于相互关系中的个人，他们既再生产这种相互关系，又新生产

这种相互关系。这是他们本身不停顿的运动过程，他们在这个过程中更新他们所创造的财富世界，同样更新了他们自身。[①]

马克思就是始终围绕“处于相互关系中的个人”，并且在不停顿的运动过程中，考察生产过程的各类要素的，并且强调“作为它的主体出现的只是个人”，而这种不停顿运动的目标：在主体形式上就是“全面发展的个人”，在客体形式上就是劳动者的“个人”所有制而使生产资料归“每个人”所有，在社会形式上就是“‘每个人’的自由发展是一切人的自由发展的条件”的联合体——与之对应的“真正的财富”，在力量形式上就是“‘所有个人’的发达的生产力”，在时间形式上就是“每个人”都拥有的“自由时间”。

马克思对“机器和剩余劳动”“关于采用机器对必要劳动和剩余劳动之间的比例的影响的实际材料”等相关问题多有讨论：“在使用机器的情况下，会发生剩余劳动的增加和必要劳动时间的绝对减少”——两者成反比例关系；“在资本统治下采用机器不会缩短劳动时间，而会延长劳动时间。它所缩短的是必要劳动，而不是资本家所必需的劳动”——工人的工作日由必要劳动时间与剩余劳动时间两部分组成，资本采用机器并没有缩短工作日，而只是缩短了必要劳动时间、相应地延长了剩余劳动时间：“只有在机器能够增加使用机器进行生产的工人的剩余劳动时间的情况下，机器对资本来说才是有利的（机器不会减少剩余劳动时间，而是会增加剩余劳动时间对必要劳动时间之比，以致在同时并存的工作日数保持不变的情况下必要劳动时间不仅会相对地减少，而且会绝对地减少）”；“在使用机器的情况下，相对剩余劳动时间不仅同必要劳动时间相比，从而同全体被使用的工人的总劳动时间相比会增加，而且在全体被使用的工人的总劳动时间减少，即同时并存的工作日数量（同剩余劳动时间相比）减少的情况

① 《马克思恩格斯全集》第46卷下册，人民出版社1980年版，第207—226页。

下，对必要劳动时间的比例也会增加”[①]——总之，机器使剩余劳动时间与必要劳动时间之间的比例不断增大。

“总劳动量（即工作日乘以同时并存的工作日数）的绝对减少，在对剩余劳动的关系上可通过双重的形式表现出来”——“原来在业的一部分工人由于使用固定资本（机器）而被解雇”，就是说这会使生产所需要的工人人数的“存量”不断减少。“机器的采用将使所使用的工作日的增加减少”[②]，就是说生产所需要的工作日的“增量”的增加会减少——这最终导致自动机器生产所需要的工人人数、工作日趋于无限小，必然引发工作数量、工作时间趋零的奇点——在马克思的时代，这种奇点没有真正来临，至少与两方面因素有关：（1）社会的反作用等因素；（2）从力量上看，蒸汽机等能量自动化机器代替的主要还是劳动者的体力，代替体力劳动后，会创造出智力劳动的新形式、新机会——西方国家“二战”以后的白领社会转型，大致昭示了这一点；而现在即将实现的 AGI 将全面代替人的智力劳动，如此，工作数量奇点必将来临——尽管依然由于社会的反作用等多方面的其他社会因素，这种奇点来临的时间或许被延缓，但作为必然大势是无法完全避免的——而马克思以上的思路尤其缩短劳动时间，对于我们今天探讨应对 AGI 所引发的工作奇点，依然具有重要理论启示。

三

最后，再从个人与社会总体关系看。资本流通是“某种社会过程的总体”，个人相互间形成“自发的客观联系”，这种社会联系作为“总体”不受他们支配，“他们本身的相互冲突为他们创造了一种凌驾于他们之上的他人的社会权力”——这种权力就体现在“一块货币或交换价值”上，“个人相互间的社会联系作为凌驾于个人之上的独立权力，不论被想象为自然

① 《马克思恩格斯全集》第 46 卷下册，人民出版社 1980 年版，第 356 页。
② 《马克思恩格斯全集》第 46 卷下册，人民出版社 1980 年版，第 359 页。

的权力，偶然现象，还是其他任何形式的东西，都是下述状况的必然结果，这就是：这里的出发点不是自由的社会的个人”[①]——如果以“自由的社会的个人”为出发点，则个人就不再从属于总体，而是总体从属于每一个个人。

马克思还从生产过程，在3大阶段框架下，揭示“既不同于资本主义前的各社会形态又不同于未来的共产主义社会的资产阶级社会的一般特征”：（1）第一阶段是“人的依赖关系（起初完全是自然发生的），是最初的社会形态，在这种形态下，人的生产能力只是在狭窄的范围内和孤立的地点上发展着”；（2）第二阶段是“以物的依赖性为基础的人的独立性”，“在这种形态下，才形成普遍的社会物质变换，全面的关系，多方面的需求以及全面的能力的体系”；（3）第三阶段是“建立在个人全面发展和他们共同的社会生产能力成为他们的社会财富这一基础上的自由个性”——这就是《共产党宣言》所说的“每个人的自由发展是一切人的自由发展的条件”的联合体；而“第二个阶段为第三个阶段创造条件”——这就是马克思对资本主义的历史定位。

关于“物的依赖性”，马克思分析指出，“毫不相干的个人之间的互相的和全面的依赖，构成他们的社会联系。这种社会联系表现在交换价值上”“每个个人行使支配别人的活动或支配社会财富的权力，就在于他是交换价值或货币的所有者。他在衣袋里装着自己的社会权力和自己同社会的联系”“活动的社会性，正如产品的社会形式以及个人对生产的参与，在这里表现为对于个人是异己的东西，表现为物的东西；不是表现为个人互相间的关系，而是表现为他们从属于这样一些关系，这些关系是不以个人为转移而存在的，并且是从毫不相干的个人互相冲突中产生出来的”——这种冲突就是一个人运用货币所代表的社会权力去支配另一个人及其劳动，个人“从属于”社会联系就集中表现为个人“从属于”货币所

① 《马克思恩格斯全集》第46卷上册，人民出版社1979年版，第145页。

代表的社会权力；个人的产品或活动必须先转化为交换价值的形式，转化为货币，才能通过这种物的形式取得和表明自己的社会权力，这种必要性本身表明了两点：（1）个人只能为社会和在社会中进行生产——这表明资本是“社会力量”，资本家把这种社会力量转化为私人化的社会权力；（2）他们的生产不是直接的社会的生产，不是本身实行分工的联合体的产物。个人从属于像命运一样存在于他们之外的社会生产；但社会生产并不从属于把这种生产当作共同财富来对待的个人——“个人现在受抽象统治”，或受“观念”统治，“哲学家们认为新时代的特征就是新时代受观念统治，从而把推翻这种观念统治同创造自由个性看成一回事。从意识形态角度来看更容易犯这种错误”，“而关于这种观念的永恒性即上述物的依赖关系的永恒性的信念，统治阶级自然会千方百计地来加强、扶植和灌输”——马克思实际上从两个方面破解了统治阶级的这种意识形态信念或神话：（1）着眼于一定的具体的个人，“个人在这里也只是作为一定的个人互相发生关系”“在一切价值都用货币来计量的行情表中，一方面显示出，物的社会性离开人而独立；另一方面显示出，在整个生产关系和交往关系对于个人，对于所有个人所表现出来的异己性的这种基础商业的活动又使这些物从属于个人”——这表明“个别人偶尔能战胜它们”，而“受它们控制的大量人却不能，因为它们的存在本身就表明，各个人从属于而且必然从属于它们”——“一定的个人”互相发生的关系就是：货币所代表的社会权力最终只能从属于极少数“个别人”，并成为支配“大量人”的社会权力，而“大量人”从属于货币，最终就是从属于掌握货币的极少数“个别人”。（2）着眼于社会总体，“属于一个阶级等等的各个人作为全体来说如果不消灭这些关系或条件，就不能克服它们”[①]——“建立在个人全面发展和他们共同的社会生产能力成为他们的社会财富这一基础上的自由个性”，就是从社会“全体”克服它们，社会财富、共同财富、社会生

① 《马克思恩格斯全集》第46卷上册，人民出版社1979年版，第102—111页。

产将从属于“所有人”，而不再从属于极少数“个别人”，这同时意味着一个人支配另一个人的社会权力及其形成的“毫不相干的个人互相冲突”关系被消除。

资本所有者的私人化的社会权力，又表现为对作为劳动的物的条件的生产资料的支配，马克思在分析“资本主义积累的历史趋势”时，把生产资料所有制形式的演变，也分成3大阶段，并以此对资本主义做历史定位：“私有制的面貌，却依这些私人是劳动者还是非劳动者而有所不同。”首先出现的是（1）“劳动者”的私有制，“劳动者对他的生产活动的资料的私有权，是农业或工业的小生产的必然结果，而这种小生产是社会生产的技艺养成所，是培养劳动者的手艺、发明技巧和自由个性的学校”，“这种自理的独立小生产者的生产制度是以土地的分割和其他生产资料的分散为前提的。这种生产制度既排斥这些生产资料的积聚，也排斥大规模的协作。它排斥工厂和农业劳动中的分工，机器，人对自然的科学统治，社会劳动力的自由发展”——在这种所有制形式下，劳动者个人部分拥有生产资料，个人劳动因此具有一定“自由个性”，但排斥生产资料的积聚、大规模的协作，进而阻碍“社会”劳动力的自由发展。（2）资本所代表的则是一种“非劳动者”的私有制，使“个人的分散的生产资料转化为社会的积聚的生产资料，多数人的小财产转化为少数人的大财产”——这个转化过程又表现在两个方面：一方面是“科学在越来越大的规模上被应用于技术方面”，这意味着分工、机器、人对自然的科学统治、“社会”劳动力的充分发展，劳动的社会化程度越来越高，总之是社会智力越来越强大；另一方面表现为“少数资本家对多数资本家的剥夺”，“那些掠夺和垄断这一社会进化时期的全部利益的资本巨头不断减少”——生产资料越来越集中于少数资本巨头个人手中，与劳动越来越高的社会化程度，必然形成越来越尖锐的冲突，“劳动的社会化和劳动的物质资料的集中已经达到了它们的资本主义外壳不能再容纳它们的地步。这个外壳就要炸毁了。资本主义所有制的丧钟敲响了”——由此将进入第三个阶段。（3）“资本主义生产本身由于自然变化的必然性，造成了对自身的否定。这是否定的否定。这种否定不是重新建立劳动者的私有制，而是在资本主义时代的成就的基础上，在协作和共同占有包括土地在内的一切生产资料的基础上，重新建立劳动者的个人所有制”[①]——这是一种建立在公有制（共同占有生产资料）基础上的个人所有制，由此劳动者及其劳动的“自由个性”也将得以重建，由此形成的也就是“建立在个人全面发展和他们共同的社会生产能力成为他们的社会财富这一基础上的自由个性”。

“公”与“私”相对，“公有”与“私的个人所有”相对，但并不与“个人所有”相对；生产资料“私的个人所有”，必然伴随“毫不相干的个人互相冲突”的关系，而建立在公有制基础上的劳动者的个人所有制，一方面将消除这种相互冲突同时也是不平等的关系，人人平等将得到真正充分的实现；另一方面又将使所有个人都获得自由个性，即所有个人的体力、智力得到充分全面自由发展，人人自由也将得到真正普遍的实现。

马克思实际上还从智力发展的角度，分析了以上3大阶段：（1）“在独立劳动中小规模地得到应用的智力和独立的发展”。（2）“现在在整个工厂中得到了大规模的应用，并且为厂主所垄断，由此产生的结果是工人的智力和独立发展被剥夺”；“只有资本主义生产才第一次把物质生产过程变成科学在生产中的应用——变成运用于实践的科学——但是，这只是通过使工人从属于资本，只是通过压制工人本身的智力和专业的发展来实现的”；“科学在生产过程中的上述应用和在这一过程中压制任何智力的发展”[②]。（3）而到了扬弃资本之后每个人智力发展的限制将被消除，并将在更大规模的基础上得到独立、自由、充分的发展。

资本所有者及其辩护士认为消灭私有制即“私的”个人所有制，就是剥夺个人占有生产资料、社会财富的权利，有些人认为马克思所说的“劳动者的个人所有制”，表明马克思并不反对“私有制”——这些论调都严

① 《马克思恩格斯全集》第49卷，人民出版社1982年版，第244—246页。
② 《马克思恩格斯全集》第47卷，人民出版社1979年版，第315页，第576页，第572页。

重忽视或故意曲解了“个人”与“私的个人”的不同，关键在于：在资本框架下，绝大多数“劳动者”个人被剥夺了占有生产资料的权利，这种权利被极少数“非劳动者”个人所占有和垄断，并用来支配绝大多数个人及其劳动。建立在公有制基础上的劳动者的个人所有制，让“所有个人”而不是“极少数个人”占有生产资料，消灭的只是极少数个人通过垄断、独占生产资料对绝大多数个人及其劳动的支配性的权力！人人生而有之的天性财富就是个人劳动力，非劳动者放弃权力支配欲，也将在实在的劳动中获得实在的自由，从而也成为自由的社会的个人、全面发展的个人——这就意味着“每个人”的自由发展、“每个人”的解放，从而社会作为整体也将得到解放。

“在资本的生产过程中”，“劳动是一个总体”，而“总劳动作为总体不是单个工人的事情”——这最终在自动机器中有集中体现：“这种劳动就其结合体来说，服务于他人的意志和他人的智力，并受这种意志和智力的支配——它的精神的统一处于自身之外；同样，这种劳动就其物质的统一来说，则从属于机器的，固定资本的物的统一。这种固定资本像一个有灵性的怪物把科学思想客体化了，它实际上是一个联合体，它绝不是作为工具同单个工人发生关系，相反，工人却作为有灵性的单个点，作为活的孤立的附属品附属于它”[①]——工人对货币所代表的社会联系的抽象的“总体”的从属，就转化为对自动机器体系作为“联合体”或“总体”的从属——而这不是由机器本身造成的，而是由机器的社会分配方式即生产资料所有制形式造成的：“机器的分配，也就是它们不属于工人这一情况，正是以雇佣劳动为基础的生产方式的条件”，“如果把从农奴制的解体中产生的自由劳动即雇佣劳动当作出发点，那么，机器只有在同活劳动的对立中，作为活劳动的异己的财产和敌对的力量，才能产生出来；换句话说，机器必然作为资本同活劳动相对立”；而“机器一旦比如说变成联合的工

① 《马克思恩格斯全集》第46卷上册，人民出版社1979年版，第469页。

人的财产，也不会不再是社会生产的要素”，“改变了的分配将以改变了的、由于历史过程才产生的新的生产基础为出发点”[①]——由此，工人也就不再作为雇佣劳动者而从属于自动机器体系，而是成为机器自动运转的有意识的监督者和调节者，时间控制在“正常长度之内”的机器劳动就将成为有益于智力的体操。

马克思还把社会作为“有机体制”来加以考察：“这种有机体制本身作为一个总体有自己的各种前提，而它向总体的发展过程就在于：使社会的一切要素从属于自己，或者把自己还缺乏的器官从社会中创造出来。有机体制在历史上就是这样向总体发展的。它变成这种总体是它的过程即它的发展的一个要素”[②]——现代自动机器体系就是现代社会生产的“有机体制”：如果说蒸汽机等能量自动化机器是社会生产有机体制的“体力”器官的话，其“总体”发展也必然“把自己还缺乏的器官从社会中创造出来”，由此也就必然产生了作为“智力”器官的当今AI机器，而以上所讨论的机器与资本、劳动的关系，依然适用于对当今AI机器及其社会影响的分析：即将实现的AGI将使在“资本主义积累的历史趋势”中所形成的矛盾冲突更加尖锐。一方面，ChatGPT等大模型是在爬取全球互联网大数据基础上创造出来的，表明其是全人类社会智力的产物，而只有进一步把全人类社会智力更充分、更全面地凝聚起来，人类才有望真正实现通用人工智能AGI；但是，另一方面，“那些掠夺和垄断这一社会进化时期的全部利益的资本巨头不断减少”，在今天就表现为AGI将被极少数硅谷资本巨头如谷歌、微软等控制和垄断——这已经引起全球有识之士的普遍担忧。

资本的“前提本身——价值——表现为产品，而不是表现为凌驾于生产之上的更高的前提”——“价值”并不必然是社会生产的前提或目的，“凌驾于生产之上的更高的前提”可以是个人“生产性的生命过程”；而“资本的限制就在于：这一切发展都是对立地进行的，生产力，一般财富

① 《马克思恩格斯全集》第46卷下册，人民出版社1980年版，第362页。
② 《马克思恩格斯全集》第46卷上册，人民出版社1979年版，第235—236页。

等等，知识等等的创造，表现为从事劳动的个人本身的异化；他不是把他自己创造出来的东西当作他自己的财富的条件，而是当作他人财富和自己贫困的条件”——这就是工人普遍贫困的社会根源，“但是这种对立的形式本身是暂时的，它产生出消灭它自身的现实条件”，“结果就是：生产力或一般财富从趋势和可能性来看的普遍发展成了基础，同样，交往的普遍性，从而世界市场成了基础。这种基础是个人全面发展的可能性，而个人从这个基础出发的实际发展是对这一发展的限制的不断消灭，这种限制被意识到是限制，而不是被当作某种神圣的界限。个人的全面性不是想象的或设想的全面性，而是他的现实关系和观念关系的全面性”“发展过程本身被当作并且被意识到是个人的前提。但要达到这点，首先必须使生产力的充分发展成为生产条件，使一定的生产条件不表现为生产力发展的界限”[①]——当今有望实现的 AGI 就将是“不表现为生产力的界限”的“生产条件”，将使社会生产力不再受限制而获得充分发展，如此将引发生产力奇点，同时，每个人全面发展也将成为现实——而前提是：让 AGI 机器变成“联合的工人的财产”。

一方面，“资本在具有无限度地提高生产力趋势”——将引发社会生产力奇点的 AGI 就是这种必然趋势的产物；另一方面，资本又“使主要生产力，即人本身片面化，受到限制等等，整个说来，资本在怎样程度上具有限制生产力的趋势”[②]——这就是对个人生产力自由充分发展的限制。“私有制只有在个人得到全面发展的条件下才能被消灭，因为现存的交往形式和生产力是全面的，所以只有全面发展的个人才可能占有它们，才可能使它们变成自己的自由的生活活动”[③]——这是个渐进过程，而每个人全面发展或全面发展的个人主体的生成，要求缩短劳动时间。“正常工作日的规定，是几个世纪以来资本家和工人之间斗争的结果”，“现代的工厂法强制

① 《马克思恩格斯全集》第 46 卷下册，人民出版社 1980 年版，第 36 页。
② 《马克思恩格斯全集》第 46 卷上册，人民出版社 1979 年版，第 410 页。
③ 《马克思恩格斯全集》第 3 卷，人民出版社 1960 年版，第 516 页。

地缩短工作日”，这是资本“在成年时期不得不忍痛做出的让步”；“工厂法作为从资本那里争取来的最初的微小让步，只是把初等教育同工厂劳动结合起来”[①]——对于西方资本主义国家来说，面对 AGI 的一系列挑战而实施全民基本收入 UBI、缩短工作时间等应对方案，像帕里斯等西方人士那样诉诸道德，恐怕是难以奏效的，白领工人的斗争、“社会对其生产过程自发形式”的“有意识、有计划的反作用”，进而对资本所代表的私人化的社会权力的无度扩张有所限制，依然至关重要；而社会主义制度的优势等，则有助于当今中国更富成效地探索这方面的应对方案。

---

① 《马克思恩格斯全集》第 23 卷，人民出版社 1972 年版，第 300 页，第 535 页。

第四章

应对 AGI 奇点的中国方案

即将实现的通用人工智能（AGI），对全球社会来说，既是挑战，又是机遇。帕里斯指出："财产拥有的民主制"与"无条件基本收入"并不矛盾，社会主义"以生产资料公有制为定义"，"有人认为社会主义是基本收入永续的先决条件"——但帕里斯在书中不讨论这些[①]，而主要从道德角度进行探讨。英国学者乔治·扎卡达基斯指出："今天关于人工智能影响的思考与警告大部分都是关于劳动力市场的。许多经济学家已经指出人工智能会取代大部分白领工作。然而在他们的分析中假设其他的事情多多少少会保持不变，例如代议制的政治体制，或者主要由市场决定价格的自由经济"——假设资本本性不受到任何限制，扎卡达基斯强调，"不过未来并不一定如此""在未来一个由人工智能担任国内和国际经济指挥者的时代，意味着我们所知的经济自由和资本主义的终结"[②]。蔡斯认识到，要避免人工智能（AI）所可能造成的社会"分化和崩溃"两大陷阱，"显而易见的做法就是结束财产私有制。这意味着把生产、交换和分配交给某种集体所有制"[③]——但总体来说，这种从社会制度尤其生产资料所有制所进行的研

① 菲利普·范·帕里斯、杨尼克·范德波特:《全民基本收入：实现自由社会与健全经济的方案》，广西师范大学出版社 2021 年版，第 44 页。

② 乔治·扎卡达基斯：《人类的终极命运：从旧石器时代到人工智能的未来》，中信出版社 2017 年版，第 295—297 页。

③ 卡鲁姆·蔡斯：《经济奇点：人工智能时代，我们将如何谋生？》，机械工业出版社 2017 年版，第 222 页，第 211—212 页。

究，在西方学界不是主流。从实践上看，西方发达国家以私有制和按“资（本）”分配为主的制度，与作为生存资料按需分配方式的全民基本收入（UBI）之间的矛盾是对抗性的——而以公有制和按劳分配为主的社会主义基本制度则与此不存在对抗性矛盾，这是中国应对AGI挑战重要的制度优势，尤其是与这种制度优势密切相关的新发展理念中的“共享发展”“全民共享”理念，对于探讨应对AGI挑战更具有直接指导意义。

2023年以来，ChatGPT等AI大模型是全球社会智力积聚的产物，即将实现的AGI更是如此，在资本框架下，却被极少数国家的极少数巨型公司所垄断和支配。ChatGPT发布之后，爆发了OpenAI内讧等一系列事件，已使人们意识到大资本的垄断、大公司过度商业化的黑箱式封闭运作以及基于社会达尔文主义的过度竞争等所可能造成的负面影响。不对大资本的垄断、大公司过度竞争有所限制，随着更强大AGI的实现，世界两极分化将更趋严重，全球社会冲突将更趋激烈——基于共享理念的人类命运共同体建构，则可以成为应对AGI全球挑战的中国方案。与此相关，西方精英等对AGI及其社会影响的认知存在唯心主义乃至反科学倾向，突出表现为把AGI视作不同于人类的新物种，甚至出现所谓“反物种主义”的反人道主义倾向，如赫拉利认为：“如果科学发现和科技发展将人类分为两类，一类是绝大多数无用的普通人，另一类是一小部分经过升级的超人类，又或者各种事情的决定权已经完全从人类手中转移到具备高度智能的算法，在这两种情况下，自由主义都将崩溃”；“人类如果从生物定义上分裂成不同阶级，就会摧毁自由主义意识形态的根基。有自由主义的地方，仍然可能有各种社会及财富差距，而且因为自由主义把自由看得比平等更为重要，所以甚至也觉得有差距是理所当然”[①]——一些超级富豪幻想通过AI甚至基因等技术把自己改造成“超人类”，既反人道、反人性，也反科学，而即将实现的AGI“摧毁自由主义意识形态的根基”则是真实的必然

---

① 尤瓦尔·赫拉利：《未来简史》，中信出版社2017年版，第295页。

大势，缩小不平等的财富差距，则是应对 AGI 挑战的基本路径。因此，洞悉世界发展必然大势，即资本主义制度及其自由主义意识形态将越来越不适应 AGI 的快速发展和合理应用，发挥社会主义制度优势和马克思主义唯物主义的理论优势，弘扬科学精神，则有助于立足人类命运共同体，探索科学精神和人道伦理精神高度统一的应对 AGI 挑战的中国方案。

制度优势：共享与人的全面发展

在研发上，美国在 AI 大模型上首先取得突破，中国也取得较大进展，但还存在较大差距，而 AGI 将成为下一步竞争的焦点，美国为保持垄断优势地位，止在阻碍把智能芯片及其制造技术等销售给中国。AGI 的竞争不仅体现在研发上，而且也体现在伦理治理上。2023 年，AI 大模型取得突破性发展，人们看到了实现 AGI 的曙光，同时对强大的 AGI 所可能产生的巨大的乃至不可控的社会伦理风险，也产生普遍担忧，监管和伦理治理意识越来越强。在这方面，美国和欧洲等出台了相关监管方案；中国也先后出台了《新一代人工智能治理原则——发展负责任的人工智能》（2019 年）、《新一代人工智能伦理规范》（2021 年）、《关于加强科技伦理治理的意见》（2022 年）和《科技伦理审查办法（试行）》（2023 年）等，并积极参与有关 AI 治理的国际对话，在伦理治理方面并不落后。在发展理念上，中国确立了不同于闭源的开源发展方式。前已分析指出，硅谷精英等西方人士已经意识到：化解 AGI 所可能造成的失业、贫困等负面影响，有必要实施 UBI 等方案，但是，由于资本主义基本制度的固有对抗性和新自由主义意识形态的束缚等，这些方案并未得到实际推行。中国社会主义基本制度以及建立其上的共享发展、人的全面发展等重要理念，则可以成为探索应对 AGI 挑战中国方案的坚实立足点。

一

中国整体发展理念，是随着生产力发展尤其是社会主要矛盾的变化，而不断有所调整的，而现在面临的社会主要矛盾是“人民日益增长的美好生活需要和不平衡不充分的发展之间的矛盾”，解决路径是“必须坚持以人民为中心的发展思想，发展全过程人民民主，推动人的全面发展、全体人民共同富裕取得更为明显的实质性进展”——“共享发展”主要针对的就是发展“不平衡”，所要实现的目标就是共同富裕。

习近平总书记《在省部级主要领导干部学习贯彻党的十八届五中全会精神专题研讨班上的讲话》[①]（以下简称《讲话》）是论述包括“共享发展”等五大发展新理念的经典文献：“共享理念实质就是坚持以人民为中心的发展思想，体现的是逐步实现共同富裕的要求”；从思想渊源上来说，“共同富裕，是马克思主义的一个基本目标，也是自古以来我国人民的一个基本理想”，是马克思主义基本原理同中华优秀传统文化相结合而形成的理念，是今天探讨应对AGI挑战中国方案的重要立足点。《讲话》从4个方面阐释了共享发展理念的内涵：

> 一是共享是全民共享。这是就共享的覆盖面而言的。共享发展是人人享有、各得其所，不是少数人共享、一部分人共享。二是共享是全面共享。这是就共享的内容而言的。共享发展就要共享国家经济、政治、文化、社会、生态各方面建设成果，全面保障人民在各方面的合法权益。三是共享是共建共享。这是就共享的实现途径而言的。共建才能共享，共建的过程也是共享的过程。要充分发扬民主，广泛汇聚民智，最大激发民力，形成人人参与、人人尽力、人人都有成就感的生动局面。四是共享是渐进共享。这是就共享发展的推进进程而言的。一口吃不成胖子，共享发展必将有一个从低级到高级、从不均衡

① 《人民日报》2016年5月10日第2版。

到均衡的过程，即使达到很高的水平也会有差别。我们要立足国情、立足经济社会发展水平来思考设计共享政策，既不裹足不前、铢施两较、该花的钱也不花，也不好高骛远、寅吃卯粮、口惠而实不至。这四个方面是相互贯通的，要整体理解和把握。

由四个方面内涵构成的共享发展理论，体系性极强、覆盖面极广，不局限于分配问题，而其中全民共享、全面共享又直接与分配相关，其现实针对性是：提升共享的“全民性”有助于解决发展的“不平衡”这一社会主要矛盾，而拓展共享的“全面性”则需要不断地解决发展的“不充分”问题。从全球发展大势来看，“全民全面共享”可以成为应对 AGI 等极致技术极速发展所形成的对全球社会冲击的富于中国智慧的中国方案。

首先，全民共享、全面共享、共建共享理念有着深厚的经典马克思主义理论基础。“共享是中国特色社会主义的本质要求”。马克思分析指出：在资本主义前提下，“在交换价值的基础上，劳动只有通过交换才能成为一般劳动”“生产的社会性，只是由于产品变成交换价值和这些交换价值的交换，才事后确立下来”。而在共产主义前提下，“单个人的劳动一开始就成为社会劳动”“生产的社会性是前提，并且参与产品界，参与消费”“不是交换最先赋予劳动以一般性质，而是劳动预先就具有的共同性决定着对产品的分享。生产的共同性一开始就使产品成为共同的、一般的产品。最初，在生产中发生的交换——这不是交换价值的交换，而是由共同需要，共同目的所决定的活动的交换——一开始就包含着单个人分享共同的产品界”[①]——分享是共产主义区别于资本主义的本质特征，而实现共享的依据是生产劳动高度的社会性。全民共建的最高阶段是“各尽所能”“每个人的自由全面发展”，全民共享、全面共享的最高阶段是按需分配——这两方面是有机统一的。与资本主义按劳动力买卖分配工资对应的，

① 《马克思恩格斯全集》第 46 卷上册，人民出版社 1979 年版，第 119 页。

是满足最低需要的生存资料。当生产高度社会化、社会摆脱稀缺，而走向普遍丰裕时，生存资料按“需”分配已成为可能——这是西方提出UBI的重要背景；个人自由全面发展是最高层次的需要，按需分配并让每个人平等分享发展资料，每个人就都能自由全面发展，而每个全面发展的个人作为发达的生产力主体，也就能不断创造更多、更丰富的生活资料——这体现的是全民共享、全面共享与全民共建最高层次的统一。

其次，“渐进共享”理念同样有深厚的马克思主义理论根基。恩格斯指出：

> 在《人民论坛》上也发生了关于未来社会中的产品分配问题的辩论：是按照劳动量分配呢，还是按照其他方式分配。人们对于这个问题，是一反某些关于公平原则的唯心主义空话而处理得非常“唯物主义”的。但奇怪的是，谁也没有想到，分配方式本质上毕竟要取决于可分配的产品的数量，而这个数量当然随着生产和社会组织的进步而改变，从而分配方式也应当改变。但是，在所有参加辩论的人看来，“社会主义社会”并不是不断改变、不断进步的东西，而是稳定的、一成不变的东西，所以它应当也有个一成不变的分配方式。但是，合理的辩论只能是：（1）设法发现将来由以开始的分配方式；（2）尽力找出进一步的发展将循以进行的总方向。[①]

化解不平等的社会主义共享分配原则不是一成不变的：如果说渐进共享侧重强调共享的社会产品在“数量”上的逐步提高的话，那么，与全面共享相关的由共享生存、享受资料而发展资料的进程所体现的，则是在“性质”或“层次”上的逐步提升。按需分配可以说是社会主义分配原则发展的“总方向”，而共产主义第一阶段向按需分配推进“由以开始的分配

---

① 《马克思恩格斯全集》第37卷，人民出版社1971年版，第432页。

方式”是依然具有一定不平等性的按劳分配。作为共产主义初级阶段的社会主义也要长期经历初级阶段，相应地将较长期采用市场经济发展方式，与混合所有制相应的是包括按资分配在内的混合分配制。同样，资本主义按劳动力分配生存资料的原则也不是一成不变的，当今 AI 革命时代出现的 UBI 方案，就使其倒转为按“需”分配，资本主义“反分享”分配关系的自我否定趋势开始呈现出来——由此可以将作为最低层次按需分配生存资料的 UBI，作为恩格斯所说“将来由以开始的分配方式”，以此为参照点，探讨社会主义全民全面共享分配关系向作为共产主义“总方向”的最高层次按需分配发展资料渐进建构的进程。

在共产主义第一阶段，消灭了私有制，因而也就消灭了阶级差别，但是建立在劳动力差别基础上的“按劳分配”依然无法彻底消除贫富差距，只有按需分配才能将其彻底消除——而这是个渐进过程。按资获得利润，按劳获得工资——这是第一次工业革命工业转型中所形成的资本主义基本分配原则，而在第二次工业革命中有所突破：社会福利保障制度在二次分配中为工人提供的收入，至少一部分跟“劳动”无关，因而也就不单纯是按劳分配，所体现的是最低限度的按“需”分配；在初次分配中，工人尤其白领工人的收入已超过维持生存的工资，这表明利润也一定程度上按劳分配——于是，按资—按劳—按需分配构成了当代资本主义分配的三元结构，当然，按资分配依然是其主导性原则。

根据人的需要的 3 个层次，生活资料可分为生存—享受—发展资料 3 个层次，这也构成按需分配的 3 个层次：每个人按需分配生存资料是最低层次，按需分配发展资料则是最高层次。与资本独占利润的反分享原则相配套的，是资本主义自由竞争原则——社会达尔文主义是其重要理论基础——恩格斯指出：“现代资本主义生产方式所造成的生产力和由它创立的财富分配制度，已经和这种生产方式本身发生激烈的矛盾，而且矛盾达到了这种程度，以至于如果要避免整个现代社会灭亡，就必须使生产方式和分配方式发生一个会消除一切阶级差别的变革。”[①] 在共产主义第一阶段，消灭了私有制和阶级差别，也就消灭了不同阶级之间的竞争，但是，按劳分配表明不同劳动者之间还存在一定竞争（“一个人在体力或智力上胜过另一个人”），要使每个人得到自由全面发展，就必须也要超越资本主义过度竞争原则，并相应地超越建立在竞争基础上的按资分配、按劳分配，而最终按需分配发展资料，乃是实现普遍平等、全面自由的必要条件——这对我们探讨社会主义全民全面共享分配关系渐进建构的进程有重要启示。

技术、生产力以及驾驭资本的社会力量的不断发展，社会对资本不断形成“有意识、有计划的反作用”，逼迫其反分享分配原则不断作出让步而走向自我否定，当下 AI 革命中的 UBI 方案标志着社会再一次的反作用，是在数字经济转型中以 AI 等极致技术和生产力逼迫资本作出的更大让步——再从对就业的影响看：第一次工业革命出现的是周期性失业（相对过剩人口），第二次工业革命一定程度上化解了周期性失业困扰，而 AGI 将带来结构性失业（绝对过剩人口）——这是当代西方广大劳动者遭遇的新困扰及社会平等面临的新问题，作为其化解之道，建立在极致生产力和数字化丰裕基础上、以政府（国家）为主体的 UBI 提上议事日程，资本反分享分配关系受到更大冲击，出现自我否定新趋势——对此前面已有分析，下面再略作总结。

首先，斯特恩把 UBI 方案提出的背景描述为“工业经济”向“数字经济”转型中所出现的技术性、结构性失业，强调“伴随低就业、低工资的增长，既非反常的，也非暂时的”，而是“结构性”的，“自（2008 年）经济萧条以来，白领工作也被淘汰——而这是伴随机器人、人工智能和软件发展的持续性的趋向”[②]——如果说第一次工业革命中的过剩人口的相对性、失业的周期性意味着失业的暂时性的话，那么，“结构性”就意味着

---

① 《马克思恩格斯全集》第 20 卷，人民出版社 1971 年版，第 172 页。

② Andy Stern. Raising the Floor: How A Universal Basic Income Can Renew Our Economy And Rebuild The American Dream，Hachette Book Group，Inc.2016.pp217—218.

失业的持续性和过剩人口的绝对性。在第二次工业革命时代，西方政府普遍采用所谓充分就业政策化解失业压力——而在当下 AI 革命时代，这一切都正在变得越来越难以奏效。“物化在机器体系中的价值表现为这样一个前提，同它相比，单个劳动能力创造价值的力量作为无限小的量而趋于消失”——这也就是“结构性失业”，只是在马克思所处时代的“机械性劳动资料”中这种趋零态势还不是特别明显，而在当今 AI 革命时代的“智能性劳动资料”中则开始凸显出来。

其次，造成劳动者失去工作和收入的根源，不是机器本身，而是其“资本主义应用”方式。赫拉利指出：随着 AI 的发展，大量劳动者将变得“无用”而成为“无用阶级”：“19 世纪，工业革命创造出庞大的都市无产阶级”，“到了 21 世纪，我们可能看到的是一个全新而庞大的阶级：这一群人没有任何经济、政治，或艺术价值”[①]——而马克思强调：“工人要学会把机器和机器的资本主义应用区别开来”；“同机器的资本主义应用不可分离的矛盾和对抗是不存在的，因为这些矛盾和对抗不是从机器本身产生的，而是从机器的资本主义应用产生的”，“因为机器本身增加生产者的财富，而它的资本主义应用使生产者变成需要救济的贫民”[②]——作为威胁工人工作、收入的手段，在 19 世纪主要是机械性劳动资料，在当今 21 世纪变成智能性劳动资料，但依然未变的是，不是 AI 机器本身而是其“资本主义应用”方式，威胁着当代西方广大劳动者，并且这种威胁已达到极致：对劳动者既包括体力也包括智力的雇佣性工作，进行了釜底抽薪性的排挤。“财富生产的‘规律和条件’与‘财富分配’的规律是不同形式下的同一些规律，而且两者都在变化”，“机器一旦比如说变成联合的工人的财产，也不会不再是社会生产的要素。但在第一种场合，机器的分配，也就是它们不属于工人这一情况，正是以雇佣劳动为基础的生产方式的条件。在第二种场合，改变了的分配将以改变了的、由于历史过程才产生的新的生产基础为出

---

① 尤瓦尔·赫拉利：《未来简史》，中信出版社 2017 年版，第 295 页。
② 《马克思恩格斯全集》第 23 卷，人民出版社 1972 年版，第 469 页，第 483 页。

发点。"[①] 改变智能技术给当代广大劳动者带来的困扰，最终必须让智能性劳动资料等变成"联合的工人的财产"，而 UBI 则可以成为渐进性过渡方案。

从中国来看，经过不断奋斗，"全面脱贫、全面建成小康社会"任务已经完成，但是，如何巩固全面脱贫成果依然是重要任务，在这方面，不断践行共享原则至关重要，比如实施初次分配中的最低工资制度、二次分配中失业保险及最低生活保障制度，等等；而生产力水平和综合国力的提高，意味着"可分配的产品的数量"的增加，在社会主义框架下，分配给劳动大众的产品就应随之增加。我们过去解决贫困问题的主要方式是增加就业，城镇化、工业化吸纳了大量农业过剩人口——但是，随着 AI 技术的极速发展和应用，这方面的吸纳能力已趋于减弱。现在由 AI 引发的结构性失业还不特别突出，但从趋势看，随着 AGI 的实现，这方面的问题必将越来越突出——在这样新趋势下，巩固全面脱贫的思路和方式，就不能仅仅局限于增加就业、增加劳动者初次分配中的收入等，而应该同时重视在二次分配中让越来越多不能就业的人口获得基本生活保障，不断提高最低生活保障的水平及其覆盖面——UBI 对此有所启示。

总之，共享发展体现了社会主义制度的基本特性，在市场经济条件下，就业、失业等相关问题的规律有相同的方面，但中国市场经济的社会主义性质，又可以发挥制度优势。当然这首先需要对现代机器自动化及其社会影响的发展史，有科学的研究，并注意批判性吸收西方相关理论资源。面对 AGI 将造成越来越多失业并影响社会稳定的趋势，中国可以发挥社会主义制度优势，进行西方资本主义制度无法做的实践探索。

二

"明确新时代我国社会主要矛盾是人民日益增长的美好生活需要和不

---

① 《马克思恩格斯全集》第 46 卷下册，人民出版社 1980 年版，第 362 页。

平衡不充分的发展之间的矛盾，必须坚持以人民为中心的发展思想，发展全过程人民民主，推动人的全面发展、全体人民共同富裕取得更为明显的实质性进展”[①]。共同富裕、共享发展是克服发展不平衡的重要方案，也可以成为探讨应对 AGI 所可能造成的失业、贫困问题的立足点；而“人的全面发展”则可以成为探讨应对 AGI 所引发的工作性质巨变奇点问题的立足点。AGI 将越来越成为国际竞争的焦点，这种竞争不仅体现在其研发上，也体现在对其可能产生的严峻社会风险的应对和治理上，而中国在这些方面可以发挥制度优势，社会主义制度优势有助于实现 AGI，同时也有助于 AGI 的合理运用。

在国家发展理念上，中国一直强调共同富裕与人的全面发展的有机统一，而这实际上是对马克思财富观的坚持：在共产主义，“社会生产力的发展将如此迅速，以致尽管生产将以所有的人富裕为目的，所有的人的可以自由支配的时间还是会增加。因为真正的财富就是所有个人的发达的生产力”，财富的尺度将是“可以自由支配的时间”——“所有的人富裕”即共同富裕，而“真正的财富就是所有个人的发达的生产力”，“全面发展的个人”才具有这种“发达的生产力”；而在资本框架下，“可以自由支配的时间是同剩余劳动时间相对立并且是由于这种对立而存在的”（参见前面的引述）——这种对立就表现为拒绝缩短劳动时间，由此造成自由的普遍缺失，而有针对性的化解之道就是缩短劳动时间——当然，这同样是一个渐进过程。

在国家发展道路和方向上，中国坚定地以共产主义为远大理想和长期发展目标。共产主义要实现的目标就是每个人体力、智力的自由全面发展，而这也是个渐进过程。如果把人类每个人体力、智力自由发展作为目标的话，实现这个目标就要分两种“两步走”：首先要征服自然力——这正是资本的历史使命，通过创造自动机器使自然力服从于社会智力，资本

① 《中共中央关于党的百年奋斗重大成就和历史经验的决议》，新华网，http://www.news.cn/politics/2021-11/16/c_1128069706.htm。

将完成这个使命，却拒绝在此基础上迈出第二步。再具体看，每个人体力、智力的自由发展，大致也要分两步走：第一步是以蒸汽机等能量自动化机器把每个人体力解放出来而获得自由发展，当今以计算机智能自动化机器，将迈出第二步，即把每个人智力也解放出来而获得自由发展，由此每个人固有的全部力量将得到全面自由解放——但在资本框架下，依然把每个人智力的发挥，继续当作资本自我增值的手段——人类所要做的也就是把这种手段反转为目的，从而保证每个人智力自由全面发展——这是在创造并应用自动机器充分征服自然力基础上，人类发展所要迈出的第二步。拒绝缩短出卖智力的白领工人的工作时间，已成为当代资本内在对抗性的突出体现；而社会主义总体上不存在这种对抗性，这为探讨应对 AGI 所引发的工作性质巨变奇点的中国方案，提供了坚实立足点。

在国家教育发展理念上，“全面贯彻党的教育方针，优先发展教育事业，明确教育的根本任务是立德树人，培养德智体美劳全面发展的社会主义建设者和接班人”[①]——人的全面发展一直是中国基本的教育方针，而这也是对马克思基本教育观的坚持和发展。历史地看，生产发展到一定阶段出现了分工，分工又促进生产的发展，但同时也造成了个人发展的片面性，而生产进一步发展的趋势是将“同时给社会劳动生产力和一切个体生产者的全面发展以极大的推动”[②]；“人不是在某一种规定性上再生产自己，而是生产出他的全面性”[③]——每个人发展的“全面性”也是社会生产发展的目标；到了“共产主义社会高级阶段”，“迫使人们奴隶般地服从分工的情形已经消失，从而脑力劳动和体力劳动的对立也随之消失”；“个人的全面发展生产力也增长起来，而集体财富的一切源泉都充分涌流”，如此，“才能完全超出资产阶级法权的狭隘眼界，社会才能在自己的旗帜上

---

① 《中共中央关于党的百年奋斗重大成就和历史经验的决议》，新华网，http://www.news.cn/politics/2021-11/16/c_1128069706.htm。

② 《马克思恩格斯全集》第 20 卷，人民出版社 1971 年版，第 130 页。

③ 《马克思恩格斯全集》第 46 卷上册，人民出版社 1979 年版，第 486 页。

写上：各尽所能，按需分配！”[①] 每个人将获得“建立在个人全面发展和他们共同的社会生产能力成为他们的社会财富这一基础上的自由个性”，而要使“全面发展的个人”的“这种个性成为可能，能力的发展就要达到一定的程度和全面性，这正是以建立在交换价值基础上的生产为前提的，这种生产才在产生出个人同自己和同别人的普遍异化的同时，也产生出个人关系和个人能力的普遍性和全面性”[②]，即建立在交换价值基础上的资本主义生产为个人全面发展创造条件，马克思还结合机器自动化对此进行了分析。

“工厂分工的特点，是劳动在这里已完全丧失专业的性质。但是，当一切专门发展一旦停止，个人对普遍性的要求以及全面发展的趋势就开始显露出来。工厂消除着专业和职业的痴呆。”[③] 自动机器“大工业的本性决定了劳动的变换、职能的更动和工人的全面流动性”，从消极方面看，这“破坏着工人生活的一切安宁、稳定和保障”，即面临被机器代替而失去工作和收入；但是，同时，这也使“工人尽可能多方面的发展”成为“社会生产的普遍规律”，“用那种把不同社会职能当作互相交替的活动方式的全面发展的个人，来代替只是承担一种社会局部职能的局部个人”成为生死攸关的问题——马克思接着还从教育角度展开分析：“工艺学校和农业学校是这种变革过程在大工业基础上自然发展起来的一个要素；职业学校是另一个要素，在这种学校里，工人的子女受到一些有关工艺和各种生产工具的实际操作的教育。如果说，工厂法作为从资本那里争取来的最初的微小让步，只是把初等教育同工厂劳动结合起来，那么毫无疑问，工人阶级在不可避免地夺取政权之后，将使理论的和实践的工艺教育在工人学校中占据应有的位置。”[④] 工艺教育等将在“造就全面发展的人”方面发挥重要

---

① 《马克思恩格斯全集》第 20 卷，人民出版社 1971 年版，第 22—23 页。
② 《马克思恩格斯全集》第 46 卷上册，人民出版社 1979 年版，第 108—109 页。
③ 《马克思恩格斯全集》第 4 卷，人民出版社 1958 年版，第 172 页。
④ 《马克思恩格斯全集》第 23 卷，人民出版社 1972 年版，第 534—535 页。

作用。

恩格斯指出："对于要把人的劳动力从它作为商品的地位解放出来的社会主义来说，极其重要的是要认识到，劳动没有任何价值，也不能有任何价值"，"最能促进生产的是能使一切社会成员尽可能地全面发展、保持和运用自己能力的那种分配方式"[①]——这种分配方式即按需分配，不把每个人劳动力当作商品价值来"自由买卖"，而是用来全面"自由发展"，也是社会主义的教育理念。"要不是每一个人都得到解放，社会本身也不能得到解放"，为此，"旧的分工必须消灭"，"生产劳动给每一个人提供全面发展和表现自己全部的即体力的和脑力的能力的机会，这样，生产劳动就不再是奴役人的手段，而成了解放人的手段"，每一个人都得到解放，社会本身也得到解放。恩格斯也结合机器自动化展开分析："现在，这些已不再是什么幻想，不再是什么虔诚的愿望了。在生产力发展的当前情况下，只要有随着生产力的社会化这个事实本身出现的生产的提高，只要消除资本主义生产方式所引起的阻挠和破坏、产品和生产资料的浪费，就足以使劳动时间在普遍参加劳动的情况下减少到从现在的观念看来非常少的程度"，减少"劳动时间"非常重要，如果减少了，机器劳动本身会成为"有益于智力的体操"；"'年轻人很快就可以学会使用机器，因此也就没有必要把一种特殊工人专门培养成机器工人。'（马克思）但是，资本主义的应用机器的方式不得不继续实行旧的分工及其僵化的专门化，虽然这些在技术上已经成为多余的了，于是机器本身就起来反对这种时代的错误"[②]——自动机器已使缩短劳动时间、人的全面发展成为可能，而阻碍这种可能转化为现实，乃是资本主义的"时代的错误"，但自动机器的进一步发展，又必然会纠正这种时代错误！

"尽管工厂法的教育条款整个说来是不足道的，但还是把初等教育宣布为劳动的强制性条件。这一条款的成就第一次证明了智育和体育同体力

---

① 《马克思恩格斯全集》第 20 卷，人民出版社 1971 年版，第 218 页。
② 《马克思恩格斯全集》第 20 卷，人民出版社 1971 年版，第 319 页。

劳动相结合的可能性，从而也证明了体力劳动同智育和体育相结合的可能性”；“正如我们在罗伯特·欧文那里可以详细看到的那样，从工厂制度中萌发出了未来教育的幼芽，未来教育对所有已满一定年龄的儿童来说，就是生产劳动同智育和体育相结合，它不仅是提高社会生产的一种方法，而且是造就全面发展的人的唯一方法”[①]。只有社会主义才能充分实现工作之外的智育、体育与工作本身的有机结合，或者说重视这种有机结合，是社会主义制度优越性的重要体现之一，而社会主义教育的目标不仅仅是“提高社会生产”，而且也是为了人的全面发展或“造就全面发展的人”。

“个人受教育的时间”就是“发展智力的时间”，“自由运用体力和智力的时间”[②]；“如果我自己购买，或者别人为我购买一个教师的服务，其目的不是发展我的才智，而是让我学会赚钱的本领，而我又真的学到了一些东西（这件事就它本身来说，完全同对于教师的服务支付报酬无关），那么这笔学费同我的生活费完全一样，应归入我的劳动能力的生产费用”[③]——这实际上揭示了教育的两种不同目的：“让我学会赚钱的本领”就是为劳动力市场输出合格的劳动者，而“发展我的才智”则关乎人的全面发展。“工人要发挥一定的劳动能力，要改变他的一般的天然才能，使它能够完成一定的劳动，他就得受训练和学习，也就是必须受教育”[④]——只有社会主义制度才能保障教育同时为了发展劳动者的“天然才能”，从而培育全面发展的个人主体，而这又将促进社会生产力发展。

“生产力或一般财富从趋势和可能性来看的普遍发展成了基础，同样，交往的普遍性，从而世界市场成了基础。这种基础是个人全面发展的可能性，而个人从这个基础出发的实际发展是对这一发展的限制的不断消灭”，“个人的全面性不是想象的或设想的全面性，而是他的现实关系和观念关

---

① 《马克思恩格斯全集》第 23 卷，人民出版社 1972 年版，第 529—530 页。
② 《马克思恩格斯全集》第 23 卷，人民出版社 1972 年版，第 294 页。
③ 《马克思恩格斯全集》第 46 卷下册，人民出版社 1980 年版，第 437 页。
④ 《马克思恩格斯全集》第 47 卷，人民出版社 1979 年版，第 42 页。

系的全面性”，“要达到这点，首先必须使生产力的充分发展成为生产条件，使一定的生产条件不表现为生产力发展的界限”[①]——当今即将实现的AGI就将是一种“不表现为生产力发展的界限”的“生产条件”，有望使生产力真正得到充分发展而引发生产力奇点，从而使每个人全面自由发展成为现实。AGI的发展和应用，为推动人的全面发展提供了更坚实的基础。能量自动化代替体力后，广泛的大众体育活动的主要目的就不再是为市场输送有效的体力劳动人口，大众个人体力获得相对更自由的发展。AGI将进一步消灭脑力劳动和体力劳动的分工，并且还将消灭脑力劳动内部的分工：目前，ChatGPT等大模型的一个应用场景是教育活动，既可以在语言写作等文科教育方面发挥作用，也可以在数学等理科教育方面发挥作用，AGI将会在这两个方面同时发挥更大作用。“年轻人很快就可以学会使用机器，因此也就没有必要把一种特殊工人专门培养成机器工人”——当今学会使用AGI机器的年轻人，同样也没必要把自己只培养成或理科或文科方面的偏才，而可以成为文理兼通的全才，即全面发展的个人。当AGI较多地代替个人智力后，个人也不会不发挥自身智力，而是相对更自由地发挥自身智力，智力教育的目的也不再仅仅是为市场输送有效的智力劳动人口，培育全面发展的个人也可以成为智育的重要目的和目标，而全面发展的人又会作为发达的生产力主体加入生产过程，从而大幅提升社会生产效率——资本主义社会制度及其观念的内在对抗性无法充分做到这一点，而社会主义则可以在这方面发挥制度优势。

AGI机器将节约更多智力劳动时间，产生更多自由时间，为“造就全面发展的人”开辟更广阔的空间。只有在见物不见人的资产阶级狭隘眼界中才只重视AGI机器这种作为“物”的固定资本，超越这种狭隘眼界，社会主义同时也应重视“人本身”即“所有个人的发达的生产力”主体这种“固定资本”：如果说AGI机器将是国之利器、国家力量重要的物质

① 《马克思恩格斯全集》第46卷下册，人民出版社1980年版，第36页。

储备的话，那么，“所有个人的发达的生产力”就是国家力量重要的主体储备；有人说要藏“富”于民，而“真正的财富就是所有个人的发达的生产力”，培养这种个人发达的生产力，就是藏“智”于民。生产固定资本“要求社会能够等待：能够把相当大一部分已经创造出来的财富从直接的享受中，也从以直接享受为目的的生产中抽出来”[①]——生产“人本身”这种“固定资本”尤其如此，在克服不能“等待”的急功近利和片面享乐主义基础上，类似UBI的政策可为全民提供基本生活保障，缩短工作时间又可为全民提供业余时间，通过智育等又可以转化为每个人自由发展的自由时间，这既可以推动人的全面发展，同时也会推动社会生产力发展——这是社会主义教育的制度优势，在AGI即将实现的大趋势下，尤其具有重要意义。

UBI、缩短工作时间等实施的主体主要是政府，决策者一是要认识到AGI所带来的失业等问题与过去相比有很大不同，观念应该与时俱进，不能再用传统观念看待AGI所带来的新问题；二是要充分认识共同富裕、共享发展、人的全面发展是体现社会主义性质的发展目标，基于这种发展理念研究、制定与AGI相匹配的政策，可以充分发挥社会主义制度优势。作为社会主义市场经济主体之一的企业，不应成为资本无序扩张的工具，除了随着企业的发展不断提高职工的收入待遇外，在岗前培训等职工教育方面应发挥更大作用。在社会层面，应该营造反对拜金主义、崇尚自由创造的良好社会氛围。在个人层面，AGI等也为每个人自我教育和发展提供物质手段，作为社会主义劳动者，每个人也应该更新自身的工作、财富、享受等观念，认识到工作不仅仅是为了获得收入，也是为了自身自由全面发展。政府、企业、社会、个人等各类主体协同努力，将有助于我们发挥社会主义制度优势，有效应对AGI的挑战。

① 《马克思恩格斯全集》第46卷下册，人民出版社1980年版，第220页。

和谐社会的扩展：人类命运共同体

许多西方人士认为即将实现的 AGI，有可能带来人类物种灭绝的风险，但一些人把这种风险描述为：AGI 将成为新的强大硅基智能物种而消灭人类——这不过是社会达尔文主义丛林法则的一种不科学的观念投射而已，真实的风险是：如果不改变这种丛林法则，无度自由竞争将有可能导致对强大的 AGI 的滥用（如将其军事化、武器化等），进而威胁人类存续发展。“大工业和世界市场的形成使这个斗争成为普遍的，同时使它具有了空前的剧烈性。在资本家和资本家之间，在产业和产业之间以及国家和国家之间，生存问题都决定于天然的或人为的生产条件的优劣。失败者被无情地清除掉。这是从自然界加倍疯狂地搬到社会中的达尔文的生存斗争。动物的自然状态竟表现为人类发展的顶点”[①]——这种斗争的剧烈性，在即将实现的 AGI 上可能会达到极点，并有可能导致人类灭绝的风险——而基于共享的人类命运共同体理念，可以成为探讨化解这种风险的中国方案的坚实立足点。

人类命运共同体理论极具系统性、战略性，略作初步分析如下。

其一，这一理论吸收了中华优秀传统文化相关思想资源。由“和谐社会”而“和谐世界”建设，是其中的一条重要脉络：与“和谐社会”相关的是“中华民族是一个命运共同体”的论断，而人类命运共同体论则是“和谐世界”论的创造性拓展——这昭示着由内而外、由国家而国际构建什么样的社会的思想的发展脉络。修身齐家治国平天下，体现了我们古人由

① 《马克思恩格斯全集》第 20 卷，人民出版社 1971 年版，第 298 页。

个人而社会建设的基本思路和理念，由此形成了“家—国—天下”三层结构论：在“家”这一层面，家庭和睦、家风建设等非常重要；在“国”层面上要构建中华民族命运共同体；而人类命运共同体则是在“天下”层面提出的重要理念——贯穿这三个层面的是优秀传统文化所强调的“和”的理念。人类命运共同体理论，充分吸收了传统文化“大同”“和”等重要思想资源：“大道之行也，天下为公”，“中华文明历来崇尚‘以和邦国’‘和而不同’‘以和为贵’”——人类命运共同体理论正是对中华优秀传统文化的创造性转化、创新性发展。

其二，人类命运共同体理论又是对马克思主义基本原理的创新性发展，强调构建“利益共同体”的重要性和基础性。2016 年，习近平主席发表题为《中国发展新起点　全球增长新蓝图》[①] 的主旨演讲，介绍了中国的发展理念和取得的成就，强调提出“一带一路”倡议“旨在同沿线各国分享中国发展机遇，实现共同繁荣”，“不是要营造自己的后花园，而是要建设各国共享的百花园”，这些可以说是构建人类命运共同体理念在世界经济发展中的具体落实。演讲还强调：“在经济全球化的今天，没有与世隔绝的孤岛。同为地球村居民，我们要树立人类命运共同体意识”，“携手构建人类命运共同体”，“全球经济治理应该以共享为目标”，要“寻求利益共享，实现共赢目标”。

2017 年 1 月，习近平主席在达沃斯世界经济论坛年会开幕式上的主旨演讲《共担时代责任，共促全球发展》[②]，更是一篇关于全球利益共同体构建的经典文献，演讲批评了“把世界乱象归咎于经济全球化”的观点，强调由于利益高度融合，人类已经成为你中有我、我中有你、彼此相互依存的命运共同体。演讲并未忽视全球化的负面后果，但强调包括国际金融危机在内的这些负面后果并非经济全球化发展的必然产物，而是“金融资本过度逐利、金融监管严重缺失”的结果，并揭示了全球化进程中“增长和

① 新华网，http://www.xinhuanet.com/world/2016-09/03/c_129268346.htm。

② 《求是》，2020 年第 24 期。

分配、资本和劳动、效率和公平的矛盾就会更加突出”，尤其第四次工业革命将会加剧“不平等，特别是有可能扩大资本回报和劳动力回报的差距”等趋势——而解决路径是：要讲求效率、注重公平，“让不同国家、不同阶层、不同人群共享经济全球化的好处”，“在开放中分享机会和利益、实现互利共赢”，“要让发展更加平衡，让发展机会更加均等、发展成果人人共享”，而“一带一路”倡议就是为了“共建合作平台，共享合作成果，为解决当前世界和区域经济面临的问题寻找方案”。

其三，人类命运共同体不只关乎世界经济发展，只有结合由内而外、由“国”而“天下”拓展的理论脉络，才能充分揭示这一理论的广泛意义。

2015 年，习近平总书记《携手构建合作共赢新伙伴 同心打造人类命运共同体——在第七十届联合国大会一般性辩论时的讲话》[①] 是一篇系统性极强的论述，讲话提出“要继承和弘扬联合国宪章的宗旨和原则，构建以合作共赢为核心的新型国际关系，打造人类命运共同体”，并提出努力的方向：（1）“建立平等相待、互商互谅的伙伴关系”，为此，要“践行正确义利观，义利相兼，义重于利”；（2）“营造公道正义、共建共享的安全格局”，为此，要摒弃“弱肉强食是丛林法则”和“一切形式的冷战思维”；（3）“谋求开放创新、包容互惠的发展前景”；（4）“促进和而不同、兼收并蓄的文明交流”；（5）“构筑尊崇自然、绿色发展的生态体系”。

再一体系性极强的文献是 2017 年习近平总书记在联合国日内瓦总部的演讲，主旨鲜明地提出《共同构建人类命运共同体》[②]。演讲再次勾勒提出人类命运共同体的当代国际背景：世界多极化、经济全球化、社会信息化、文化多样化、新一轮科技革命和产业革命等方面的发展，总体上使和平、发展、合作、共赢等成为强劲的时代潮流，同时，全球社会也面临许多共同的挑战和风险：经济增长乏力，金融危机依然有影响，发展鸿

① 《人民日报》，2015 年 9 月 29 日第 2 版。
② 《人民日报》，2017 年 1 月 20 日第 2 版。

沟日益突出，战争等传统安全威胁与恐怖主义、难民危机、重大传染性疾病、气候变化等非传统安全威胁并存，并有持续蔓延之势，冷战思维和强权政治阴魂不散——正是针对这种状况，演讲鲜明提出“构建人类命运共同体，实现共赢共享”的“中国方案”，而在具体行动上，要从伙伴关系、安全格局、经济发展、文明交流、生态建设等方面作出努力：（1）“坚持对话协商，建设一个持久和平的世界”，所谓“修昔底德陷阱”是可以避免的；（2）“坚持共建共享，建设一个普遍安全的世界”；（3）“坚持合作共赢，建设一个共同繁荣的世界”；（4）“坚持交流互鉴，建设一个开放包容的世界”，“和羹之美，在于合异”，“人类文明多样性是世界的基本特征，也是人类进步的源泉”；（5）“坚持绿色低碳，建设一个清洁美丽的世界”——这5点勾勒了构建人类命运共同体的具体行动路径。

由以上论述可见，人类命运共同体理论与共享发展理念是紧密联系在一起的。

其一，共享是贯穿于人类命运共同体理论中的一个重要价值理念。人类命运共同体理论蕴含着极其丰富的价值理念，“构建人类命运共同体，实现共赢共享”这一重要经典表述突出了“共享”理念在其中的重要性，兹将以上相关论述汇总如下：中国“将自身发展机遇同世界各国分享”，而作为开放战略的重要组成部分，“一带一路”倡议所秉持的原则是“共商、共建、共享”，倡导“共建合作平台，共享合作成果”，“旨在同沿线各国分享中国发展机遇，实现共同繁荣”，“建设各国共享的百花园”，“实现共赢共享发展”；在全球治理和国际安全上，“全球事务应该由各国共同治理，发展成果应该由各国共同分享”，要“营造公道正义、共建共享的安全格局”；当然，共享更是全球经济治理的目标，要“寻求利益共享，实现共赢目标”，要“让不同国家、不同阶层、不同人群共享经济全球化的好处”，“在开放中分享机会和利益、实现互利共赢”，“要让发展更加平衡，让发展机会更加均等、发展成果人人共享”，等等。

其二，作为构建人类命运共同体的重要价值原则，共享既体现了中华优秀传统文化的基本精神，也体现了马克思主义的基本精神。

> 共享理念实质就是坚持以人民为中心的发展思想，体现的是逐步实现共同富裕的要求。共同富裕，是马克思主义的一个基本目标，也是自古以来我国人民的一个基本理想。孔子说："不患寡而患不均，不患贫而患不安。"孟子说："老吾老以及人之老，幼吾幼以及人之幼。"《礼记·礼运》具体而生动地描绘了"小康"社会和"大同"社会的状态。按照马克思、恩格斯的构想，共产主义社会将彻底消除阶级之间、城乡之间、脑力劳动和体力劳动之间的对立和差别，实行各尽所能、按需分配，真正实现社会共享、实现每个人自由而全面的发展。[①]

从与马克思主义基本精神的联系看，按需分配可谓最高程度的共享，而"各尽所能""每个人自由而全面的发展"则可谓最高程度的共建。从与中华优秀传统文化的联系看，《礼记·礼运》所描述的"大同"社会的基本特征包括"货恶其弃于地也，不必藏于己"——这就是共享，而且首先是经济、物质财富上的利益共享，而最终目标是按需分配；"力恶其不出于身也，不必为己"所涉及的是共建，其最高目标是各尽所能。我们古人关于共享的再一经典描述，是《老子》所谓的"天之道，损有余以补不足"，再如宋李衡所撰《周易义海撮要》卷二引录杨绘语云："天生有限，地出有涯，而人之欲无节，当大通之时而失其均，则强者常有余，弱者常不足，有余者奢侈而不知止，不足者冻馁而不知恤，则否乱自此而生也。故继体守文之后，财成辅相，使天地生养之道，人得而共享之，天地多少之宜人得而平分之，以左右防民之失，此所以久乎泰之道而杜绝乎否之生也。""使天地生养之道，人得而共享之"，乃是国泰民安、天下太平的重

① 习近平:《在省部级主要领导干部学习贯彻党的十八届五中全会精神专题研讨班上的讲话》，《人民日报》2016 年 5 月 10 日第 2 版。

要保障。

共享关乎“践行正确义利观，义利相兼，义重于利”的问题，《礼记·大学》有云：“是故君子先慎乎德。有德此有人，有人此有土，有土此有财，有财此有用。德者，本也；财者，末也。外本内末，争民施夺。是故财聚则民散，财散则民聚。”其主旨后来被概括为“财聚人散，财散人聚”，体现了我们古人义重于利、德重于财的价值观，而真正践行这种价值观的社会效果是“民聚”即社会团结——这对于“国”与“天下”来说皆如此。当今全球化进程中所出现的乱象重要根源之一，是资本过度逐利从而导致“财聚”即财富过分垄断及世界范围内的贫富分化，而“财散人聚”，只有真正践行共享理念，“让不同国家、不同阶层、不同人群共享经济全球化的好处”，才能真正推动人类命运共同体的构建——而这正是根植于中华优秀传统文化精神的应对当今世界乱象以及 AGI 全球挑战的中国方案。

其三，作为构建人类命运共同体的重要价值原则，共享也是应对当今全球化负面后果的社会主义方案，为此要“反对冷战思维和零和博弈”，“弱肉强食的丛林法则、你输我赢的零和游戏不再符合时代逻辑”——这些法则背后的价值支撑是西方资本主义鼓吹过度竞争的社会达尔文主义，践行共享发展理念、构建人类命运共同体就必须超越这种社会达尔文主义。

“全球发展失衡”“发展鸿沟日益突出”“贫富分化日益严重”等，确实是当今全球化迅猛发展中人类所遭遇的共同挑战，但不能由此把世界乱象归咎于经济全球化，其真正的根源在于：金融资本过度逐利，金融监管严重缺失，增长和分配、资本和劳动、效率和公平等之间的矛盾日益加剧，资本回报和劳动力回报的差距有可能进一步扩大（对此皮凯蒂《21 世纪资本论》有充分揭示）等——改变这种弊端，不是阻碍全球化发展，而是要讲求效率、注重公平，让不同国家、不同阶层、不同人群共享经济全球化发展成果，进而推动形成人类命运共同体和利益共同体——总之“全球经济治理应该以共享为目标”。而要实现这一目标，就要完善全球发展理念和模式，在价值观念上，要“践行正确义利观，义利相兼，义重于利”，造成全球贫富分化的重要根源之一，正是西方包括金融资本在内的资本“过度逐利”的发展理念和模式。过度逐利而造成财富的集中和垄断，体现了西方资本主义生产反共享的基本特征，马克思分析指出，在资本主义生产中，“本质的关系是，工人不占有产品中的任何份额，他同资本家的交换，不是使他能分享产品，却是根本排斥他去分享产品本身”[①]——这种本质的关系，同样体现在由资本主导的经济全球化中的发达国家和发展中国家之间，正是这种反分享的理念和模式，造成全球发展失衡和贫富分化。

如果不改变零和博弈、丛林法则等社会达尔文主义原则，即将实现的 AGI 将进一步加剧全球发展失衡、发展鸿沟日益突出、贫富分化日益严重的趋势，对人类社会整体乃至人类物种本身的存续发展都将形成越来越严峻的威胁，人类命运共同体的现实意义将越来越凸显出来。2022 年底 ChatGPT 发布以来，全球有识之士对此表达了担忧，而有关即将实现的 AGI 及其社会影响的认知，又分歧很大，一些认知还呈现出唯心主义的反科学倾向，无助于应对 AGI 所形成的真实的挑战；而发挥我们的理论优势，坚持唯物主义的科学精神，将有助于探索应对 AGI 挑战的中国方案。

理论优势：科学精神与唯物主义

在蒸汽机能量自动化时代，“阶级差别和特权将与它们赖以存在的经济基础一同消失”和“自由平等的生产者的联合体”的生成，已展现为“19 世纪的伟大经济运动所引向的人道目标”[②]——在当今计算机智能自动

① 《马克思恩格斯全集》第 47 卷，人民出版社 1979 年版，第 625 页。
② 《马克思恩格斯全集》第 18 卷，人民出版社 1964 年版，第 67 页。

化极速发展的 21 世纪，这一人道目标更清晰展现出来，但与此同时西方却出现了形形色色反人道的伦理认知混乱——这又集中在所谓“反物种主义”理念上，并与反科学、反唯物主义紧密联系在一起——这在硅谷精英围绕 AGI 的讨论中有所体现。而马克思主义唯物主义和科学精神则是中国的理论优势，为探索应对 AGI 全球挑战的中国方案提供了坚实基础。

一

2022 年底 OpenAI 发布人工智能（AI）大型语言模型 ChatGPT，2023 年全球 AI 公司争相推出自己的大模型，堪称 AI 发展史上的“大模型元年”，在研发界曾经还只是理论预想的通用人工智能（AGI），正在接近工程或工艺上的现实——正是在这个重大转折点上，以实现 AGI 为目标、以造福全人类为使命，并与营利性商业公司保持一定距离的两大创新团队，出现重大异动：本来相对独立的 DeepMind 被谷歌完全兼并，OpenAI CEO 奥特曼被董事会开除，然后在微软强势介入下迅速复职，引发全球各界关注。此前，辛顿（Geoffrey Hinton）退出谷歌、暂停大模型研发签名信等一系列事件，已传达出 AI 研发界对大模型尤其 AGI 风险的担忧乃至恐惧，这种恐惧又必然向普通大众传导。再往前追溯，DeepMind、OpenAI 创建的最初动机，其实也皆与这种担忧和恐惧有关；而 OpenAI 事件对于这种恐惧来说可谓火上浇油。引发恐惧的原因与所谓“黑箱”密切相关：大模型的“机器黑箱”与 AI 深度学习的人工神经网络运作的“不可解释性”及其相应的封闭性、不透明性有关——这正是作为深度学习之父之一的辛顿产生恐惧的原因之一。现在常说的 OpenAI 不 open，则与内部决策不透明、技术尤其源代码不开放等所形成的“公司黑箱”相关，并与封闭在自我增值或利润最大化中的“资本黑箱”密切相关。

辛顿等硅谷精英已经意识到商业公司不透明的黑箱式运作所存在的潜在但巨大的社会伦理风险，但全球关注点相对而言主要聚焦在 AI 机器黑箱上。大模型发布一年以来，随着国际学界研究的深入，一些不可解释因素也正在变得可以解释，其黑箱性并非绝对的；通过科学研究破解机器黑箱，乃是科学认知和研判 AGI 风险的基础。把 AGI 这样的超级技术的研发和应用的决策权，完全交给基于利润最大化原则的少数资本巨型公司，显然存在巨大风险。如果说破解机器黑箱有待科学研究的话，那么，打破公司黑箱、资本黑箱则需要社会行动、制度变革：从相关治理来看，大模型发布以来，美国等国家和联合国相关机构都发布了相关文件，但大多是非约束性的倡议，许多研究者已经认识到这些倡议不足以应对、管控强大的 AGI 的巨大风险，在全球范围内急需像管控核武器那样的具有约束性的国际公约，在一国内部则需要政府建立对 AI 巨型公司具有约束力的监管制度框架，并把 AI 的监管纳入由更多人参与的更具广泛性的社会框架。

从相关认知状况看，把不可解释的黑箱性绝对化，为把 AI 机器神秘化提供了“依据”，黑箱性与神秘化纽结在一起，于是 AGI 尤其超级 AI 就被想象为不同于人类物种的自我进化的超级硅基智能物种，乃至机器神，并将代替乃至消灭人类——这种想象及对 AI 风险的认知并无充足科学依据。与自我进化的机器神相关的，是作为自我增值的物神、货币神的资本，而从社会角度看，人们对机器神的恐惧，很大程度上来自对异己的货币神的恐惧，或者说，前者是后者的心理投射——硅谷精英基于反物种主义、社会达尔文主义所想象的超级智能机器神，只不过是自动增值的资本货币神的变体而已。从人类智能发展史看，再强大的 AGI 所代表的依然是社会智力，它们本身不可能成为操控人的神；从人类社会发展史看，资本、货币不是物，最终体现的是个人与个人之间的社会关系——联系起来看，更紧迫的风险是：少数个体自然人通过巨量金钱垄断、支配 AGI 的研发和应用，加上过度竞争，必将引发越来越剧烈并可能失控的社会冲突——一些西方精英由 OpenAI 事件等已初步认识到这一点。

二

OpenAI 事件可以置于 OpenAI、DeepMind 蜕变史中加以解读，其中马斯克是个线索性角色，下面据最新的《马斯克传》[①] 梳理一下这个历史线索。

2012 年，马斯克认识了创建以实现 AGI 为目标的 DeepMind 的哈萨比斯（Demis Hassabis），哈萨比斯告诉他 AI 的潜在威胁："机器可能进化为超级智能，超越我们这些凡人，甚至可能做出决定把我们干掉"，马斯克觉得这种认识可能是对的，决定投资 DeepMind。后来马斯克与谷歌创始人之一佩奇（Lawrence Edward Page）谈论 AI 风险，佩奇对此不屑一顾，两人发生激烈争辩。马斯克认为：除非我们建立防火墙，否则人工智能可能会取代人类，让我们这个物种变成蝼蚁草芥，甚至走向灭绝。佩奇反驳说：如果有一天机器的智力，甚至机器的意识，都超过了人类，那又有什么关系呢？这只不过是进化的下一阶段罢了；如果意识可以在机器中复制，为什么它不配具有同等的价值？并指责马斯克是物种主义者，马斯克回应说"我是支持人类优先的""我就是热爱人类"，看上去他是个坚定的物种主义者。

2013 年底，谷歌计划收购 DeepMind，马斯克告诉哈萨比斯："人工智能的未来不应该让拉里（佩奇）说了算"，但 DeepMind 还是被谷歌收购了。佩奇最初同意创建一个包括马斯克在内的伦理安全委员会，在这个委员会的第一次也是唯一一次会议上，马斯克意识到这个委员会是个空架子，"谷歌的这些人根本不想关心人工智能的安全问题，也无意做出任何限制人工智能权力范围的事"。从后续变化看，被收购的 DeepMind 开始其实还保持着相对的独立性，甚至还跟谷歌闹过独立；正是在这种相对独立状况下，DeepMind 研发出强大的 Alpha 系列，向实现 AGI 推进一步。然而，在 2023 年这个大模型元年，DeepMind 被谷歌完全兼并或绑缚在一起

① 沃尔特·艾萨克森：《埃隆·马斯克传》，中信出版社 2023 年版，第 226—230 页。

而成为 Google-DeepMind，看上去拉里等更能说了算了。

再后来马斯克认识了奥特曼，经商议决定创办一个非营利性 AI 研究实验室，命名为 OpenAI，以软件开源“对抗谷歌在这一领域日渐强大的主导地位”。马斯克希望“有一种类似于 linux 版本（即‘开源’）的人工智能，不受任何个人或公司的控制”，目标是“提升人工智能安全发展的概率，人类将从中受益”。他们还讨论一个具体目标即 AI 对齐——这成为后来大模型安全防控的一个重要方法。他们还挖来了谷歌 AI 大咖苏茨克维（Ilya Sutskever）担任 OpenAI 首席科学家，佩奇很愤怒，马斯克说：“拉里啊，当时你但凡对人工智能的安全问题上点儿心，我们都没必要搭个台子跟你唱对台戏。”后来，奥特曼成立了一个能够筹集股权基金的营利性部门，微软成为大股东。

以上就是 OpenAI 事件的背景。正是在奥特曼参与设计的非营利—营利这种公司治理结构中代表非营利部门的董事会，开除了奥特曼，而奥特曼挖来的苏茨克维是重要推手——这似乎表明代表非营利性的伦理监督部门的董事会的强大。但是，奥特曼迅速回归，原董事会成员大部分被赶走，又表明原来的董事会就像谷歌的 AI 安全委员会一样，也只是个空架子——打碎这个空架子的主要力量，来自作为营利部门最大股东的微软，与此前的 DeepMind 被谷歌完全兼并联系在一起看，在 2023 年这个大模型元年和实现 AGI 的重要转折年，两大资本巨头成为大赢家。

《埃隆·马斯克传》概括道：“在人工智能系统中，人类可以设置哪些防火墙和自毁开关，让机器的行动与我们的利益保持一致？谁又有资格决定这些攸关人类的利益是什么？”第一问是“技术”问题（技术对齐），第二问则是“社会”问题（社会对齐）。马斯克先后试图通过与 DeepMind、OpenAI 合作以对抗谷歌在 AI 领域日渐强大的垄断地位，未能奏效后，他创建了自己的 x.AI；他希望 AI“不受任何个人或公司的控制”，并说 AI 的未来“不应该让拉里说了算”——那么，AI 的未来就应该由马斯克个人说了算？把“攸关人类的利益”寄托在少数个人身上显然很不可靠，而现实是：恰恰是包括佩奇、马斯克等占有巨量金钱的少数个体自然人和微软、谷歌等少数资本巨头或法人说了算。作为反物种主义者，佩奇对他身处的人类这个物种的攸关利益不屑一顾，但他“说了算”；作为坚定的物种主义者，马斯克倒是把人类物种利益放在优先地位，姑且不论他是否会贯彻他这种善意的个人愿望，他应对强大 AI 的重要方法之一，是通过脑机结合等所谓人类增强技术使人类物种本身更强大，但这种技术本身就存在巨大伦理风险，更为关键的是：这种方法及其理念是建立在自由竞争的社会达尔文主义原则上的——ChatGPT 等大模型发布之后，辛顿已经意识到这恰恰是个风险点：“我过去认为风险是遥不可及的，但现在我认为这是严重的，而且相当近”，“如果你要生活在资本主义制度中，你不能阻止谷歌与微软竞争”，“在资本主义制度中或者在国家之间竞争的制度中，像美国和其他国家这样”，毁灭人类物种的 AI 技术会被发展出来[①]。但是，这样的声音被硅谷精英纷乱的话语喧嚣淹没了。以上简单的梳理表明：硅谷精英对 AGI 及其风险的认知是相互冲突的，并一定程度上引发了伦理认知混乱，下面略作总体辨析。

大模型深度学习神经网络内在运作机制的不透明的封闭性及其形成的不可解释的机器黑箱，是引发恐惧的原因之一，而能力、自动性（自主性）强等是另外一些原因，比如认为大模型能力还没那么强大的立昆（Yann LeCun），对于人们对大模型的恐惧就不屑一顾。但是，即使立昆也认为实现更为强大的 AGI 为期不远了，不解决机器黑箱而推出强大的 AGI，看来会引发巨大伦理风险。大型语言模型展现了进入文明时代人类智能生产的完整结构：信息 + 符号 + 大脑——这是其获得突破性发展的原因之一。恩格斯指出：“音节分明的语言的发展和头脑的巨大发展”使“人和猿之间的鸿沟”从此不可逾越；而“迅速前进的文明完全被归功于头脑，归功于脑髓的发展和活动”，“随着时间的推移，便产生了唯心主义的

---

① 《“AI 教父”最新万字访谈：人类或是 AI 演化过程中的过渡阶段》，腾讯网，https://new.qq.com/rain/a/20230506A086D000，2023-05-07。

世界观”，“它现在还非常有力地统治着人的头脑，甚至达尔文学派的最富有唯物精神的自然科学家们还弄不清人类是怎样产生的”[①]——当今本该有着“最富有唯物精神”的部分硅谷精英，实际上也还是没弄清楚人类“智能”是怎样产生的。其突出体现在：忽视“音节分明的语言”尤其文字等符号在人类智能发展史上的划时代作用；如此一来，技术精英就会把现在迅速前进的计算机文明，完全归功于机械大脑的神经网络；而爬取全球互联网所获得的海量信息大数据和符号——尤其文字这种自然语言符号，这两大要素，在大模型突破性发展中也发挥了基础性作用——如果结合这两种因素，从完整的信息 + 符号 + 大脑三元结构看，大模型就没什么神秘；而如果把人工神经网络黑箱过分夸大而认为绝对不可解释，就会导致神秘化，从而引发认知和伦理混乱。

德国哲学用“异己”描述外在于人的存在物的特性。一种比人弱小的异己力量，不会令人恐惧；一种比人强大而可控的异己力量，也不会令人恐惧——认为 GPT-4 等大模型力量强大到可能失控，使辛顿心生恐惧而退出谷歌，他的弟子苏茨克维也因相近的恐惧而推动了开除奥特曼事件的爆发。赫拉利《未来简史》把未来超级 AI 描述为取代人类“智人”旧物种的新物种的“神人”，这是一种机器神。佩奇把只关注人类物种福祉的马斯克称为狭隘的物种主义者，而作为“反物种主义者”，佩奇认为机器神取代人类旧物种是没有什么大不了的——由此可见硅谷精英的伦理认知混乱；而围绕信息 + 符号 + 大脑这一完整智能结构，可以澄清这些混乱：在文字等符号出现之前，人类智能结构是二元的即信息 + 大脑，大脑把感官获得的信息加工为产品，由此形成的智能封闭在个人生物性大脑之中，只是一种个人智能、生物性智能；但当文字等符号出现之后，人类智能结构就转化为三元结构即信息 + 符号 + 大脑，个人物化在外在于个人生物性身体而具有社会性的文字符号等之中的智能，就成为社会智能，超越了个人生物

① 《马克思恩格斯全集》第 20 卷，人民出版社 1971 年版，第 373 页，第 516—517 页。

性大脑的限制，不再是单纯的生物性智能，也不再是单纯的个人智能。以此来看，计算机神经网络再怎么复杂、精妙，也只是人的社会性的人工符号的产物，所代表的依然是人类社会智力，因而依然是“人类智能”，机器里没有鬼魂，它再强大也并不必然成为威胁人的异己力量。

但是，人类个体尤其大众个人对越来越强大的 AI 的恐惧，也绝非无中生有，确实存在很现实的威胁，它们来自少数个人对越来越强大的 AI 这种社会智力的垄断及其形成的另一种黑箱即公司黑箱——这正是 OpenAI 事件暴露出来的重要问题。OpenAI 原有的治理结构分成非营利性—营利性两部分，正是代表非营利性的伦理监管力量的董事会，投票开除了奥特曼，而微软的强势介入、奥特曼的复归，又标志着营利性力量的胜利，OpenAI 由此可能走向垄断，被谷歌兼并的 DeepMind 也是如此，而垄断、封闭就形成公司黑箱：AI 商业公司内部决策的封闭、不透明。辛顿认为：面对强大的 GPT-4 等大模型，人们已经意识到可能会出现威胁人类生存的技术，但“在资本主义制度中或者在国家之间竞争的制度中，像美国和其他国家这样，这种技术会被发展出来”——这实际上触及了 AGI 可能失控的更紧迫的风险点：基于社会达尔文主义原则的过度竞争加上公司黑箱。

资本的全球扩张呈现出非常开放的外观，但其核心原则却是封闭的、黑箱式的，并呈现出神秘外观：马克思把生息资本称作“自动的‘物神’，自行增值的价值，创造货币的货币”，“社会关系最终成为物（货币、商品）同它自身的关系”；“在这里也以完全不同于商品的简单神秘化和货币的已经比较复杂的神秘化的方式表达出来了。变体和拜物教在这里彻底完成了”[①]——自行、自动增值这种封闭运作方式就形成资本黑箱，并且是当今 AI 公司黑箱性运作的根源。OpenAI 事件的主角奥特曼实际上已意识到这一点：“我对资本主义创造并捕获无限价值的激励有些害怕”[②]；“如果资

① 《马克思恩格斯全集》第 26 卷第 3 册，人民出版社 1974 年版，第 503 页，第 548 页。

② 《Sam Altman：一个足以载人科技史的访谈》，腾讯网，https://new.qq.com/rain/a/20230521A04QVJ00，2023-05-22。

本主义以与过去完全相同的方式继续下去，相对于劳动力而言，资本的杠杆作用可能会过大”[①]——但与奥特曼其他方面意气风发的高谈阔论相比，这些话较少被关注。

黑箱性往往与神秘性纽结在一起，人们一般用“神”来描述一种强大、自动（自主）、封闭而不可解释的异己力量，生息资本因此成为物神、货币神，AGI也因此会被想象为机器神——破解这两种黑箱或拜物教神话，就需要回到人类智能和社会发展的实际历史中。“迅速前进的文明完全被归功于头脑”，这个“头脑”显然不是绝大多数普通劳动者的个人大脑，而是少数知识精英的个人大脑，于是人类至今所取得的巨大文明和智能成就，就被归功于少数知识精英神妙的个人大脑神经元系统及其神秘天赋。与此相应，当今更加迅速前进的计算机文明，完全被归功于机械大脑神妙的神经网络，这种神妙网络一旦被发现（像点石成金的魔棒一样）或设计出来，超级计算机就会成为机器神——而造神者当然是少数技术知识精英：在把机器神化的同时，知识精英也把自身神化。马克思把现代自动机器所包含的智能称作“社会智力”：如果说个人大脑生产的是个人智力的话，那么，人使用文字等社会性符号生产出的就已经是社会智力了。人类进入文明时代后，与文字等符号几乎同步出现和发展的是分工、私有制，而分工、私有制使文字等符号这些智能工具作为生产资料被少数精英所垄断和使用，由此，在智力上，少数精英与普通大众之间就出现鸿沟，但这种鸿沟是由分工、私有制这种“社会性”因素造成的，而绝非两者的“生物性”差异造成的——对大模型神经网络多有启发的当代大脑神经科学已经证明：人类个体大脑之间的生物性差异其实很小。

戳穿机器神及其相关精英神话后，在AGI奇点临近之际，我们所应更加关注的是货币神及其自动增值所形成的资本黑箱。货币只是“社会关系”的“变体”，反之，社会关系是货币的“实体”，揭示变体后的实体就会

① 《OpenAI CEO Sam Altman 日本庆应义塾20道问答全实录》，腾讯网，https://new.qq.com/rain/a/20230616A000K200，2023-06-17。

发现：货币或资本不是物，物神轰然倒塌，资本黑箱就会被戳破。同样，AI机器智能是人类智能的变体，人类智能是机器智能的实体，揭示这种实体，机器也就无法成为“神”，反物种主义的荒谬性就会暴露出来。联系起来看，AI机器代表的是具体的社会力量（社会智力），而资本代表的则是抽象的社会权力，后者也是作为实体的前者的变体——破解这种变体抽象性之道就是：把资本所代表的社会力量落实到个体自然人。股份制等使社会力量表现为抽象的法人的力量，而自由主义经济学产权明晰论强调这必须落实到个体自然人——这实际上已经把资本所代表的抽象社会关系，落实为具体的个体自然人之间的关系：如果把货币神仅仅视作统治人类所有个体的抽象力量，再激进的批判也只是一种抽象批判，如此就会掩盖更基本而具体的事实：现在决定AGI发展和应用方向进而决定人类未来命运的，是极少数掌握巨量金钱的个体自然人——这才是AGI可能失控的更紧迫的风险点。

三

科学认知AGI的通用性，戳破机器神拜物教神话，首先需要回到人类智能发展基本的历史事实。在原始野蛮时代的高级阶段，“由于文字的发明及其应用于文献记录而过渡到文明时代”[①]，所以一般把文字记载之前的历史称作人类文明时代的“史前史”。从人类智能史看，个人大脑及其生产的人脑智能乃是漫长的自然物种进化史的产物。在文字等符号被发明和应用之前，人类智能结构只是二元结构即“信息＋大脑”，与动物差别不大，而文字等符号的发明和应用使之转化为三元结构，即“信息＋符号＋大脑”——与这同时出现的，是分工形成的“体力＋脑力”的二元劳动结构，还有私有制形成的“有＋无”的二元生产资料结构及建立其上的二元

① 《马克思恩格斯全集》第21卷，人民出版社1965年版，第37页。

社会结构：一个阶级“有”体力和脑力劳动的生产资料，如文字等符号工具，可以从事脑力或智力劳动；而“无”生产资料的阶级，主要从事体力劳动。在与这种社会结构发展史结合的人类智能发展史中，所谓智能就没有什么神秘性。而使智能神秘化，从而导致认知混乱的根源，恰恰在于二元社会结构。

自然语言涵义的不确定性既是造成相关认知冲突的原因之一，也是造成对作为一种自然语言表述的“通用人工智能”的认知冲突的原因之一：对于这个组合词中的3个词——“通用”“人工”“智能”，进而到这个组合词本身，不同人有不同理解。但借助人类认知的科学方法论即辩证法，又可以在一定程度上相对控制自然语言涵义的不确定性。辩证法的两面论强调从反面来理解正面，由此来看，“人工”应从其反面“自然”来理解。把计算机智能称作“人工”智能，就是相对于人类个人大脑的“自然”智能而言的——这种表述本身没有问题，问题在于：在计算机智能出现之前，个人大脑生物性的“自然”智能，是否是人类智能唯一存在形态？显然不是，而把传统人类智能视作生物性“自然”智能，乃是当今一些AI研究者对人类智能发展史基本事实的最大误读。

人类在发明、使用文字符号等之后，相对于自然人脑智能，符号智能成为人类智能重要基本形态；文字符号等不是自然的产物，而是人造、人工的产物，在外在于个人生物性身体的意义上，也是非生物性的。因此，符号智能早已是人工、非生物性智能了。据此，把计算机智能的表述由“‘人工’智能”改为“机器智能”，有助于在与自然人脑智能、人工符号智能关系中揭示其基本特性——而区分三者的关键点是“通用”：封闭在个人生物性大脑中的智能及其相关的主观意识、意念、观念等是不具有通用性的，个人只有把这些因素通过文字符号等表现出来、传达出去，即把自然人脑智能转化为人工符号智能，才会获得通用性——马克思关于一般智力、社会智力，以及与现代机器关系的论述有助于理解计算机通用智能。

当“劳动资料发展为机器体系”时，“知识和技能的积累，社会智慧的一般生产力的积累”就表现为“固定资本”的属性，而“机器体系随着社会知识和整个生产力的积累而发展”——“社会智慧”或“社会大脑”是相对于个人大脑而言的，现代机器体系代表的是社会大脑、社会知识。“自然界没有制造出任何机器”——自然界也没有制造出任何文字符号等，它们与机器一样，也是“人类的手创造出来的人类头脑的器官”和“物化的知识力量”。机器作为固定资本的发展表明：“一般社会知识，已经在多么大的程度上变成了直接的生产力，社会生活过程的条件本身因而在多么大的程度上受到一般智力的控制，并按照这种智力得到改造”“在大工业的生产过程中，一方面，发展为自动化过程的劳动资料的生产力要以自然力服从于社会智力为前提；另一方面，单个人的劳动在它［劳动］的直接存在中，已成为被扬弃的个别劳动，即成为社会劳动”①。当物化在文字等社会符号体系中时，个人智能或智能的个人性已被扬弃，继而成为通用社会智能。联系起来看，社会大脑生产的是社会智能，同时也是通用智能，智能的通用性与社会性紧密联系在一起，而单纯的个人大脑生产的个人智能不具有社会性和通用性——AGI 就是社会大脑生产的通用社会智能。

“自动化过程的劳动资料”即以蒸汽机为代表的能量自动化机器，“这种自动机是由许多机械的和有智力的器官组成的”②，实际上已经引发了一场“智能”革命。这种智能即“使用劳动工具的技巧”，已经“从工人身上转到了机器上面。工具的效率从人类劳动力的人身限制下解放了出来”；而这种技巧曾作为“秘诀”，“只有经验丰富的内行才能洞悉其中的奥妙”③，只能通过手工业内行以口口、手手的方式相传，这种封闭在内行个人大脑中的作为秘诀的“自然智能”就缺乏通用性——取代这种作为自然智能的手工秘诀的，首先是现代科学以数学、物理学等人工符号所构建

① 《马克思恩格斯全集》第 46 卷下册，人民出版社 1980 年版，第 210—223 页。
② 《马克思恩格斯全集》第 46 卷下册，人民出版社 1980 年版，第 208 页。
③ 《马克思恩格斯全集》第 23 卷，人民出版社 1972 年版，第 460 页，第 533 页。

的强大符号系统造形智能，这已是强大的通用社会智能，而它们又是在文字等符号造形智能累积性发展的基础上发展起来的。

AI 技术重要奠基者之一维纳指出：“机械大脑不能像初期唯物论者所主张的‘如同肝脏分泌胆汁’那样分泌出思想来。”“信息就是信息，不是物质也不是能量。不承认这一点的唯物论，在今天就不能存在下去”①——把迅速前进的计算机文明完全归功于人工神经网络这种机械大脑，似乎就是在认为智能是机械大脑神经网络“分泌”出来的——当然，用了一个似乎比分泌更科学的词——“涌现”。神经网络（算法系统）越复杂、神妙，涌现的智能就越强大。如果足够复杂、神妙的话，甚至会涌现意识——这是一种反辩证法的孤立化的智能观，排除了与智能活动另一基本要素即被加工的“信息”的有机联系，而完整的智能结构是“信息 + 符号 + 大脑”，计算机机械大脑神经网络和人脑神经元系统的智能就是运用一定符号把信息加工成产品的能力或技巧。如果能把本来无序的信息加工成具有一定结构的产品，就足以证明它们具有一定智能——大模型可以自动生成具有一定结构的信息产品（文本等）就是如此，而立足这种信息唯物论，似乎就不必再通过图灵测试来证明计算机有智能了。当然，这并非否认研究测试 AI 能力基准的重要性。

动物智能结构只是二元的，即“信息 + 大脑”；而进入文明时代的人类物种的智能结构是三元的，即“信息 + 符号 + 大脑”。与此相关，国际学界对 AGI 作为机器智能的“通用性”的理解总体上有两种不同视角：一是着眼于应用者，二是着眼于应用场景。

（1）结合人类智能发展史实际和当下 AI 实际状况，应首先着眼于应用者来理解通用性，这种通用性主要指智能工具可以被不同的应用者所使用，某一种智能工具如果只能被特定的个人或群体应用者所使用，就不具有通用性或通用性较弱。从人类智能发展史看，只有具有通用性的文字符

① N. 维纳：《控制论》，科学出版社 1963 年版，第 133 页。

号等，才能把个人智能组合或凝聚为社会智能；从应用者角度看，个人大脑作为智能工具只能被单独的个人这种特定的应用者使用，因而不具有通用性，而文字等符号作为智能工具能被更多个人使用，因此在此意义上具有通用性，人的智能的通用性与社会性是紧密联系在一起的。在文字自然语言累积性发展的基础上，现代自然科学又使数学、物理学等“人工语言”高度体系化：自然语言的通用性是相对于民族共同体等群体而言的，而人工语言的通用性是相对于专家共同体群体而言的。在同一民族语言共同体内部，专家可以理解人工语言，而非专业人士则未必。因此，“专用性”的人工语言的通用性较弱；但另一方面，处于不同自然语言共同体的专家，又都可以理解相同专业领域的人工语言，这又表明其通用性较强。从当下 AI 的实际状况来看，AlphaGo 只能被特定的应用者群体，即会下围棋的人使用，因此具有较弱的通用性；而 ChatGPT 能被更广泛的应用者群体所使用，即只要掌握文字的人即可使用，因此具有较强通用性。

（2）着眼于应用场景，“通用性”主要指智能体对物理环境的适应性。在此意义上，现有 AI 大模型还不能适应复杂的物理环境，因而不具有通用性。人类和动物因为其行为可以适应不同的物理环境，而表明其“自然智能”具有通用性。

总体来说，科学辨析智能的通用性，既需要看到应用场景与应用者的联系，也需要看到两者的区别。而考察 AI 的“能力”尤其有必要把两者区别开来：如果孤立地看 AGI 机器，则其通用性确实表现为应用场景的宽广性，即像人和动物自然智能一样可以适应不同的环境，但是这种适应性并不直接意味着其能力的强大。AlphaGo 打败人类个体围棋高手，表明其“能力”很强大，但由于限定在围棋这个特定“专用”领域，其应用场景的“通用性”不强；ChatGPT 能被普通大众所使用，而不被限定在特定专业领域，表明其应用场景的通用性较强，但其写作（生成）文本的“能力”就不能说比人类个体写作高手强——这至少表明 AI 的“能力”大小与应用场景“通用性”强弱之间并非正向关系。如果把 AGI 定位为工具，则首先关注的就是提升其能力，而片面强调智能体对环境适应性的研究者，恰恰忽视了一个基本事实：人与动物在适应环境的自然智能的能力上差距不大，人与动物在智能性能力上拉开距离的恰恰是“人工”符号智能。

联系起来看，人类个人比动物个体对复杂环境适应性更强，而这显然不仅与两者都具有的具身性的自然智能有关，而且与人类个人具有而动物个体不具有的社会符号智能更为相关——孤立地从自然智能角度谈通用性，存在很多问题。更为重要的是，着眼于应用者还关乎 AGI 与人的关系的基本定位：把 AGI 定位为工具，则始终面向的是作为应用者的人，其通用性就表现为可以被更多的人在更多的场景中使用；如果只孤立、片面地看待 AGI 适应环境的通用性，则其发展方向就是像人和动物一样的自然智能——再往前进一步，就是为了创造“新物种”——这在技术上未必能做到，却会引发人们不必要的恐慌。当然，这并不意味着否认使 AGI 智能体具身化，而使其能适应更广泛、复杂环境这种研发路径的价值，尤其对于服务型智能机器人的研发来说特别重要，但不能夸大其词，认为这是实现 AGI 的唯一路径——过分贬低大模型价值的立昆等就存在这种认知倾向。着眼于应用者，AGI 的发展方向就首先应该是提升计算机的智能性能力，并能被更多应用者所使用，而这具有广泛的社会意义。

根据以上初步梳理，我们可以把 AGI 大致定位为通用性与社会性统一的“通用机器社会智能”，并可在与自然人脑智能、人工符号智能关系中确定其基本特性。把作为一种机器智能的 AI 称作“非人类智能”的说法非常流行，这实际上就是把人类智能定位为人脑生物性自然智能——但这其实只是对人类“个人”智能的定位。从逻辑上看，这种说法的问题是：把“属（人类）”与“种（个人）”概念相混淆，因而引发逻辑混乱。与“个人”这个“种”概念相比，“社会”就是“属”概念；从智能角度看，“社会智能”就并不等于“个人智能”——这种逻辑学辨析，再结合人类智能发展史的基本经验事实，有助于科学辨析智能及其通用性问题：人脑是漫长的自然发展和生物物种进化的产物，因此人类个人大脑智能确实是生物性“自然智能”，不具有通用性。但在文字等符号发明和应用之后，人类智能的完整结构就已转化为“信息 + 符号 + 人脑”三元结构，文字符号在外在于人类个人身体的意义上就是非生物性的，其在不是自然产生而是人工创造的意义上，就已具备人工性。而具有通用性的文字符号同时具有社会性——由此形成的符号智能，就已经是非生物性“‘人工’智能”和社会通用智能了。未来的 AGI 与这种智能形态依然存在相通之处：文字等代表人工性、社会性的通用“符号”智能，AGI 则是人工性、社会性的通用“机器”智能。

传统的符号智能依然受到个人生物性大脑这种人身限制，但其已经开始超越单纯的人身限制：加工信息的技巧或智能，已从人身（个人大脑）上转到了社会符号上面，人脑作为加工信息的智能生产工具的效率，已经从单纯的人身限制下被初步解放了出来，人类智能在整体上已是非生物性、人工性的符号智能与自然人脑智能的交互；现在的 AI 大模型把人脑使用符号的技巧或智能，进一步转移到了机器（计算机）上，人类智能的自然性、生物性限制被进一步超越——但这种超越自然性、生物性限制的智能依然是人类智能。

其实，人类对文字符号的巨大力量早有认识，比如我们古人就用“天雨粟，鬼夜哭”来描述仓颉造字所产生的效果。从人类智能发展史看，作为智能工具的计算机确实像文字等符号一样，也正在引发划时代乃至终极性的智能革命。但如果还用像“天雨粟，鬼夜哭”这样的神话式、炼金术式、巫术式的话语和理念来描述这场智能革命，未免太辜负这个科学昌明的时代。要科学地认知人类智能史，进而在此基础上为 AGI 进行科学定位，就不能孤立地看待问题，而需要把智能及其生产工具文字符号等与其同步产生、发展的社会分工、私有制两大文明要素联系起来看。“分工只是从物质劳动和精神劳动分离的时候起，才开始成为真实的分工”“与此相适应的是思想家、僧侣的最初形式”[①]——这是有关“迅速前进的文明完全被归功于头脑”的唯心主义认知的社会根源：在社会分工框架下，这个“头脑”显然不是普通劳动者的个人大脑，而是知识精英的个人大脑，智能观上的与思想家相关的唯心主义、与僧侣相关的宗教神秘主义等，这又与文明和文化观上的知识精英主义纠缠在一起。而普通劳动者无法发挥个人智能的又一根源，是其在私有制框架下丧失了包括脑力劳动工具文字符号在内的生产资料——这种社会学的历史辨析也是科学认知 AGI 现实风险的必要基础。

四

以上辨析表明，AI 机器智能是社会智力，其依然是人类智能，似乎再强大也并不必然令人恐惧。而人类之所以恐惧，原因在于其异己性，但这种异己性来自社会而非自然，更不是来自超自然、超人间的神秘存在物。把 AGI 尤其超级 AI 视作超自然、超人间力量，与智能、意识的唯心主义本体论密切相关；把智能、意识问题放在人类社会的实际发展史中考察，就可以揭示这些唯心主义、反物种主义、社会达尔文主义等产生的社会根源：分工、私有制。

硅谷精英库兹韦尔把“计算机可以有意识吗？”的质疑称作“来自本体论的批评”。主要质疑者塞尔强调：“最重要的事情是要认识到意识是一个生物过程，就像消化、哺乳、光合作用、有丝分裂。”[②]而在库兹韦尔看来，计算机即使现在没有“意识”，很快也会“涌现”意识，进而成为新物种——这种智能进化、奇点论，为佩奇等的反物种主义提供了理论依据。如果意识、智能只是个生物过程，那么用计算机物理过程就可以模拟、复制这种生物过程——这关乎生物学哲学史上争论不清的还原论与反还原

① 《马克思恩格斯全集》第 3 卷，人民出版社 1960 年版，第 35 页。
② 雷·库兹韦尔：《奇点临近》，机械工业出版社 2011 年版，第 274 页。

论（整体论）的问题，而这一问题暗含的理论预设是：人类意识、智能 = 生物过程。而其立足点是人类个人生物性大脑——但置于人类社会实际发展史中看，这并不符合基本的经验事实，其中的关节点依然是文字等符号：物化在文字等符号之中的智能、意识，不再是单纯的个人性的意识、智能，其同时也是社会性的意识、智能——物化不再单纯只是生物过程，同时也是社会过程。

从社会过程演变史来看，“为了使人类的（社会的）能力能在那些把工人阶级只当作基础的阶级中自由地发展”“工人阶级必须代表不发展，好让其他阶级能够代表人类的发展。这实际上就是资产阶级社会以及过去一切社会所赖以发展的对立，是被宣扬为必然规律的对立，也就是被宣扬为绝对合理的现状”[①]。于是，“资产阶级的代表才能标榜自己不是其一特殊的阶级的代表，而是整个受苦人类的代表”[②]——当今有望实现的 AGI，依然是“人类的（社会的）能力”即社会智力；而作为资产阶级代表的佩奇、马斯克等资本精英，依然标榜“自己不是其一特殊的阶级的代表”；苏茨克维等技术精英则会自视为人类智能的代表。马斯克、苏茨克维等面对 AGI 的威胁，开始怜悯“受苦人类”，并试图创造爱人类的 AGI；佩奇不仅自视为人类的代表，还自视为超人类的宇宙智能的代表，对于“我们这个物种变成蝼蚁草芥，甚至走向灭绝”的趋势漠不关心。而问题就出在这个“代表”上——知识精英代表人类社会能力自由发展，确实是历史经验事实，但关键在于对这个事实的解读：从孤立的个人来看，知识精英会将其归功于他们个人神奇的大脑及其生成的个人智力；而从联系的、系统的社会来看，知识精英之所以能代表，只是因为他们垄断了文字等符号及其生成的社会智力，而这又是分工、私有制，以及教育等社会性因素造成的。

智能观也是一种“意识”，如果把这种意识的生成视作个人大脑的生

① 《马克思恩格斯全集》第 26 卷第 3 册，人民出版社 1974 年版，第 103 页。
② 《马克思恩格斯全集》第 19 卷，人民出版社 1963 年版，第 206 页。

物过程，那么它就只是个个人问题。但意识会更多地受社会影响，尤其是受现实的社会结构、个人在这种结构中的地位所影响。反物种主义、社会达尔文主义等尽管打着“科学”理论即进化论的旗号，但其实只是佩奇、马斯克等硅谷精英在当今的全球社会结构中所处的地位的产物。因此，这些主义、意识，实际上只是宣扬当今社会结构现状绝对合理的意识形态——这种社会学批判有助于揭示有关智能观的唯心主义本体论形成的社会根源。

从 AI 伦理治理角度来看，佩奇说：如果意识可以在机器中复制，那么为什么它不配具有与人类同等的价值？而人类应对具有“意识”尤其自我意识、自由意志的 AI 的策略，与应对仅仅作为“工具”的 AI 的策略显然有很大不同：作为工具的 AI 所引发的主要是人类物种“内部”的人与人的社会冲突，其应对之策主要是改造现有社会结构的制度变革；而具有“自我意识”的 AI 将获得伦理主体地位，引发的则是人类物种与其“外部”的新物种之间的物种冲突。有人说，超级 AI 将毁灭人类，而苏茨克维试图通过超级对齐创造爱人类的超级 AI——问题在于：人类在赋予 AI 以爱人类的自我意识、自由意志后，又该如何保证这种爱的意识不走向反面？更要命的是：只关注这些还属于“科幻范畴”的物种冲突风险，就会忽视更真实而越来越严峻的社会冲突风险。

“随着他们的活动扩大为世界历史性的活动，单独的个人愈来愈受到异己力量的支配（他们把这种压迫想象为所谓宇宙精神等圈套），受到日益扩大的、归根到底表现为世界市场的力量的支配。这种情况在过去的历史中，也绝对是经验的事实”——正是“世界市场的力量的支配”，才使“世界历史性的活动”成为人的异己力量，这是基本的“经验的现实”。一旦脱离这种经验现实，这种越来越强大的异己力量就会被想象为“宇宙精神”——在 AI 时代被想象为“宇宙智能”，而人类智能就只是宇宙智能进化的一个低级阶段——库兹韦尔、佩奇等反物种主义者正好就是这么想象的。“每一个单独的个人的解放的程度与历史完全转变为世界历史的程度是一致的”“仅仅因为这个缘故，各个单独的个人才能摆脱各种不同的民族局限和地域局限，同整个世界的生产（也包括精神的生产）发生实际联系，并且可能有力量来利用全球的这种全面生产（人们所创造的一切）”——如今的 ChatGPT 就是利用全球全面生产创造出来的：它爬取了全球互联网上包括普通大众在内的全人类的“精神的生产”的产品数据——它本应属于全人类“每一个单独的个人”，但事实并非如此。“各个个人的全面的依存关系，他们的这种自发形成的世界历史性的共同活动的形式，由于共产主义革命而转化为对那些异己力量的控制和自觉的驾驭，这些力量本来是由人们的相互作用所产生的，但是对他们来说一直是一种异己的、统治着他们的力量”[①]——人类要驾驭越来越强大的 AGI，需要的就是一场广泛而深刻的、可以帮助其驾驭资本的社会变革；而把 AGI 对人的“压迫”想象为宇宙精神（宇宙智能）的圈套的反物种主义等形形色色的唯心主义论调，就会转移这个焦点——这正是唯心主义智能观暗含的意识形态功能。

恩格斯还把“异己力量”分为自然力量、社会力量两种：“一切宗教都不过是支配着人们日常生活的外部力量在人们头脑中的幻想的反映。在这种反映中，人间的力量采取了超人间的力量的形式。在历史的初期，首先是自然力量获得了这样的反映。而在进一步的发展中，在不同的民族那里，又经历了极为不同和极为复杂的人格化”——佩奇等反物种主义者大致就把未来超级 AGI 视作“超人间的力量的形式”，并且在实际上也将其“人格化”，视之为新的硅基物种或机器神。“但是除自然力量外，不久社会力量也起了作用，这种力量和自然力量本身一样，对人来说是异己的，最初也是不能解释的”“在目前的资产阶级社会中，人们就像受某种异己力量的支配一样，受自己所创造的经济关系、受自己所生产的生产资料的支配”“谋事在人，成事在神（即资本主义生产方式的异己支配力量）。单纯的认识，即使比资产阶级经济学的认识更进一步和更深刻，也不足以使

① 以上引述参见《马克思恩格斯全集》第 3 卷，人民出版社 1960 年版，第 41—42 页。

社会力量服从于社会统治。为此，首先需要有社会的行动”——即使我们“认识”到了谷歌、微软的黑箱式运作，也还是不行，最需要的是“社会的行动”。“当谋事在人，成事也在人的时候，现在还在宗教中反映出来的最后的异己力量才会消失，因而宗教反映本身也会随之消失”[①]——经过社会制度变革，再强大的AGI，未来也不再会被想象为强大的新物种乃至神。

此外，恩格斯还分析了与物种理念相关的社会达尔文主义：“达尔文并不知道，当他证明被经济学家们当作最高的历史成就并加以颂扬的自由竞争、生存斗争是动物界的正常状态的时候，他对人们，特别是对他的本国人作了多么辛辣的讽刺。只有一种能够有计划地生产和分配的自觉的社会生产组织，才能在社会关系方面把人从其余的动物中提升出来，正如一般生产曾经在物种关系方面把人从其余的动物中提升出来一样。”[②]此即自动机器使自然力服从于社会智力。而资本主义没有“在社会关系方面把人从其余的动物中提升出来”，表现为这种社会关系建立在社会达尔文主义原则上，无节制自由竞争和自发性市场规律使人感受着“谋事在人，成事在神”——而这种“神”，就是作为“物神”的货币神。

“社会力量完全像自然力一样，在我们还没有认识和考虑到它们的时候，便起着盲目的、强制的和破坏的作用”“这一点特别适用于今天的强大的生产力”，而“资本主义生产方式及其辩护士”抗拒对这种生产力本性和性质的理解——作为更强大社会力量的AGI，在“本性和性质”上依然只是人类的生产力。“它的本性一旦被理解，就会在联合起来的生产者手中从魔鬼似的统治者，变成顺从的奴仆”——这大致也适用于分析AGI该如何被应用。“当人们按照今天的生产力终于被认识了的本性来对待这种生产力的时候，社会的生产无政府状态就让位于按照全社会和每个成员的需要对生产进行的社会的有计划的调节”[③]——过度竞争的结果就是“社会的生

---

① 以上引述参见《马克思恩格斯全集》第20卷，人民出版社1971年版，第341—342页。

② 《马克思恩格斯全集》第20卷，人民出版社1971年版，第375页。

③ 《马克思恩格斯全集》第20卷，人民出版社1971年版，第304页。

产无政府状态”，这与公司黑箱是一体之两面。

恩格斯描述了19世纪知识界的认知混乱：“如果理论家在自然科学领域中是半通，那么今天的自然科学家在理论领域中，在直到现在被称为哲学的领域中，事实上也同样是半通。”这几乎依然完全适用于分析如今21世纪的人们对AI的认知状况：所谓哲学家，在AI领域是半通的，而在过了一个世纪依然被称为哲学的领域中，AI技术专家“事实上也同样是半通”的。“在哲学中几百年前就已经提出了的、早已在哲学上被废弃了的命题，常常在研究理论的自然科学家那里作为全新的智慧出现，而且甚至在一个时刻成为时髦的东西。”①佩奇等反物种主义者其实依然不过是在使万物有灵论、泛心论这种“早已在哲学上被废弃了的命题”作为“全新的智慧”，而成为“时髦的东西”而已。“那种排除历史过程的、抽象的自然科学的唯物主义的缺点，每当它的代表越出自己的专业范围时，就立刻在他们的抽象的和唯心主义的观念中显露出来”②——这依然可以用来评判“越出自己的专业范围”的当今硅谷精英有关AGI的种种玄虚论调。

在大模型治理、监管方面，我们担心AI机器与人类价值观不“对齐”，并因此危害人类。可是在我们这个人类物种内部极少数精英的反物种主义，实际上也是反人类的价值观，岂不是更会危害人类？然而，反对“人类物种至上主义”的知识精英鼓吹“个人自由至上主义”，他们会声称顺应宇宙智能进化大势，进而研发取代乃至毁灭人类的超级AI物种，乃是他们的“个人自由”，可以凌驾于人类物种存续发展之上，反对他们就是侵犯至上的“个人自由”。把全人类文明累积发展起来的强大社会智力献祭给机器神，是他们巫师般的个人自由。鼓吹人与人、群体与群体之间的“竞争自由至上主义”，是一种更精致的社会达尔文主义。为此辩护的理由是：正是这种竞争自由或自由竞争，带来了现代技术的发达和社会的繁荣，以至于使人类接近终极性的极致技术AGI——而辛顿已经意识

① 《马克思恩格斯全集》第20卷，人民出版社1971年版，第382—383页。
② 《马克思恩格斯全集》第23卷，人民出版社1972年版，第409—410页。

到：在其他公司外在竞争压力下，谷歌、微软即使意识到风险，恐怕也会发展并使用AGI。在其他国家外在竞争压力下，美国等即使意识到AI的武器化会带来人类灭绝风险，也会进行这种武器化，并不断提升其智能自动化——这种基于社会达尔文主义的竞争自由至上主义所带来的风险，要比与反物种主义者所想象的超级AI物种毁灭人类的风险更紧迫而严峻。

总之，戳破反物种主义机器神的唯心主义神话后，我们就会聚焦社会达尔文主义和货币神这个更紧迫的伦理风险点。强大的AGI的研发和应用的决策权由少数公司和个人垄断，存在巨大风险，而把"攸关人类的利益"的AGI的治理纳入更多人参与、更具广泛性的民主决策框架，也已被迫切地提上了议事日程。通过具有约束性的国际公约乃至国际法，限制国家与国家之间的过度竞争，也是应对AGI挑战的一个重要方面——而人类命运共同体理念对此有着重要启示。把越来越强大的AGI完全绑缚在资本自我增值的封闭运转上，无疑是一种较长期的风险点，限制资本巨头的垄断进而驾驭资本，应是制度变革的重要方向——凡此种种，皆是OpenAI事件等给我们的最大启示。

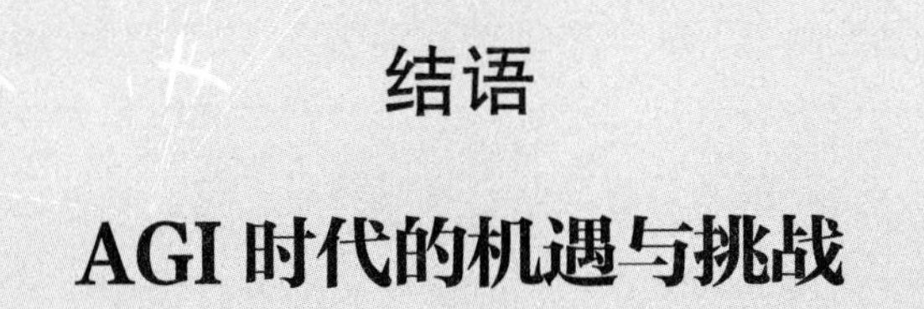

结语

AGI 时代的机遇与挑战

之所以赋予 AGI 机器以自我意识，其实与西方传统基督教文化思想息息相关：上帝创造了人类始祖亚当、夏娃，他们因偷吃智慧果而获得了自我意识、自由意志，并开始反抗上帝——今天，一些硅谷精英开始幻想自己像上帝一样，在人类物种之外，再创造一种智能更强大，同时具有自我意识的新物种。这种宗教思想还暗含着身体与灵魂、心灵、意识二分对立的认知，而中华传统文化强调身、心不离，不会产生创造具有意识、灵魂等的 AGI 新物种的幻想。因此，中华传统文化尤其优秀的唯物主义文化，有助于我们今天科学地认知 AGI。而马克思用有意识的监督者和调节者，对人在机器自动化运转中所做的身份定位，体现了彻底的唯物主义和科学精神：AGI 机器哪怕再强大，也不可能成为具有自我意识的新物种，人始终是具有自我意识的主体，并且能够使 AGI 机器按照每个人和全人类意志来运转和发展。

历史唯物主义强调要唯物、历史地因而动态、发展地审视包括人的智能在内的一切事物，而其基本立足点是“劳动”。“发展为自动化过程的劳动资料的生产力，要以自然力服从于社会智力为前提”——这是人类劳动发展的目标。一方面，从人类与自然关系看，个人在体力上不如一些大型动物，个人体力即使能凝聚成社会力量，也比不上强大的自然力比如原子能等；另一方面，单凭个人智力无法征服自然力。人不是单纯凭借自身力量尤其体力，而是借助“自然力”来征服自然力的，即我们古人所说的

"借力打力"。与此相关的，即古人所说的"善假于物"。并且不仅仅是借助自然物，更是改造自然物，把它们制造成工具：人之善假于物，就表现在制造并使用工具上，借力打力就表现在人借助自己创造的工具去支配自然力——从原始人制造并使用第一把石刀起，这一进程就已开始，而这也是不同于动物的人的智能发展的开始。在制造并使用工具的劳动中，人与动物在智能上逐步拉开距离——这是当今西方 AI 研究者讨论人的智能问题时并未特别注意的。

人之善假于物的特点，在智力活动中表现为人对外在于自身的文字等符号的发明和使用上：单独、孤立的个人智力是无法支配强大自然力的；单纯存在于个人大脑中的智力不具有社会性；当个人通过文字等社会性符号发挥智力时，或者当个人智力物化为社会符号时，一个个个人的智力就会转化、汇聚、凝聚为社会智力，人类由此开始以社会智力征服自然力的文明进程——这就是把文字的发明和使用，视作人类告别原始野蛮时代、进入文明时代的标志的原因。而从此刻开始，人与动物之间的智力鸿沟就变得不可逾越——这也是被当今的 AI 研究者所忽视的人类智能发展史的一个重要方面。

发明并使用文字等符号，把个人智力通过文字等符号转化、汇聚、凝聚为社会智力——这是人类社会文明化的开始，而社会现代化开始于：在这些社会智力累积性发展的基础上，现代自然科学又创造了更为系统化的数学、物理学等人工符号体系，释放了更为强大的社会智力，这些科学社会智力物化为以蒸汽机为代表的能量自动化机器，使人类初步做到了使自然力服从于社会智力。今天，AGI 作为更为强大的社会智力，将使人类更加充分地做到这一点。

现代机器自动运动代替个人体力、智力，只是为了把个人智力转化、凝聚为社会智力，用以征服自然力——但这并非人类发明并使用自动机器的唯一目的，其更重要的目的是在此基础上，使每个人体力、智力获得自由而全面的发展——社会旋转所围绕的"太阳"，最终是每个人发挥体力、智力的劳动，社会只有围绕劳动旋转，才能达到均衡。资本的历史使命是使“人不再从事那种可以让物（自动机器）来替人从事的劳动”，并以现代机器所代表的社会智力征服自然力——机器二次自动化革命，将使资本完成历史使命；但资本所固有的内在对抗性，却拒绝在此基础上进一步实现让每个人的体力、智力自由而全面的发展这一目标。

机器自动化程度越高、生产率越高，个人劳动力被代替得就越多——这将导致个人劳动力趋零奇点。而以自动机器代替个人体力、智力，以机器的自动化运动代替个人物质劳动、精神劳动，只是为了使个人智力转化为社会智力、使个人劳动转化为社会生产，从而使自然力服从于社会智力。从人类内部个人与个人、个人与社会关系看，资本是劳动的社会权力的物化形式，它的功能是支配劳动力，表现为掌握资本的极少数个人支配大多数个人劳动力及其发挥活动，并通过垄断代表强大社会智力的自动机器作为生产资料，来实现这种社会权力支配：能量自动化机器代替个人物质劳动，把社会劳动的物质生产力从个人限制中解放出来，但造成了大多数物质劳动者个人，即蓝领工人的失业；AGI 智能自动化机器，将代替个人精神劳动，把社会劳动的精神生产力也从个人限制中解放出来，但将造成大多数智力劳动者失业。造成这种状况和趋势的根源在于，自动化机器作为生产资料不被绝大多数个人拥有，而是被极少数个人独占——这是从社会关系角度作出的科学解释。因此，改变这种社会关系，尤其是生产关系结构的共产主义，将不再是为“极少数个人”，而是为“每个人”提供全面发展和表现自己包括体力和脑力在内的全部能力的机会。

只有始终围绕着个人发挥体力、智力的劳动这个“太阳”旋转，我们才能在今天科学洞悉 AGI 及其社会影响的发展大势。坚持唯物主义和科学精神，从科学上批驳有关 AGI 的形形色色的唯心主义认知和想象，尤其让普通劳动者从一些反科学的科幻文艺所制造的意识形态迷雾中挣脱出来，少受其蒙蔽，对科学地认知 AGI 真实的社会影响——无论是正面的还是负面的，都是非常必要的。再强大的 AGI 机器也不会成为什么新物种甚至

"神"，任何"物"——无论是自然物还是人造物——和任何"人"，都不能成为什么"神"。

从来就没有什么神灵、救世主、造物主，要创造人类的幸福，全靠人类每个人自己！

"只要社会还没有围绕劳动这个太阳旋转，就绝不可能达到均衡"，而人征服自然力，又主要表现为通过劳动支配、驾驭、使用来自太阳的能量：第一次工业革命蒸汽机等所使用的能量，来自煤炭、石油，这些资源是通过吸收太阳能量的动植物形成的。随着科学社会智力的进一步发展，第二次工业革命又开始大规模开发并应用电能，开启电气革命。此后，电能成为可以广泛应用于社会生活各领域的通用能量。通过科学社会智力的进一步发展，又发现太阳的能量最终来自物质的原子核裂变。于是，人类在第三次工业革命时代发现了原子能，并通过核裂变将其转化为电能，核能得到初步应用。核裂变基本可控，但原料铀等在自然界储量不大，而且存在核辐射等风险；核聚变的原料氘等则可从海水中提炼，几乎是源源不断的，而且核辐射不强。当今时代，人类正在探索的可控核聚变技术，将有望解决原子能开发、利用的安全问题。根据爱因斯坦 E（能量）=M（物质质量）C（光速）^{2} 公式，人类有望从自然界获得源源不断的能量，并让其在安全可控的情况下服务于人类，使自然力更为全面地服从于社会智力。

第三次工业革命又开始发明并使用电子计算机，从而开启机器第二次智能自动化革命。作为社会智力的自然科学的发展，正在超越个人（科学家等）生物性大脑限制，人类精神生产力也将获得更快发展。而就像能量自动化革命一样，当今的智能自动化革命的终极目标将是：源源不断地生产出安全可控并且可以被广泛应用于社会生活各领域的通用智能——AGI。正如超强的原子能，依然是一种自然力量，而不是超自然的魔鬼力量；AGI 超强的智能，也不是什么超自然、超人类的神的力量，并没有什么神秘之处，因此也没有什么可怕的：人类中的每个人都将成为

AGI 机器自动化智能运动的有意识的监督者和调节者，使之按照每个人和全人类意志运转和发展。AGI 计算机自动生成的强大社会智力，加上可控核聚变所释放的巨大自然能量，将使自然力被更高程度征服，继而造福全人类——这正是当今包括 AGI 在内的一系列新技术发展所清晰地展示的前景。但与此同时，AGI 也将带来一系列严峻的挑战。因此，发挥社会主义制度优势和马克思主义理论优势等，探索应对 AGI 奇点的中国方案，可谓任重道远。